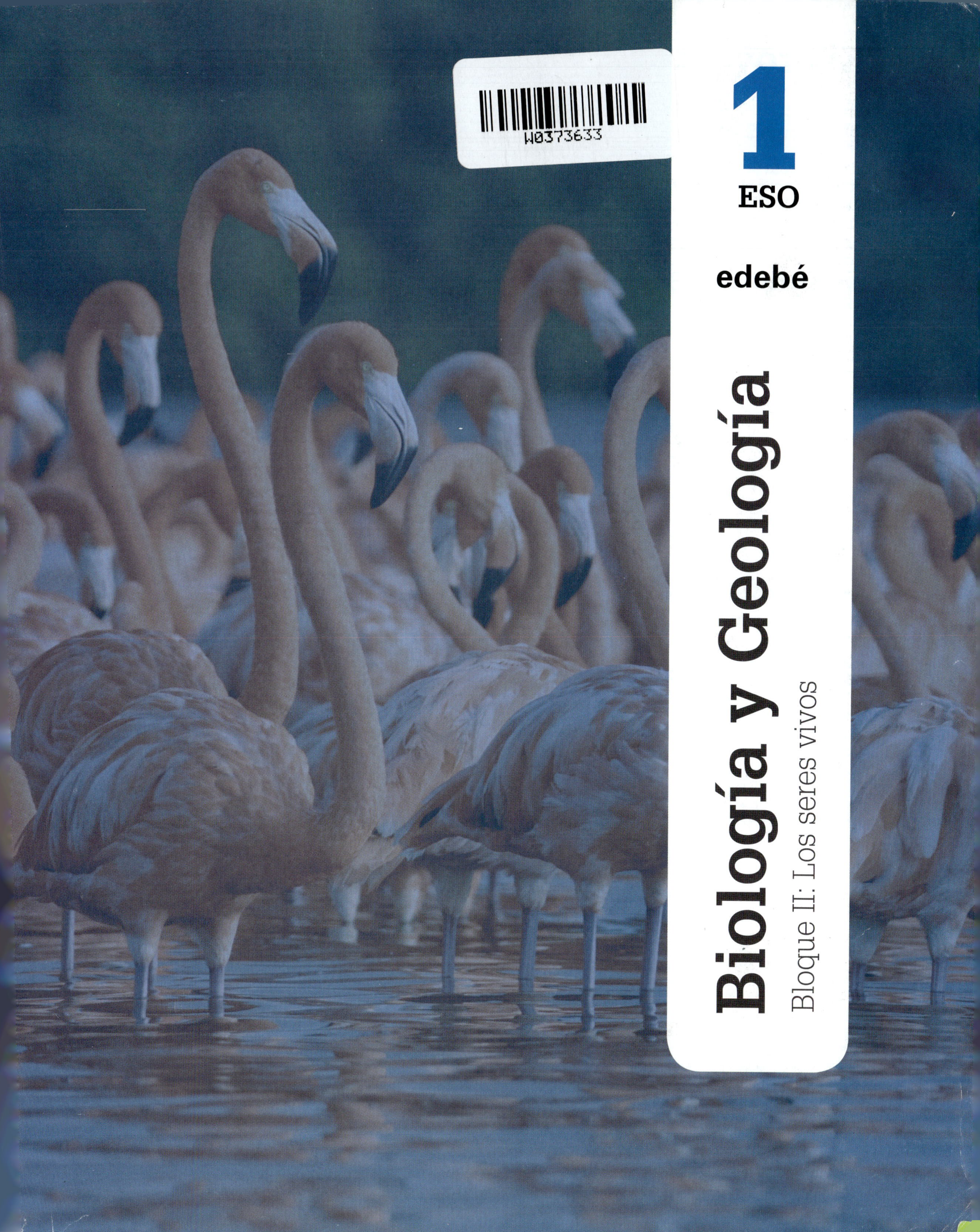

1 ESO

edebé

Biología y Geología

Bloque II: Los seres vivos

El proyecto de **Biología y Geología 1 ESO**

LA VIDA

Una propuesta de actividades iniciales para introducir en la materia al alumnado que se incorpora al curso y para actualizar los conocimientos previos.

LAS UNIDADES

Imagen inicial y texto introductorio relacionados con el contenido de la unidad, y acompañados de un índice de contenidos y una rutina de pensamiento.

DESARROLLO DE LA UNIDAD

Contenidos presentados de manera atractiva, y a la vez, de fácil comprensión divididos en apartados y subapartados.

Recursos y actividades

Gran cantidad de recursos gráficos y textos complementarios como **experimentos** y **biografías de científicos,** así como **actividades** para atender a la diversidad.

ANEXO GRÁFICO

Anexo gráfico para mejorar y ampliar la comprensión de algunos contenidos.

VAMOS A EMPRENDER

Creatividad, iniciativa, trabajo en equipo... en un proyecto real.

EVALUACIÓN DE COMPETENCIAS

Actividades que permiten valorar los conocimientos y las competencias adquiridos, tras el estudio de un bloque de contenidos.

edebé On

proyecto global interactivo

Libro digital interactivo

Incorpora los **recursos digitales** necesarios (vídeos, presentaciones, actividades interactivas, audios, enlaces...) a fin de que el profesorado gestione de manera eficaz el aprendizaje en el **aula digital.**

CIENCIA A TU ALCANCE

Contiene un **Investiga,** para el trabajo de procedimientos, y la **cre@ctividad.**

En CIENCIA A TU ALCANCE también podemos encontrar actividades de Profundización y de Visión 360°.

SÍNTESIS Y ACTIVIDADES FINALES

Esquema para completar y estructurar los contenidos trabajados en la unidad. Tres páginas de **Actividades finales** de tipologías diversas.

PON A PRUEBA TUS COMPETENCIAS

Actividades integradas a partir de textos, gráficas y otros recursos, para comprobar la asimilación de las competencias.

RUTINA DE PENSAMIENTO, para aprender a pensar.

ÁGORA Un espacio abierto al diálogo y a la reflexión.

PBL Aprendizaje basado en problemas.

VISIÓN 360° Experiencias para aprender fuera del aula.

CRE@CTIVIDAD Herramientas TIC para buscar soluciones creativas.

DESTREZAS DE PENSAMIENTO Para un pensamiento crítico y creativo.

TÉCNICAS COOPERATIVAS Para mejorar la responsabilidad individual y las relaciones sociales.

INTELIGENCIAS MÚLTIPLES Porque hay diferentes maneras de aprender y ser inteligente.

Disponible en «Tu espacio personal»: **www.edebe.com**

Multidispositivo

Cuaderno digital interactivo

Organizado en **secuencias temáticas** para promover el **aprendizaje autónomo** por parte del alumnado (bajo la planificación y el control del docente) en un **formato digital amigable** e intuitivo.

Biblioteca de recursos digitales

Un **espacio** fácilmente **accesible** donde encontraréis recursos para consultar, descubrir y explorar el conocimiento.

Índice

La vida

La **vida** se desarrolla en aquellas zonas de la Tierra que presentan unas condiciones concretas: presencia de agua, temperatura ambiental adecuada y una atmósfera con los gases necesarios y sin gases ni partículas tóxicos. La **biosfera** es la capa de la Tierra en la que se dan estas condiciones y en la que encontramos todos los seres vivos. Los **seres vivos** son organismos que tienen la capacidad de nutrirse, relacionarse y reproducirse.

Los ecosistemas

Un ecosistema es el conjunto de seres vivos y el entorno físico en el que viven, así como las relaciones que se establecen entre ellos. A continuación, podemos observar dos ejemplos de ecosistemas diferentes:

1. Analiza en cada caso: el tipo de ecosistema, las características del medio físico (presencia de luz, temperatura, agua, oxígeno…) y los seres vivos que aparecen. Organiza la información en una tabla como esta:

	Tipo de ecosistema	Medio físico	Seres vivos
Ecosistema A			
Ecosistema B			

2. Dibuja en tu cuaderno una cadena y una red trófica con los seres vivos de cada uno de los ecosistemas anteriores. Explica qué es un organismo productor e indica cuáles de ellos aparecen en cada ecosistema.

3. Explica qué sucedería si el plancton desapareciese del ecosistema B.

4. ¿Qué tipo de actividades humanas conoces que pueden afectar a la integridad de los ecosistemas naturales? ¿Qué acciones se pueden llevar a cabo para evitar cada uno de estos impactos?

Los niveles de organización de los seres vivos

La unidad funcional básica de la que están formados todos los seres vivos es la **célula.** De hecho, los organismos **unicelulares** están formados por una única célula. En los organismos **pluricelulares,** las células se ordenan de menor a mayor complejidad y dan lugar a diferentes **niveles de organización:**

Célula ⟶ **Tejido** ⟶ **Órgano** ⟶ **Sistema** ⟶ **Aparato**

Estructuras, como la célula, los tejidos o ciertos órganos, son imposibles o difíciles de observar a simple vista. Por esto, utilizamos **instrumentos** como la lupa o el microscopio que nos permiten aumentar aquello que queremos observar.

5. Indica los nombres de los instrumentos de observación **A** y **B,** así como las partes numeradas del 1 al 8.

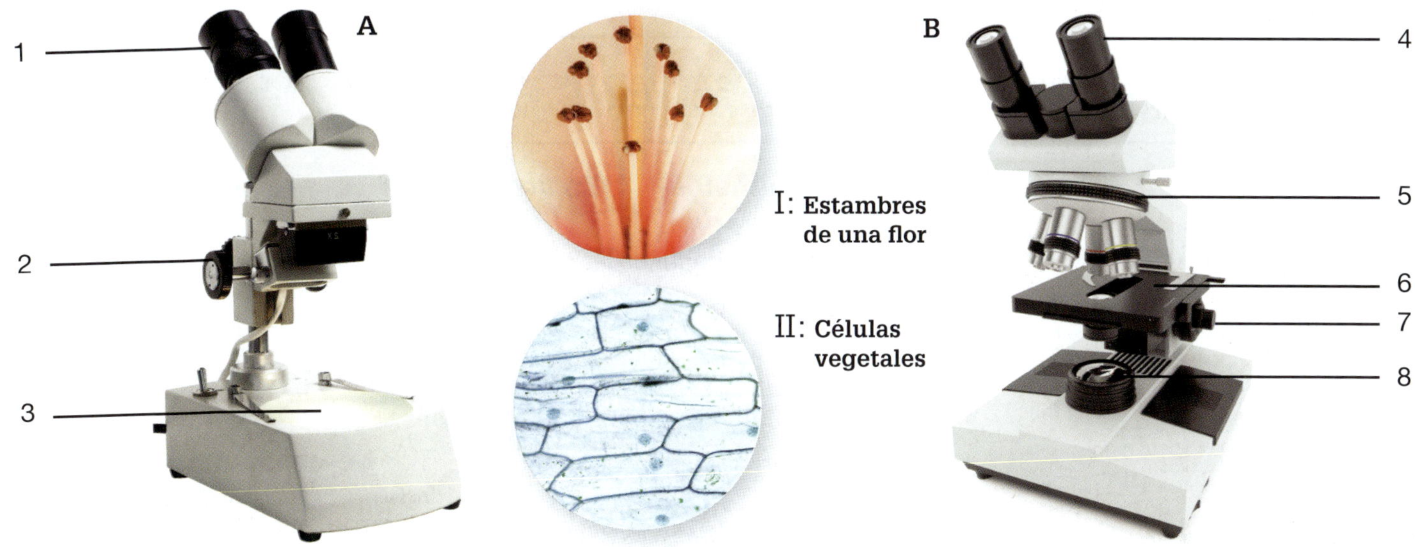

6. Di a qué parte de las numeradas del 1 al 8 corresponde cada una de las siguientes afirmaciones. Algunas de estas afirmaciones pueden corresponder a más de una parte.

- Sirve para iluminar la muestra.
- Sirve para enfocar la muestra.
- Sirve para afinar el enfoque.
- Permite cambiar el objetivo de aumento utilizado.
- Sirve de apoyo a la muestra.
- Es el lugar por el que se observa la muestra.

7. Fíjate en las observaciones I y II. Señala con cuál de los instrumentos se ha realizado cada una.

8. El siguiente dibujo corresponde a una célula vegetal. Indica las partes señaladas. A continuación, di qué partes de las señaladas no presentan las células animales.

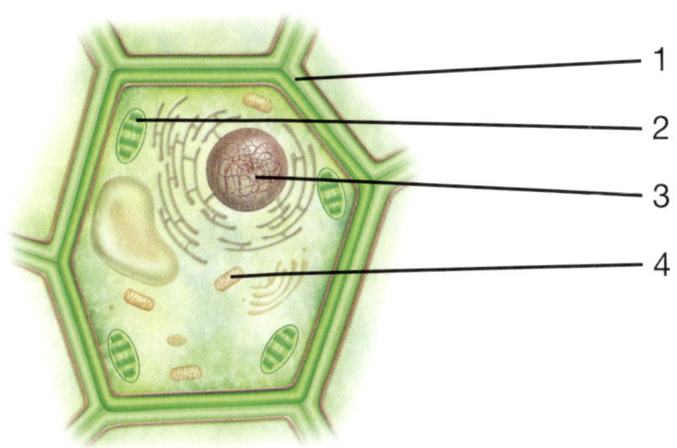

9. Di con qué nivel de organización asociarías cada una de las siguientes imágenes:

A

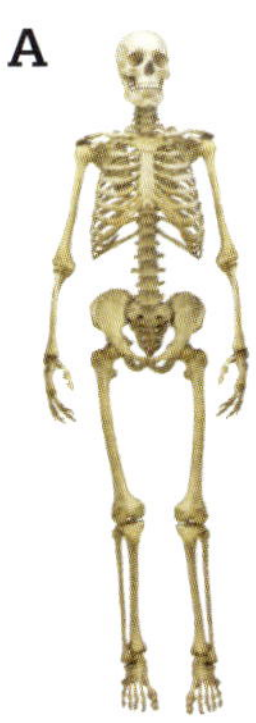

B

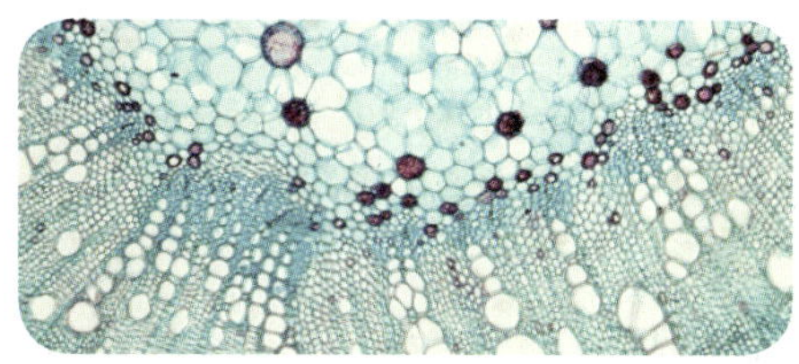

C

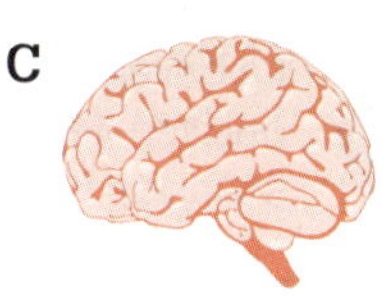

Las funciones vitales

Todos los seres vivos llevan a cabo las tres funciones vitales: se nutren, se relacionan y se reproducen.

Mediante la **nutrición,** se adquiere la energía necesaria de los alimentos para desarrollar toda la actividad vital, y se eliminan los residuos que puedan resultar tóxicos. Comprende diversos procesos: la respiración, la digestión, la circulación y la excreción.

La **relación** permite que todos los seres vivos capten la información de nuestro entorno, y reaccionen de forma adecuada para asegurar nuestra supervivencia.

La **reproducción** permite tener descendientes que aseguren la supervivencia como especie.

10. Copia y completa en tu cuaderno el siguiente esquema sobre las funciones vitales:

- **NUTRICIÓN**
  - **Autótrofa** — característica de → …
  - … — característica de → …
- **RELACIÓN**
  - **En animales** — comprende las fases:
    - … — intervienen los → Sentidos
    - **Análisis** — llevadas a cabo por → Sistema …
    - … — llevadas a cabo por → Músculos y …
  - **En vegetales** — comprende las fases → … / …
- **REPRODUCCIÓN**
  - **Asexual** — se caracteriza por → Los descendientes son … a los progenitores
  - … — se caracteriza por → … … …

11. Indica a qué función vital (nutrición, relación o reproducción) hace referencia cada descripción de estos procesos:

La bipartición es un proceso de división celular típico de los organismos unicelulares.

El basilisco es capaz de correr sobre el agua gracias a la enorme rapidez de sus movimientos y a la presencia de unas membranas extensibles en las patas traseras.

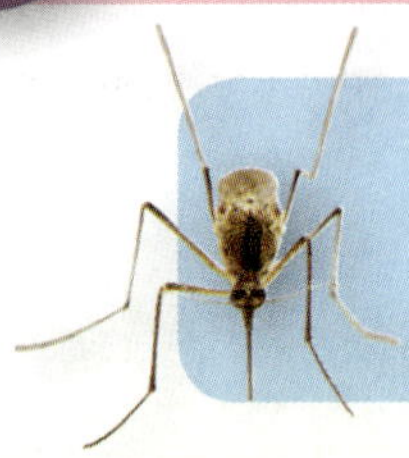

En la mayoría de los mosquitos, son solo las hembras las que «pican» y succionan sangre.

El caballito de mar macho incuba los huevos en una especie de bolsa abdominal.

La ballena azul es el animal con mejor oído: pueden llegar a comunicarse con ballenas situadas hasta 1 600 km de distancia.

Las plantas insectívoras también realizan la fotosíntesis. Los insectos tan solo son un complemento a su dieta.

La clasificación de los seres vivos

Para facilitar el estudio de la gran variedad de seres vivos que habitan la Tierra, los científicos los han clasificado y agrupado según sus características comunes. Vamos a recordar esta clasificación con la ayuda de un mapa mental.

El **mapa mental** permite organizar con facilidad los pensamientos y representarlos de forma intuitiva y clara.

Para elaborar un mapa mental, deben seguirse estas pautas:

1. El concepto que hay que trabajar se sitúa en el centro y representa la idea más importante.
2. De esta idea, parten una serie de ramas que representan los pensamientos principales, y de estos parten a su vez otras ramas que expresan los pensamientos secundarios.

El uso de colores, símbolos, imágenes, palabras… ayuda a destacar la relación entre las ideas.

12. Siguiendo las pautas anteriores, completa un mapa mental como el siguiente. El concepto que se debe trabajar es la **clasificación de los seres vivos.**

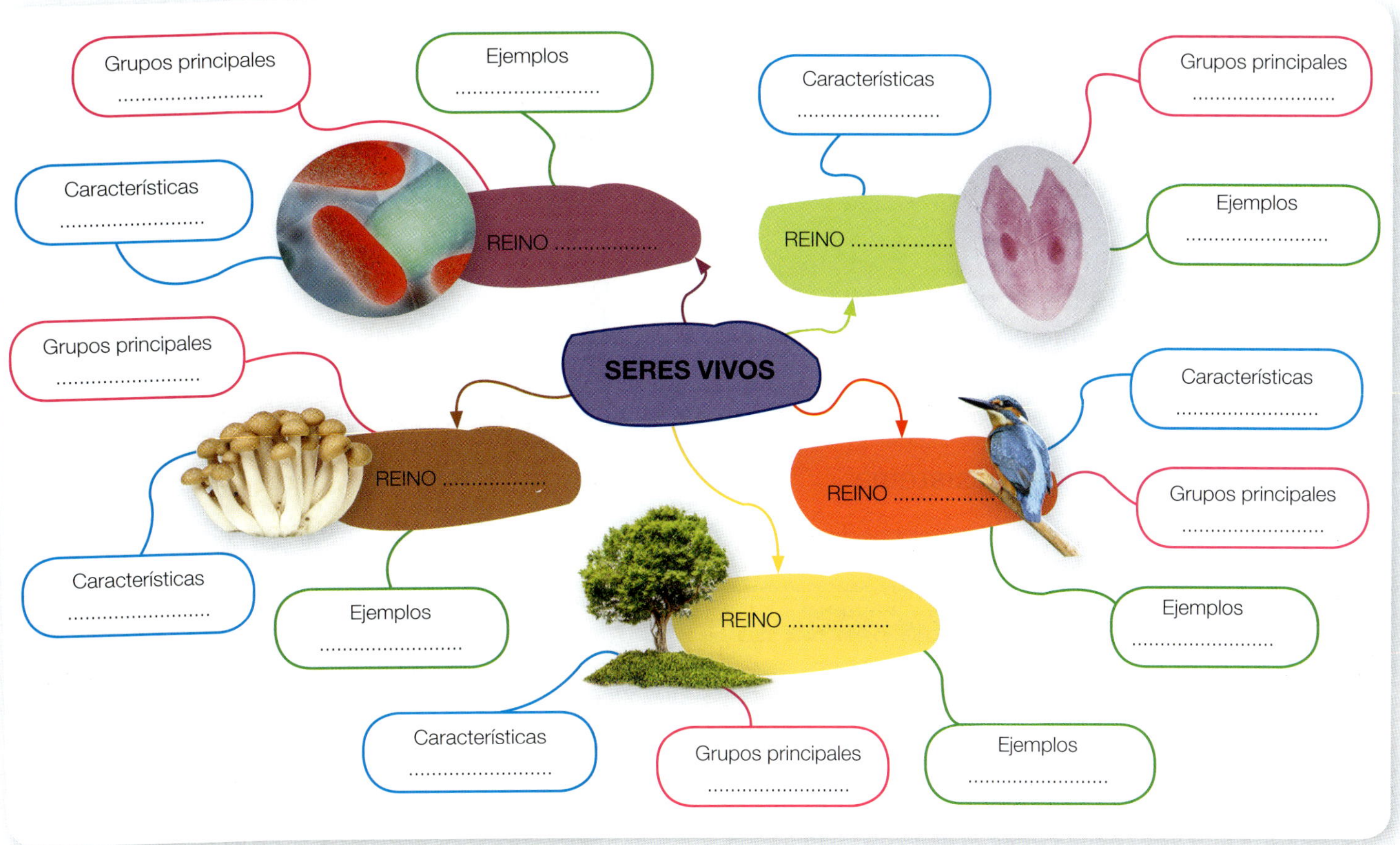

13. Identifica el reino y el grupo principal al que pertenecen los siguientes seres vivos. Explica, en cada caso, las características en las que te has fijado para clasificarlos.

7 Los ecosistemas

Si descendiéramos a lo largo del curso de un río, iríamos viendo entornos muy distintos. Percibiríamos cambios en la vegetación, en los animales, en la temperatura y la humedad..., así como en los diferentes tipos de asentamientos humanos. ¿Por qué se producen estos cambios?

La ecología es la parte de las ciencias de la naturaleza que se encarga de dar respuesta a esta y a otras muchas preguntas sobre las relaciones de los seres vivos con su entorno.

CONTENIDOS

Rutina de pensamiento

VEO-PIENSO-ME PREGUNTO

- Observa estas imágenes durante un minuto.
- Escribe en tres papeles adhesivos:
  1. ¿Qué ves en las imágenes?
  2. ¿Qué pensamientos te inducen?
  3. ¿Qué preguntas te sugieren?
- Pon en común, una a una, tus respuestas y reflexionad en grupo:
  — ¿Qué os ha sorprendido más de las respuestas de los compañeros y compañeras?
  — ¿Ha habido muchas coincidencias o pocas?
  — ¿Os han aportado nuevos puntos de vista?

1. Los ecosistemas y sus componentes

En la Tierra existen diferentes partes de la geosfera, la atmósfera y la hidrosfera que presentan unas condiciones que permiten el desarrollo de la vida. El conjunto de todas estas zonas donde se encuentran los seres vivos se denomina **biosfera.**

La **ecología** es la ciencia que estudia las características de los seres vivos y las del medio donde viven, así como las relaciones que establecen los seres vivos entre ellos y con el medio.

Para estudiar la naturaleza con detalle, los ecólogos distinguen en el medio natural diferentes zonas con características comunes: los ecosistemas. Un **ecosistema** está formado por un fragmento de la biosfera, el conjunto de seres vivos que en él se encuentran y las relaciones que en él se producen.

Los ecosistemas no son conjuntos completamente aislados del resto del planeta. Los diferentes ecosistemas dependen unos de otros y se relacionan entre sí en distintos grados. El conjunto de todos los ecosistemas de la Tierra se denomina **ecosfera.** Así pues, podemos decir que la ecosfera está formada por la biosfera y todos los seres vivos que en ella habitan.

Componentes de los ecosistemas

Dentro de los componentes de un ecosistema, podemos distinguir entre el biotopo y la biocenosis.

Ecosistema

Costa rocosa

Biotopo

Es el medio físico donde encontramos a los seres vivos de un ecosistema y las condiciones ambientales que lo caracterizan.

El **biotopo** de este ejemplo presenta un relieve abrupto que debe soportar el embate de las olas, y las subidas y las bajadas de las mareas.

Biocenosis

Es el conjunto de seres vivos que habitan en un determinado ecosistema.

La **biocenosis** está compuesta por algas, plantas y animales (como el mejillón o la lapa) que se adhieren fuertemente al sustrato. Otros animales, como los peces o los cangrejos, son capaces de vivir adaptándose al vaivén del mar.

2. El biotopo

El biotopo es el espacio físico y las condiciones ambientales que lo caracterizan, donde los seres vivos de un ecosistema desarrollan su vida. Los principales componentes del biotopo son el **medio** y los **factores abióticos** que lo definen.

2.1. El medio

El medio es el lugar donde viven y se desplazan los seres vivos de un ecosistema y con el cual mantienen intercambios constantes de materia y energía. Distinguimos dos tipos de medio: el medio terrestre y el medio acuático.

- El **medio terrestre** se encuentra en la superficie de los continentes. Está en contacto directo con la atmósfera, que contiene los gases que necesitan los seres vivos.

  En este medio existen varios tipos de superficies, o sustratos, sobre las que encontramos los seres vivos como, por ejemplo, el suelo, las rocas o los mismos seres vivos o sus restos.

- El **medio acuático** está constituido por agua. Esta contiene disueltos los gases que la mayoría de los organismos acuáticos utilizan, así como diversos nutrientes. Los organismos acuáticos pueden no tener sustrato y vivir suspendidos en el agua, como muchos peces.

2.2. Los factores abióticos

También son denominados factores ambientales y son el conjunto de condiciones físicas y químicas del biotopo. Estas condiciones caracterizan al biotopo y determinan qué organismos pueden habitar en ese ecosistema; es decir, condicionan su biocenosis.

Los factores abióticos más importantes de un ecosistema son:

- La **luz** es la principal fuente de energía en casi todos los ecosistemas y condiciona la distribución de los organismos fotosintéticos. Al estudiar el efecto de la luz sobre el ecosistema, debemos valorar su intensidad, su duración y el color que presenta.
- El **agua** es esencial para la vida y todos los organismos dependen de ella para sobrevivir. Los seres vivos son capaces de vivir en zonas con abundante agua o en zonas áridas, como los desiertos.
- La **temperatura** media y su variación condicionan el tipo de organismos que habitan en un ecosistema, ya que las especies pueden vivir dentro de un margen determinado de temperaturas.
- De los **gases** presentes en la atmósfera o disueltos en la hidrosfera, cabe destacar la importancia del oxígeno en la respiración de los seres vivos, y del dióxido de carbono en la fotosíntesis. Según la altura o la profundidad en que se encuentre un ecosistema, la disponibilidad de estos gases varía.
- La **composición del suelo** determina la disponibilidad de nutrientes y la capacidad de retención de agua. En el medio acuático la composición del suelo no es tan importante; en este caso, se tiene en cuenta la concentración de sales disueltas.
- La **situación geográfica** de un ecosistema comprende muchos aspectos, entre los que destacan la altitud o la profundidad, la exposición al Sol, la vertiente y los vientos o corrientes dominantes.

Experimenta

La luz y los ecosistemas

Vamos a observar cómo condiciona la luz el desarrollo de un ecosistema.

- Llena dos botes de cristal con agua y un poquito de tierra de una maceta. Cierra los botes y agita la mezcla.
- Sitúa uno de los botes en un lugar iluminado del aula, sin que el Sol lo ilumine directamente.
- Guarda el otro bote en un armario a oscuras. Durante una semana, sácalo y mantenlo junto al otro durante las horas que estudies Ciencias de la Naturaleza.

Los dos botes tenían los mismos componentes, pero diferentes factores ambientales. Al cabo de una semana, comprobarás cómo en el bote situado en un lugar con luz se han desarrollado más organismos que en el bote que ha recibido menos luz.

Actividades

1. Agrupa estos elementos de una pecera según formen parte del biotopo o de la biocenosis:

   estrella de mar - roca - alga
   agua - ánfora pequeña - pez
   fluorescente de luz - cangrejo
   anémona

2. Una montaña presenta una ladera sur con muchas hierbas y pastos mientras que su ladera norte está repleta de densos bosques.

   — ¿Por qué crees que ocurre esta distribución de ecosistemas?

3. La biocenosis

La biocenosis de un ecosistema está formada por las diferentes especies de seres vivos que se encuentran en él y que, a su vez, establecen una serie de relaciones entre ellas.

La biocenosis de un ecosistema está compuesta por distintas poblaciones de seres vivos. En ecología, se denomina **población** al conjunto de los individuos de una misma especie que viven en un ecosistema.

Dentro de la diversidad de un ecosistema, cada especie ocupa un determinado espacio físico donde encuentra las condiciones más favorables para vivir. Este espacio se denomina **hábitat**. Así, por ejemplo, el hábitat del topo y la lombriz es la capa superficial del suelo.

Además del hábitat, cada especie presenta un determinado nicho ecológico. El **nicho ecológico** de una especie es la función que cumple en el ecosistema. En el caso del topo y la lombriz de tierra, ambos viven en el mismo suelo pero se alimentan de distintos recursos; por lo tanto, ocupan nichos distintos.

En un ecosistema los individuos que forman parte de una población también interactúan entre sí. Estas interacciones se denominan **relaciones intraespecíficas.**

Así, entre las cabras de una manada se pueden establecer relaciones de asociación (defensa de posibles depredadores, cuidado conjunto de las crías...) y de competencia (por el mismo alimento, por la dominancia social...).

3.1. Relaciones interespecíficas

Los organismos que forman la biocenosis interaccionan continuamente. Las relaciones que se establecen entre ellos son de gran importancia para la supervivencia de las poblaciones.

Las relaciones interespecíficas son aquellas que se dan entre individuos de diferentes especies y suelen estar basadas en la alimentación. Vamos a analizar algunas de las más importantes:

Depredación

En una relación de depredación, una especie, denominada **depredador,** captura a otra, la **presa,** para alimentarse.

Las presas han desarrollado estrategias para esconderse, huir o defenderse. Los depredadores, en cambio, se han adaptado con garras, picos o dientes fuertes y comportamientos de acecho.

El alción capirotado es un ave depredadora de insectos.

Parasitismo

El parasitismo es aquella relación en que un organismo, el **parásito,** vive a costa de otro, el **hospedador,** al que perjudica.

Los parásitos han desarrollado estructuras para agarrarse o introducirse en el hospedador para alimentarse de él durante un tiempo.

El orobanche es una planta parásita que absorbe la savia elaborada de hospedadores como el romero.

Simbiosis

La simbiosis es una relación de mutuo beneficio entre dos organismos o **simbiontes.**

En muchos casos, la simbiosis lleva a tal dependencia mutua entre los dos simbiontes que no pueden vivir de forma separada.

Es el caso de la anémona que, con sus tentáculos urticantes ofrece protección al pez payaso y este a cambio la limpia y oxigena.

3.2. Las fluctuaciones

Una característica de las poblaciones que forman la biocenosis de un ecosistema es la **fluctuación** o variación del número de individuos de una población a lo largo del tiempo.

Las fluctuaciones pueden ser accidentales, pero en muchos casos se presentan de forma regular o cíclica en función de diferentes factores:

- Los **cambios ambientales** pueden ser accidentales, como una sequía, o bien cíclicos, como los que se producen a lo largo de las estaciones del año. En ambos casos, las poblaciones reaccionan de forma significativa a estos cambios, ya sea aumentando o disminuyendo su número de individuos.

  Así, por ejemplo, una sequía puede llevar a una reducción brusca de la cantidad de individuos de una especie o la llegada de la primavera puede favorecer la reproducción de un organismo y el crecimiento de su población.

- Las **migraciones** son los desplazamientos de los individuos de una población debido a las modificaciones de las condiciones de su hábitat. Suelen responder a fenómenos cíclicos como la sucesión del día y la noche, o las estaciones del año.

  Muchos invertebrados microscópicos marinos durante el día se ocultan en el fondo del mar y por la noche suben hacia la superficie para alimentarse de las algas microscópicas que allí se encuentran.

- La **desproporción entre depredador y presa** provoca cambios significativos en sus poblaciones. Así, cuando se produce una variación en el número de presas, la población de depredadores reaccionará en el mismo sentido. En cambio, las modificaciones en el número de depredadores producirán el efecto contrario sobre las presas.

Ágora

El ser humano también puede ser un factor que provoca fluctuaciones en los ecosistemas: introduciendo nuevas especies, modificando las condiciones del medio... A partir de ejemplos que conozcáis, debatid en clase:

— ¿Está justificada la modificación de los ecosistemas?

— ¿Qué alternativas posibles podéis plantear?

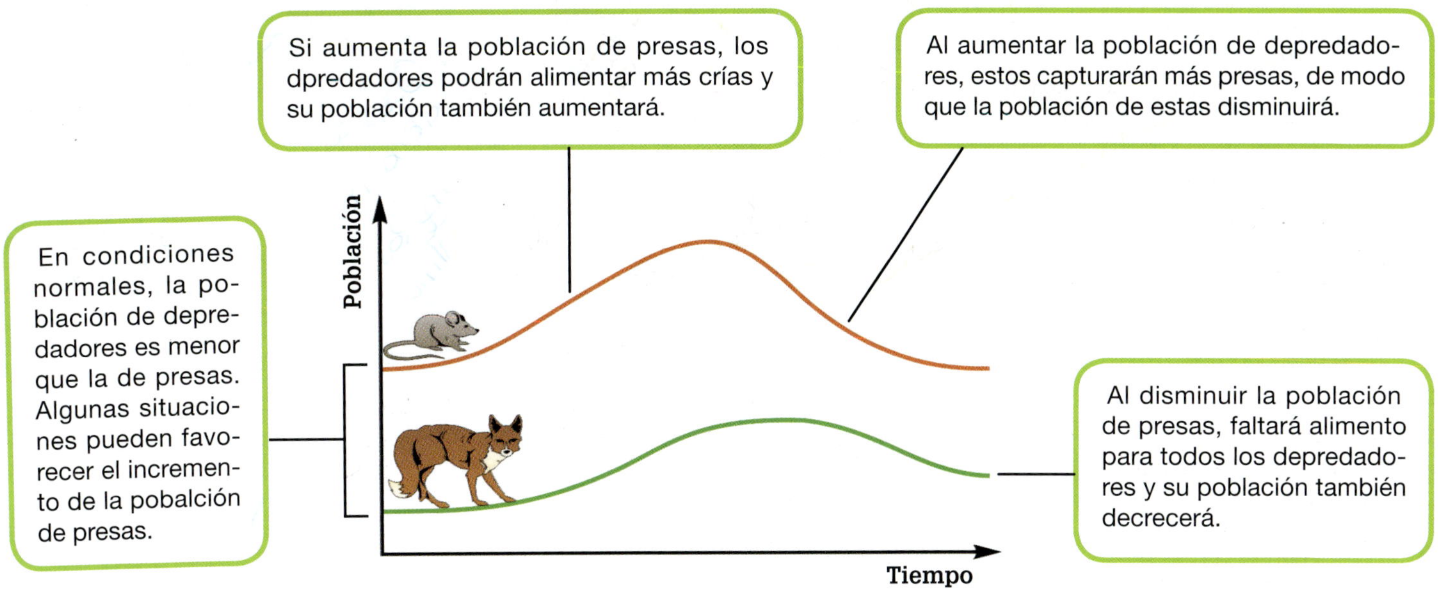

Actividades

3. ¿Qué tipo de relación interespecífica mantenemos con los mosquitos? Razona tu respuesta.

4. Busca información sobre la biología del ratón de campo y el gato. A continuación, compara el hábitat y el nicho ecológico de ambos animales.

— ¿Qué sucedería con la población de ratones de una zona si se incrementara la población de gatos?

— ¿En qué factor se basa esta fluctuación?

4. La dinámica de los ecosistemas

Los diferentes elementos de la biocenosis de un ecosistema interactúan entre ellos y a su vez con el biotopo. Vamos a conocer a continuación la compleja trama de relaciones que se da entre los seres vivos de un ecosistema, así como sus consecuencias sobre la materia y la energía.

4.1. Las relaciones tróficas

De todas las relaciones entre los seres vivos de un ecosistema destacan las relacionadas con los procesos de nutrición, que se denominan relaciones tróficas. Cada organismo constituye una posible fuente de alimento para los otros.

Los organismos de un ecosistema pueden agruparse según su nivel trófico, es decir, en función del origen de la materia de la que se nutren.

Distinguimos los siguientes niveles tróficos: productores, consumidores y descomponedores.

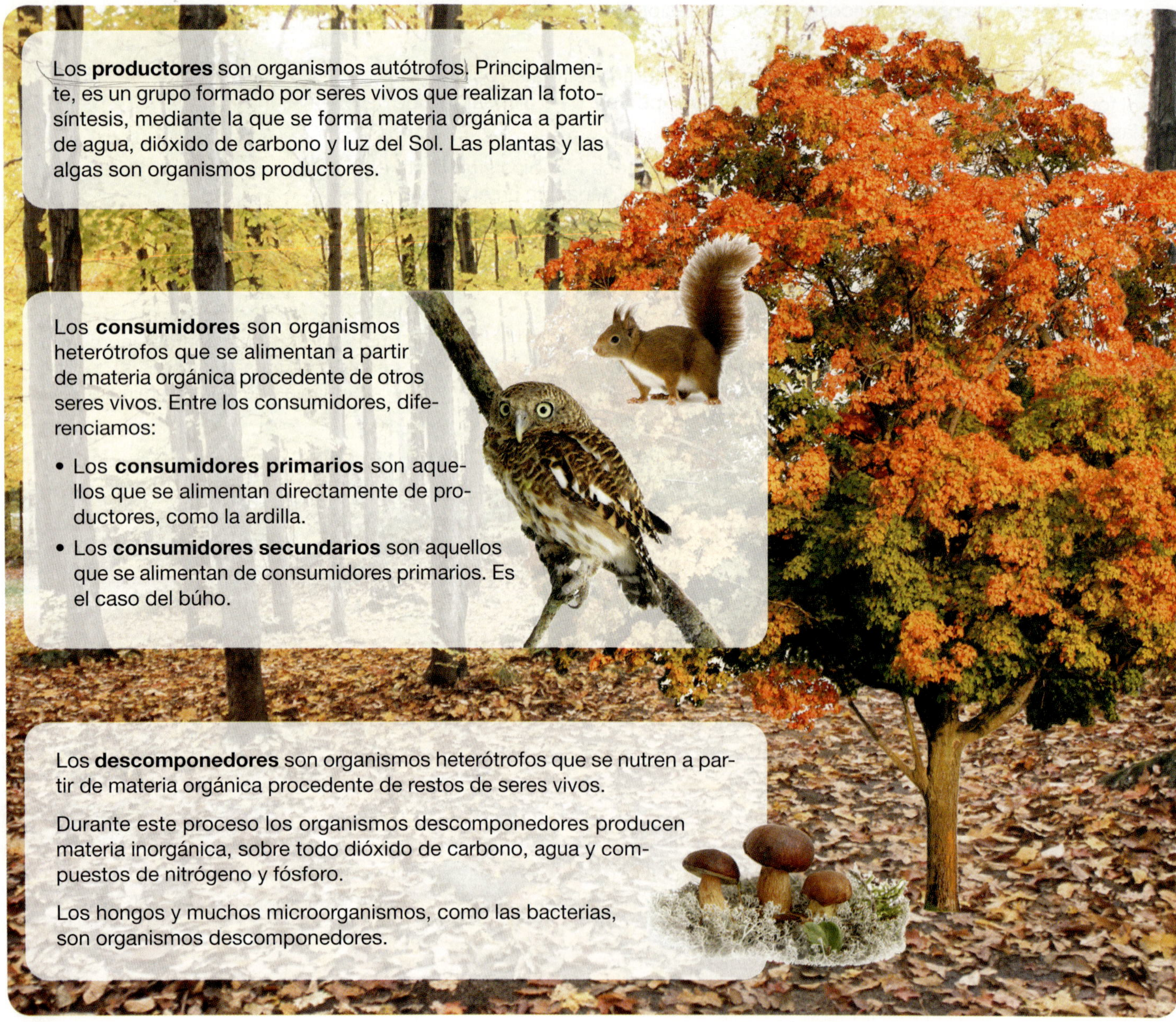

Los **productores** son organismos autótrofos. Principalmente, es un grupo formado por seres vivos que realizan la fotosíntesis, mediante la que se forma materia orgánica a partir de agua, dióxido de carbono y luz del Sol. Las plantas y las algas son organismos productores.

Los **consumidores** son organismos heterótrofos que se alimentan a partir de materia orgánica procedente de otros seres vivos. Entre los consumidores, diferenciamos:

- Los **consumidores primarios** son aquellos que se alimentan directamente de productores, como la ardilla.
- Los **consumidores secundarios** son aquellos que se alimentan de consumidores primarios. Es el caso del búho.

Los **descomponedores** son organismos heterótrofos que se nutren a partir de materia orgánica procedente de restos de seres vivos.

Durante este proceso los organismos descomponedores producen materia inorgánica, sobre todo dióxido de carbono, agua y compuestos de nitrógeno y fósforo.

Los hongos y muchos microorganismos, como las bacterias, son organismos descomponedores.

Las relaciones tróficas que se producen entre los distintos organismos de un ecosistema pueden representarse de forma sencilla mediante las cadenas y las redes tróficas.

Las cadenas tróficas

Son una representación lineal de los organismos de un ecosistema que se alimentan unos de otros.

Todas las cadenas tróficas están constituidas en primer lugar por un organismo productor seguido por una serie de organismos consumidores. En la representación de las cadenas tróficas, los diferentes seres vivos se encuentran unidos por unas flechas que van desde una especie hasta la que se alimenta de ella.

Las redes tróficas

Las **redes tróficas** son una representación de las distintas cadenas tróficas que podemos encontrar interconectadas en un ecosistema.

En los ecosistemas la mayoría de los productores constituyen el alimento de distintos consumidores primarios, que a su vez se alimentan de varios productores diferentes. Cuando existen distintos niveles de consumidores también ocurre una situación similar. Una red trófica debe mostrar toda esta diversidad de relaciones tróficas.

Actividades

5. ¿Qué es una relación trófica? Pon dos ejemplos que puedas observar a tu alrededor.

6. Explica los distintos niveles tróficos que podemos identificar en un ecosistema y clasifica siguiendo este criterio estos organismos:

   mariposa - maíz - gato - águila - pino - oveja

7. Relaciona los organismos de la cadena trófica de esta página con el nivel trófico que les corresponda.

8. Define *cadena trófica* y *red trófica.*

   — ¿Cuál de los dos conceptos representa una visión más real del ecosistema? Razona tu respuesta.

4.2. La materia y la energía en los ecosistemas

La materia y la energía se transmiten entre los diferentes organismos de un ecosistema mediante las relaciones tróficas.

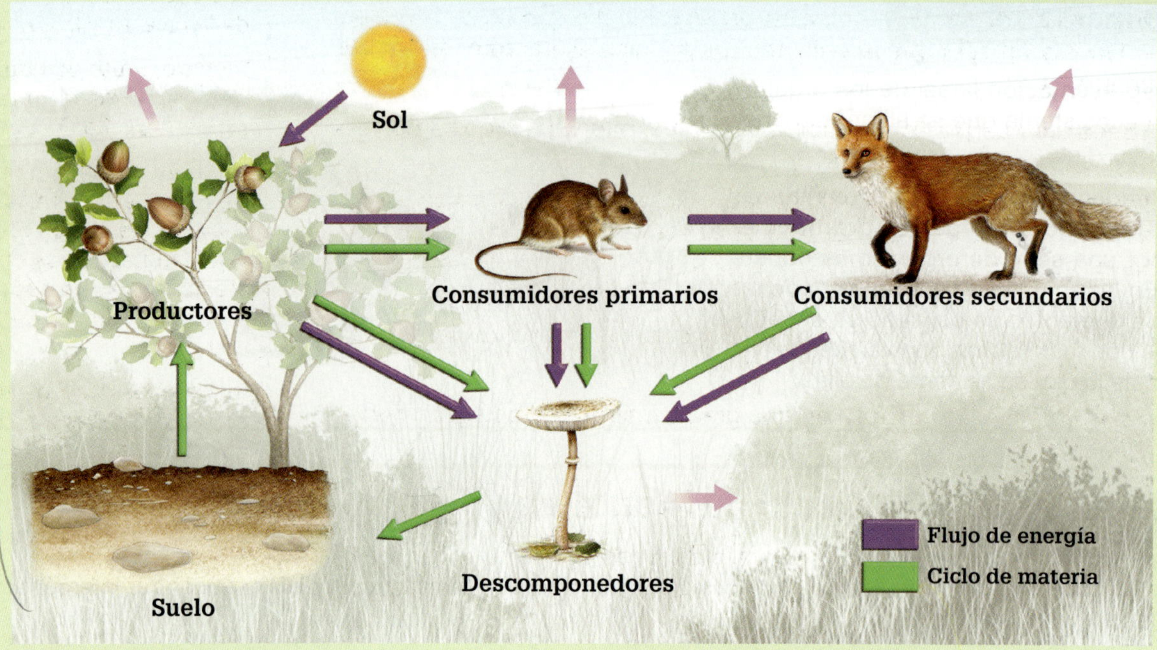

El ciclo de la materia

La **materia** es todo aquello que ocupa un lugar en el espacio y que puede ser medido.

Los productores obtienen la materia del suelo y el aire mediante la fotosíntesis. Al ser comidos, esta materia se incorpora al cuerpo del consumidor. De este modo [illegible] ria va pasando a lo largo de los diferentes [illegible]

Los descomponedores hacen que la mate[illegible] por las cadenas tróficas regrese al medio [illegible] día. Posteriormente, será utilizada de nuev[illegible] ductores.

La transferencia de la materia de un nivel t[illegible] no es absoluta, ya que parte de ella retorna [illegible] procesos propios de los organismos como la [illegible] o la excreción.

El **ciclo de la materia** consiste en la circulació[illegible] teria a lo largo de los niveles tróficos de un ecosistema, su regreso al medio y su posterior reutilización.

El recorrido que sigue un elemento químico en concreto en la naturaleza se denomina **ciclo biogeoquímico.**

El flujo de energía

La **energía** es la capacidad de los sistemas materiales para producir transformaciones en ellos mismos o en otros sistemas materiales.

Si nos fijamos en la energía, los productores incorporan la [illegible]rgía del Sol mediante la fotosíntesis. Cada vez que un [illegible]vivo se alimenta de otro, adquiere parte de la energía [illegible]enida en la materia orgánica del alimento.

[illegible]eres vivos utilizan la energía para la realización de las [illegible]dades vitales. Gran parte de la energía de los seres [illegible]se disipa en el ambiente en forma de calor, trabajo... [illegible]neran los mismos organismos.

[illegible] **de energía** de un ecosistema consiste en la cir[illegible] de la energía desde que es captada por los pro[illegible] hasta que llega a los niveles tróficos más altos y [illegible]gresiva liberación al ambiente.

La proporción de energía que pasa de un nivel trófico al siguiente es del 10%. El 90% restante se disipa en el ambiente como resultado de la actividad vital de los propios organismos.

Actividades

9. Explica qué tipo de organismos faltan en el esquema de la cadena trófica de la página 151 para que pueda mostrar el ciclo de la materia.

10. Razona por qué entre dos niveles tróficos consecutivos de un ecosistema la transferencia de materia y energía no es absoluta sino parcial.

5. Ecosistemas acuáticos

Existen muchos tipos diferentes de ecosistemas acuáticos pero todos presentan una serie de características comunes al encontrarse en un mismo medio: el agua.

El agua se caracteriza por ser un fluido que presenta una capacidad calorífica elevada y una densidad mayor que la del aire. Las principales características del medio acuático son:

- El agua rodea los cuerpos de los seres vivos. Así pues, los organismos no necesitan protegerse de la desecación.
- La oscilación de temperaturas es escasa. La elevada capacidad calorífica del agua hace que la energía solar que se absorbe durante el día se libere lentamente por la noche.
- La densidad del agua es mayor que la del aire. Esta característica permite a los seres vivos sostenerse con mayor facilidad sin tener que desarrollar grandes estructuras rígidas y duras.

Los ecosistemas acuáticos se agrupan en dos grandes tipos: los de *aguas continentales* y los *marinos.*

5.1. Ecosistemas de aguas continentales

Un 3 % de la hidrosfera corresponde a las denominadas aguas continentales, aunque solo un 1 % de estas son aguas superficiales que constituyen ríos, lagos, lagunas y humedales.

Los **lagos,** las **lagunas** y los **humedales** contienen agua en abundancia y, habitualmente, la luz llega a toda la columna de agua. En las regiones más áridas estas acumulaciones de agua pueden llegar a reducirse de forma importante durante la estación seca.

En estos ambientes crecen muchas plantas y algas, y también podemos encontrar abundantes consumidores, en especial artrópodos, moluscos, peces, anfibios y aves.

A lo largo del recorrido de los **ríos** pueden distinguirse tres tramos con características distintas: los *cursos alto, medio* y *bajo.*

Jacques-Yves Cousteau

Jacques-Yves Cousteau (1910-1997) fue un investigador francés especializado en el estudio de los mares y los océanos.

Inventó, junto con un ingeniero francés, el primer traje de inmersión autónomo.

En 1940 empezó una larga serie de expediciones a bordo del Calypso, barco con el que investigó algunos de los ecosistemas marinos más importantes del planeta descubriendo nuevas especies.

Sus trabajos de divulgación y protección del medio marino aún son de gran importancia y tienen mucha incidencia.

Curso alto

El agua es pobre en materia orgánica y circula con mucha velocidad debido a la pendiente del terreno. El lecho es estrecho, poco profundo y con fondo pedregoso.

Sobre las rocas se forma una fina capa constituida por organismos productores microscópicos. Entre los consumidores encontramos insectos y pequeños crustáceos que se alimentan de los productores, así como algunos peces adaptados a las características adversas de este biotopo.

Curso medio

El agua empieza a acumular materia orgánica. Disminuyen la pendiente y la velocidad del agua. El lecho se ensancha y en el fondo se acumulan fangos y arenas.

Aparecen algunas algas y plantas que viven sujetas al fondo. Insectos, moluscos y anélidos son los principales organismos que se alimentan de los productores, o bien filtrando la materia orgánica del agua. Los peces también aumentan en diversidad y cantidad.

Curso bajo

El agua es rica en materia orgánica y circula más lenta debido a la poca pendiente del terreno. El lecho es más ancho. En el tramo final se mezclan las aguas del río y del mar.

En esta parte del río encontramos, junto con las algas y algunas plantas fijadas al fondo, plancton en la superficie del agua. Entre los consumidores abundan insectos, crustáceos, moluscos y anélidos, así como peces, anfibios y algunas aves acuáticas.

5.2. Ecosistemas marinos

La mayor parte de la superficie terrestre está cubierta por la hidrosfera y el 97 % de esta capa corresponde a aguas oceánicas. Así pues, los ecosistemas marinos son los más abundantes de nuestro planeta.

Los ecosistemas marinos pueden diferenciarse en dos zonas según la proximidad a la costa:

- La **zona nerítica** corresponde a las aguas que están sobre la plataforma continental.

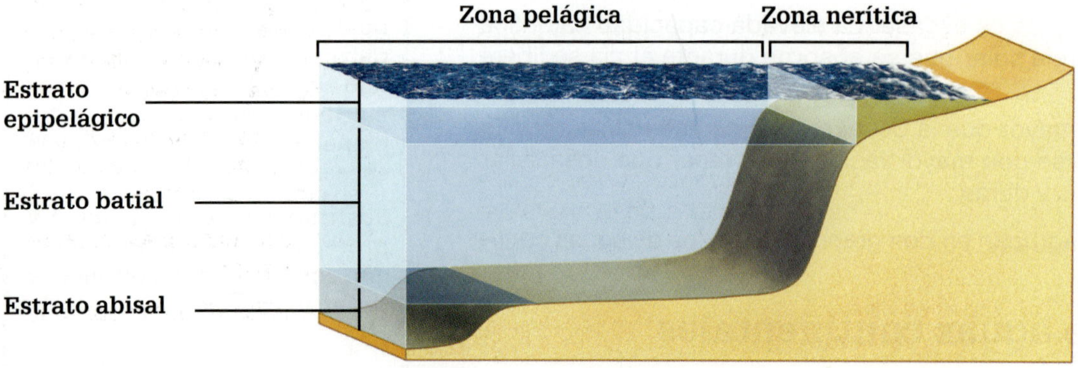

- La **zona pelágica** corresponde a las aguas situadas más allá de la plataforma continental, sobre la corteza oceánica. En función de la profundidad, en esta zona podemos distinguir estratos diferentes, como el **epipelágico,** que es el más superficial, el **batial** y el **abisal** que es el estrato más profundo.

Zona nerítica

Esta zona presenta una pendiente ligera. En ella, la luz solar penetra en el agua hasta unos 100 metros de profundidad. Los movimientos de las olas y las mareas dejan periódicamente al descubierto la parte más próxima a la orilla.

La biocenosis de esta zona presenta muchos organismos sujetos a las rocas o al fondo para evitar ser arrastrados por las mareas o las corrientes. Son abundantes los organismos productores que se aprovechan de la luz existente, como las algas o algunas plantas marinas. Entre los consumidores abundan los peces y los moluscos, y en algunos casos, aves y mamíferos acuáticos como los pelícanos o las focas.

Zona pelágica

Estrato epipelágico

Está delimitado por la superficie del mar y la profundidad máxima a la que penetra la luz solar.

Hay gran cantidad de plancton. También habitan una gran variedad de peces y algunas aves y mamíferos acuáticos adaptados a la vida en alta mar, como el albatros o las ballenas.

Estrato batial

Es la zona comprendida entre el estrato epipelágico y los 4 000 m de profundidad. En ella no llega luz y la temperatura alcanza los 4 °C.

Apenas hay organismos productores. Entre la fauna predominan los peces y otros organismos consumidores como moluscos y equinodermos.

Estrato abisal

Se encuentra por debajo de los 4 000 metros de profundidad. La presión hidrostática es muy elevada y presenta temperaturas entre 0 y -3 °C.

La biocenosis está compuesta sobre todo por seres vivos que se alimentan de la materia orgánica procedente de los estratos superiores.

6. Ecosistemas terrestres

El medio sobre el que se encuentran los ecosistemas terrestres es la zona más superficial y emergida de la geosfera.

El medio terrestre se caracteriza por la escasez de agua, la baja densidad del aire que rodea a los seres vivos y la oscilación de la temperatura.

- La **escasez de agua** determina que los seres vivos presenten estructuras especializadas para captar el agua y evitar la desecación, como la raíz o la piel.
- La **baja densidad del aire** que rodea los organismos en el medio terrestre crea la necesidad de desarrollar estructuras rígidas, como el esqueleto o los troncos, para sostener los cuerpos de los seres vivos.
- La elevada **oscilación de la temperatura** es debida a que, en general, el aire y la tierra tienen una baja capacidad calorífica. Esto provoca que se calienten y enfríen con rapidez, lo que origina grandes diferencias de temperatura entre el día y la noche, y a lo largo de las distintas estaciones del año. Esta oscilación determina que los seres vivos presenten características que los aíslen del medio, o bien opten por esconderse o migrar.

  En nuestro planeta, encontramos la siguiente gradación de temperaturas en función de la latitud:

Evaluación de ecosistemas del milenio

Es un macroestudio que fue convocado en el año 2000 por las Naciones Unidas para conocer el impacto de la actividad humana sobre los ecosistemas. También tenía como objetivo establecer las bases científicas de futuras acciones que asegurasen la conservación de los ecosistemas y la utilización sostenible de los recursos ligados a estos.

En España se inició en 2009 y en 2012 se finalizó el estudio de los ecosistemas españoles.

Puedes encontrar más información en la página:

http://millenniumassessment.org/

Latitudes tropicales

En las latitudes próximas al ecuador, las temperaturas son siempre cálidas porque los rayos solares llegan perpendiculares durante todo el año. No existe una marcada estacionalidad respecto a las temperaturas.

Latitudes intermedias

En estas zonas, las temperaturas son más cálidas en verano, cuando los rayos de Sol llegan perpendiculares; y más frías en invierno, cuando los rayos llegan oblicuos.

Latitudes polares

En las latitudes próximas a los polos, las temperaturas son siempre frías porque los rayos solares llegan a estas zonas muy oblicuos durante todo el año.

Actividades

11. Indica los tramos que pueden distinguirse en un río.

— ¿En cuál de ellos crees que el tamaño de las poblaciones es mayor? Razona tu respuesta.

12. ¿Qué diferencias presenta el biotopo a lo largo del curso de un río? Explica cómo influyen estas diferencias en la biocenosis en cada tramo del río.

13. Razona en qué zona de los ecosistemas marinos encontramos una mayor cantidad de organismos productores.

14. ¿Qué dos características del biotopo piensas que condicionan más el tipo de organismo que puede vivir en el estrato abisal?

15. Explica qué factores condicionan la vida en el medio terrestre.

— ¿Cuál de estos factores consideras que tiene el mismo efecto en todos los ecosistemas terrestres del planeta? Razona tu respuesta.

CIENCIA A TU ALCANCE: Características de los ecosistemas

INVESTIGA: Estudio del suelo

Material

- 200 g de arena
- 200 g de tierra de siembra
- Balanza
- 2 embudos
- Papel de filtro
- 2 probetas de 100 ml
- 2 vasos de precipitados
- Mechero de Bunsen
- Soporte y nuez

Procura tener precisión en todas las medidas que hagas con la balanza y acuérdate de enrasar correctamente la probeta.

Introducción

El suelo es uno de los componentes del biotopo y, según sus características, determina si la disponibilidad de nutrientes es más elevada o no. Está formado por materia orgánica (restos de seres vivos, excrementos...) y por materia inorgánica (sales minerales, aire y agua).

En este experimento, estudiaremos dos propiedades del suelo: la humedad y la permeabilidad.

Procedimiento

Estudio de la humedad del suelo

— Pesa 100 g de cada una de las muestras y deposita cada una de ellas en un vaso de precipitados.

— Calienta a fuego muy suave cada vaso de precipitados con el mechero de Bunsen durante un par de minutos y déjalos enfriar.

— Vuelve a pesar las muestras y anota los resultados.

Estudio de la permeabilidad del suelo

— Pesa 50 g de cada una de las muestras.

— Pon papel de filtro sobre el embudo tal y como indica el dibujo:

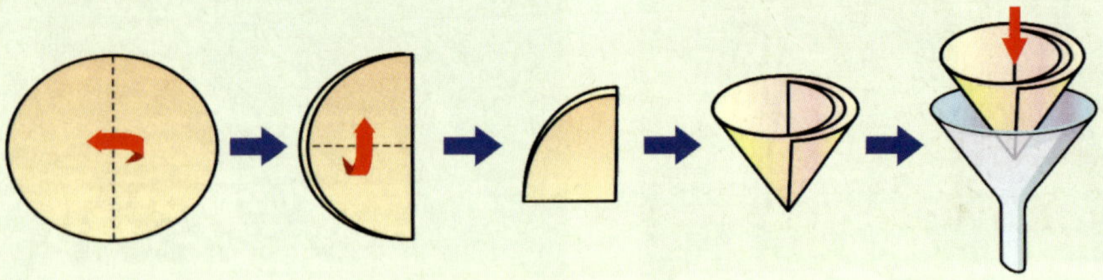

— Lleva a cabo el montaje del soporte con el aro. Para unirlos, utiliza una nuez.
— Coloca encima del aro el embudo con el papel de filtro y una de las muestras, y debajo del montaje una probeta.
— Añade 50 ml de agua al embudo con la muestra.
— Mide la cantidad de agua recogida al cabo de 5 minutos en la probeta y anota el resultado.
— Repite el proceso con la otra muestra.

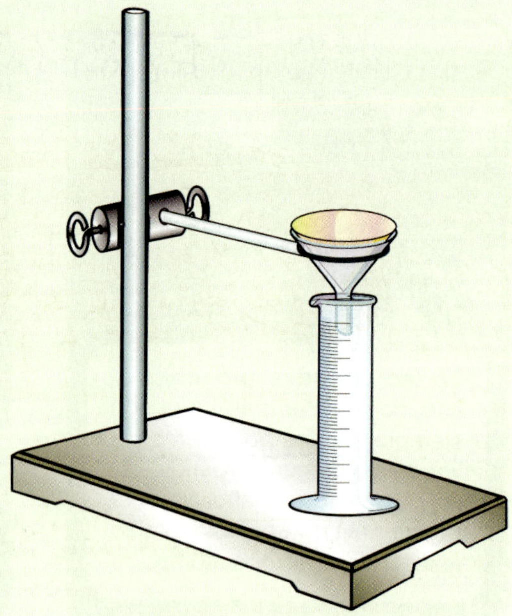

Actividades

a. Explica qué ha ocurrido con la masa de la muestra durante el estudio de la humedad del suelo. ¿A qué es debido?

b. Según tus resultados, ¿cuál de los dos suelos es más húmedo?

c. ¿Por qué la humedad es una característica del suelo que puede afectar a la biocenosis?

d. ¿En qué suelo has recogido mayor cantidad de agua cuando has realizado el estudio de la permeabilidad?

e. Analiza qué suelo tiene mayor capacidad de retención de agua según su permeabilidad. ¿En cuál de las dos muestras las plantas encontrarán menos dificultades para desarrollarse en época de sequía? Razona tu respuesta.

PROFUNDIZA

Ecosistemas amenazados

Cuando hablamos de la protección de los ecosistemas terrestres, muchas veces se nos presentan las imágenes de un entorno natural con muchas plantas y abundantes cursos de agua dulce. El entorno social y cultural ha ensalzado la exuberante vegetación y la disponibilidad de agua de algunos ecosistemas como modelo estético de estos. Sin embargo, vivimos en un país en el que abundan los ecosistemas mediterráneos afectados por una sequía estival que condiciona muchas de las actividades que tradicionalmente se realizan en el medio ambiente, como la agricultura o la ganadería. Por este motivo, ante una cascada en medio de un bosque frondoso muchos no dudamos en advertir la belleza del lugar y su necesidad de protección.

Pero existen otros ecosistemas, como las zonas áridas o los humedales, que por sus condiciones y su falta de recursos aprovechables para el ser humano no han sido objeto de atención ni de protección. Por estos motivos, en el siglo pasado, muchas zonas áridas fueron irrigadas y muchos humedales fueron desecados para convertirlos en tierras de cultivo.

Estos ecosistemas, sin embargo, constituyen una fuente de diversidad y refugio de muchos animales autóctonos y migradores. Además, en la actualidad estos ecosistemas son visitados por los amantes de la naturaleza.

La Graciosa (islas Canarias).

a. Proporciona argumentos de por qué las zonas áridas y los humedales también deben ser contemplados dentro de la red de espacios protegidos.

b. Antiguamente no se conservaban estos ecosistemas sino que se transformaban. ¿Por qué?

b. ¿Qué sucedería si no se conservasen estos espacios naturales y se permitiera su eliminación?

Cre@ctividad: Presentaciones multimedia

Las presentaciones multimedia son documentos digitales que combinan la información en diferentes formatos: texto, imágenes, vídeos, sonido, etc. Ahora bien, crear una buena presentación no es sencillo. En Internet, encontraréis páginas web en las que se explica cómo conseguir una buena presentación multimedia. En esta actividad, en grupos de tres, buscaréis información en la Red con el fin de elaborar un documento con cinco ideas básicas para confeccionar una buena presentación multimedia.

A continuación, con la supervisión del profesor, compararéis la información con el resto de grupos con la finalidad de elaborar un documento único entre toda la clase, que establezca los aspectos que deben tenerse en cuenta para lograr una buena presentación multimedia (tipo de letra, medida y color del texto, calidad de las imágenes, extensión del texto de cada diapositiva, etc.).

Para finalizar, cada grupo tendrá que presentarla, siguiendo los criterios establecidos, y colgarla en Internet en la cuenta de la clase de Slideshare, de la que el profesor os proporcionará los datos para acceder. Obviamente, las imágenes que utilicéis deben tener una licencia que permitan su uso.

SÍNTESIS

- Para resumir la unidad, completa el siguiente esquema en tu cuaderno.

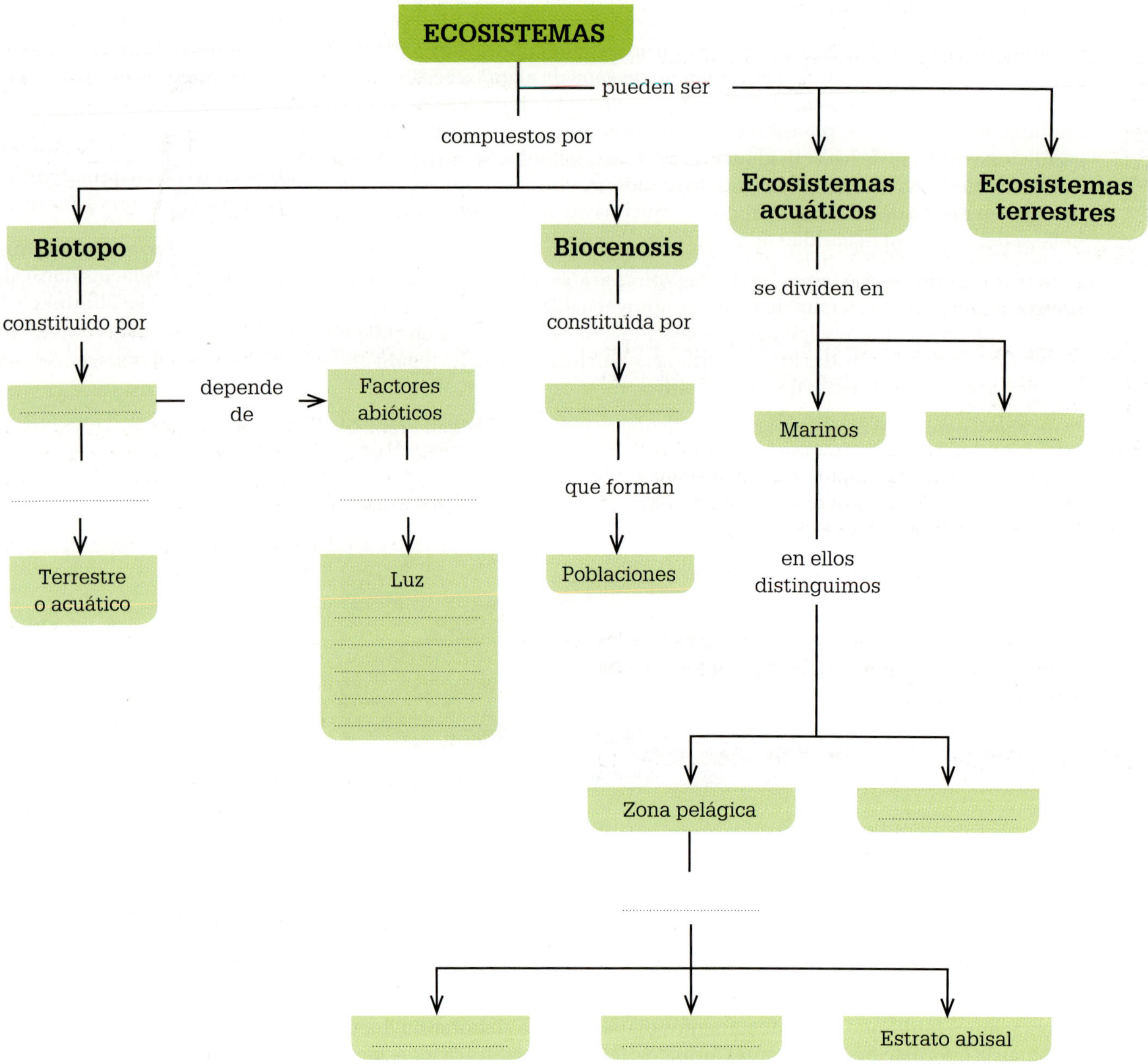

— Añade al esquema los diferentes niveles tróficos de los seres vivos y las distintas formas de representar las relaciones tróficas.

— Anota en el esquema las características de los ecosistemas terrestres.

— Elabora una tabla con las principales diferencias entre el medio terrestre y el acuático.

Actividades finales

16. ★☆☆ Define e indica las diferencias que existen entre estos conceptos: biosfera, ecosfera y ecosistema.

17. ★☆☆ Identifica cuáles de los siguientes ejemplos corresponden a un ecosistema. Razona tus respuestas.

la Luna - un rebaño de ovejas - una laguna - la selva
un tronco en descomposición

18. ★☆☆ Explica mediante un dibujo-esquema con qué capas de la Tierra se relaciona la biosfera. Indica también de qué modo se relaciona.

19. ★☆☆ Describe las principales características que presentan los dos tipos de medio sobre los que se encuentran los ecosistemas.

20. ★★☆ Explica por qué a partir del clima de una zona podemos conocer muchas de las características del ecosistema que allí existe.

21. ★★☆ Al llevar a cabo un muestreo en el interior de una cueva, se encuentran algunas especies de animales y hongos. ¿Cuál de los diferentes factores ambientales es más determinante en este ecosistema?

— Razona tu respuesta a partir del muestreo de seres vivos.

22. ★★☆ ¿Cuáles son los gases que más condicionan el desarrollo de un ecosistema? Explica de qué forma en una tabla como la siguiente:

Nombre del gas	Motivos de su importancia

23. ★★☆ Los pueblos y las ciudades también pueden considerarse como un ecosistema: el ecosistema urbano. Describe el biotopo y la biocenosis de tu localidad.

24. ★★☆ Explica cuáles son los factores ambientales más determinantes para la biocenosis en los siguientes casos:

- Cima de una montaña de 3 000 metros
- Fondo oceánico
- Desierto cálido

25. ★★★ El efecto Föhn es un fenómeno meteorológico que se da en algunas cadenas montañosas. Está provocado por unos vientos dominantes que ascienden por una ladera de la cordillera, enfriándose y formando precipitaciones. Cuando estos vientos descienden por la otra ladera, el aire que llevan es cálido y seco.

— Explica qué factor ambiental tiene especial importancia en una zona afectada por el efecto Föhn.

— Busca información en **http://es.wikipedia.org** y cita algún caso de efecto Föhn que se produzca en España.

26. ★★☆ La ballena franca austral habita en las zonas próximas a la Antártida durante los meses de diciembre a mayo, y se desplaza más hacia el norte los meses de junio hasta noviembre.

— ¿Cómo se denomina este tipo de desplazamiento de la población de ballena franca austral?

— Explica qué factor ambiental condiciona estos desplazamientos.

27. ★★★ Al estudiar la biocenosis de un lago de montaña bien conservado, se contabilizan 327 ranas y 23 culebras viperinas.

— ¿Qué tipo de relación interespecífica se establece entre el anfibio y el reptil? Indica qué nombre recibe cada especie según el lugar que ocupan en esta relación. Depredación d=rana SJp=culebra

— ¿Cómo crees que variaría la población de culebras si se introdujeran más ranas en ese lago? Si se liberaran más culebras, ¿cómo cambiaría la población de ranas?

— Tanto si se introdujesen más ranas o más culebras, ¿cómo crees que encontraríamos ambas poblaciones con el paso del tiempo?

28. ★★★ Observa el ciclo biogeoquímico del carbono que encontrarás en el link **http://links.edebe.com/pat**

— ¿Qué sucedería si no existieran los seres vivos fotosintéticos?

— ¿Qué diferencia hay entre el carbono de los restos orgánicos y el que eliminamos por la respiración?

— ¿Cómo sería este esquema si en lugar de un reno tuviéramos en cuenta las aportaciones humanas?

Actividades finales

29. ★★★ Di cuál es la principal fuente de energía de los ecosistemas y explica brevemente por qué transformaciones va pasando a lo largo de la cadena alimentaria. Puedes acompañar esta explicación con el esquema de una cadena alimentaria.

30. ★★☆ Observa la red trófica representada en la página 151 y explica qué tipo de relación interespecífica se establece entre el consumidor primario y el secundario.

— En un período de tiempo corto, ¿qué pasaría con la población de productores si aumenta la población de uno de los consumidores secundarios? Razona tu respuesta.

— Explica en qué dirección se realiza la transmisión de energía y materia a lo largo de la red trófica.

— Explica qué sucedería con la población de perdices si un parásito diezmara la población de ratones. Describe cómo cambiaría en función de sus alimentos y sus depredadores.

31. ★★★ La siguiente gráfica muestra la evolución de una población de conejos y zorros a lo largo de los años:

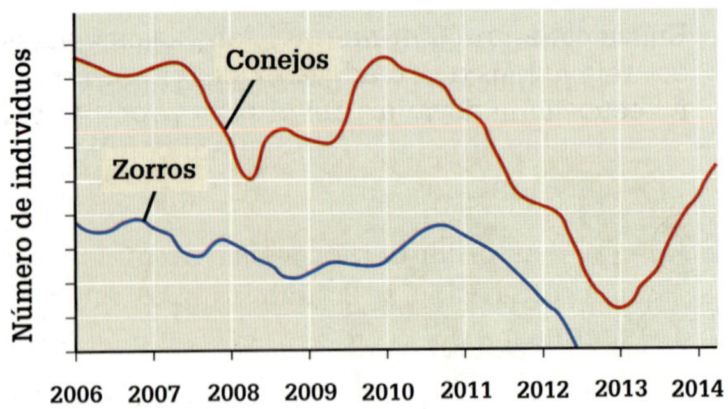

¿Qué representa cada línea de color?

— Sitúa en el tiempo estos eventos:

a) Vertido de un cargamento de zanahorias que no se ha vendido en el mercado.

b) Episodio de mixomatosis (enfermedad que provoca la ceguera de los conejos).

c) Fuga de todos los visones macho (carnívoros muy voraces) de una fábrica peletera.

— Razona qué sucede con la población de conejos y zorros durante los dos últimos años.

32. ★☆☆ Al estudiar un campo de trigo, detectamos que, aparte del trigo, abundan los roedores y también se observan algunas rapaces.

— Explica una cadena trófica que podamos identificar en este campo.

— Explica los distintos niveles tróficos que podemos identificar y cita un ejemplo de cada uno.

Visión 360º: Paseo por un ecosistema

Seguramente habrás paseado alguna vez por un espacio natural (bosque, sendero, marisma...). Cuando lo vuelvas a visitar, anota los nombres de los árboles y las especies vegetales que veas. Identifica especies de animales que detectes a partir de la observación directa, a partir de restos o a partir de sonidos que emitan. Toma fotografías de todos los elementos observados y si es necesario incluso registros sonoros. Escribe también los factores abióticos que puedas percibir como la presencia de luz, la humedad, la temperatura, la situación geográfica...

Organiza toda la información en un documento informático: comienza con una introducción general en la que aparezcan la fecha y el nombre del lugar visitado, elabora una tabla con los datos recogidos acompañados de las fotografías y los registros de audio que hayas conseguido. ¿De qué tipo de ecosistema se trata?

Puede ayudarte la información de las siguientes páginas web:

- Para identificar árboles, arbustos y plantas: **http://links.edebe.com/6cm**
- Para identificar restos de animales: **http://links.edebe.com/er5**
- Guía de identificación de canto de aves **http://links.edebe.com/xw**
- Guía de identificación de ecosistemas de España: **http://links.edebe.com/95r**

33. ★☆☆ ¿Cuál es el origen del flujo de energía de los ecosistemas? Razona qué ocurre en los fondos oceánicos.

34. ★★☆ Los parques urbanos pueden ser considerados como un ecosistema. Indica tres elementos que puedas identificar en un parque y que formen parte de su biotopo. Cita dos organismos de cada nivel trófico que has estudiado que puedas encontrar en un parque.

Actividades finales

35. … en las que se comparen las carac- … las del medio terrestre.

3… tica de la zona

… i- … bio … no?

… duzcan … sistemas

… estren de forma

… del aire con el del agua.

Biología → esquema resumen de: 166 a 173 y 175 ejer: 2, 3, 4 y 5
Información básica de 4 orgánulos de la célula, función
Plástica → hacer un simetría axial y control
África física = océanos, mares, golfos, cabos, estrechos, pen., lagos, ríos, islas, desiertos, relieve, y

40. ★★★ Una de … amenazas de la integridad de los ecosistemas … las especies invasoras. Lee este texto sobre ellas y contesta a las preguntas:

Especies invasoras

Los diferentes organismos de un ecosistema forman una compleja red de relaciones tróficas. Cuando la población de una especie altera su tamaño, aquellos organismos que constituyen su alimento y los que se alimentan de ella reaccionan ante la nueva situación. Estos cambios se transmiten a lo largo de toda la red trófica y en la mayoría de los casos el ecosistema retorna a la normalidad al cabo de un tiempo. Sin embargo, algunas veces se producen alteraciones de la red trófica que cambian de forma radical la dinámica del ecosistema.

Cuando llega una nueva especie a un ecosistema, puede suceder que no esté suficientemente adaptada y no sobreviva a las condiciones ambientales o a las relaciones tróficas que se establecen, o bien puede naturalizarse, si consigue adaptarse al nuevo ambiente, reproducirse e integrarse como un elemento más de la biocenosis.

Una vez naturalizada la nueva especie, se establecen nuevas relaciones tróficas y la red trófica se reorganiza. Si esta especie nueva presenta tasas de reproducción muy elevadas o compite por el espacio y el alimento con las especies locales, puede provocar graves desequilibrios en el funcionamiento normal del ecosistema, llegando a desplazar a las especies iniciales e incluso a hacerlas desaparecer. Estamos ante una especie invasora. En algunos casos, las nuevas especies carecen de depredador en el ecosistema donde se han instalado, de forma que los efectos sobre este son aún mayores.

— ¿Qué significa la expresión «la población de una especie altera su tamaño»?

— ¿Crees que un organismo ajeno a un ecosistema se comporta como especie invasora en todos los casos?

— ¿Conoces algún caso de especie invasora? Explícalo.

— ¿Por qué crees que en las fronteras debe controlarse el tráfico de animales y plantas?

— ¿Qué consecuencias para el ecosistema puede tener el abandono de animales como gatos y perros?

— La lucha contra las especies invasoras puede llegar a ser muy complicada una vez que estas se han instalado en un ecosistema. Es el caso de la invasión del caracol manzana en los cultivos de arroz del delta del Ebro. En el artículo del *link* **http://links.edebe.com/n3eg** puedes conocer la última estrategia para combatir la invasión. Explícala de forma resumida.

PBL

El tigre del plátano

En los plátanos *(Platanus sp.)* del parque de delante de la escuela habéis detectado la presencia de unos pequeños insectos llamados tigre del plátano *(Corythucha ciliata)*.

Se trata de una especie invasora y plaga de los plátanos que, además de matar sus hojas, es muy molesta para las personas. ¿De qué modo se podría combatir la plaga?

— Recabad toda la información que podáis sobre el plátano (tipo de foliación, época de floración, características generales…) y el insecto (tipo de animal, ciclo vital, etc.) que lo infesta. Elaborad un póster con la información recogida.

— Determinad qué información necesitáis obtener in situ en el parque.

— Por grupos, diseñad una estrategia para luchar contra la plaga del tigre del plátano. Tened en cuenta los pros y los contras de vuestra propuesta. Exponed el resultado final de la forma que os parezca más oportuna.

Pon a prueba tus competencias

1. Como todos los seres vivos, los mosquitos también forman parte de algún ecosistema. Lee el siguiente artículo sobre algunas especies de mosquitos y responde las preguntas que se plantean a continuación.

Los mosquitos son insectos pequeños que atraviesan tres estadios durante su desarrollo: larva, pupa y adulto. En los estadios de larva y pupa se alimentan de material orgánico y plantas. Cuando alcanzan la madurez, las hembras se alimentan de la sangre que obtienen de los animales (entre ellos, los seres humanos) y los machos se alimentan de polen, jugo de frutas y néctar. En la siguiente tabla encontrarás más información sobre dos de los mosquitos más comunes en nuestro entorno:

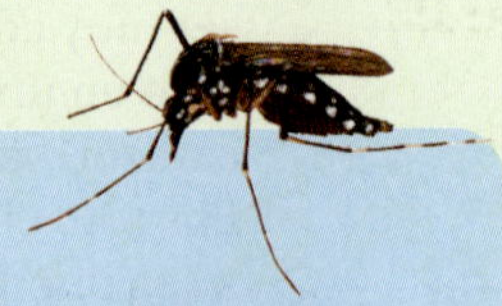

	Mosquito común	Mosquito tigre
Nombre científico	*Culex pipiens*	*Aedes albopticus*
Distribución	Mundial	Originario de Asia y extendido a algunas zonas de América, Europa y África
Actividad	Nocturna	Cualquier hora del día (preferiblemente en la salida y la puesta de Sol)
Puesta de huevos	Ríos, lagos y charcos	Aguas estancadas poco profundas

Como vemos, el mosquito tigre es originario del sureste asiático, y se está extendiendo por todo el mundo gracias al transporte internacional de mercancías. Esto ha disparado las alarmas sanitarias en Europa, ya que puede ser un vector de enfermedades provinentes de otras zonas geográficas. Un ejemplo es la enfermedad vírica chikungunya, que hasta ahora afectaba a miles de personas en el océano Índico (principalmente la India y la costa central africana), pero que ahora empieza a extenderse a otras zonas:

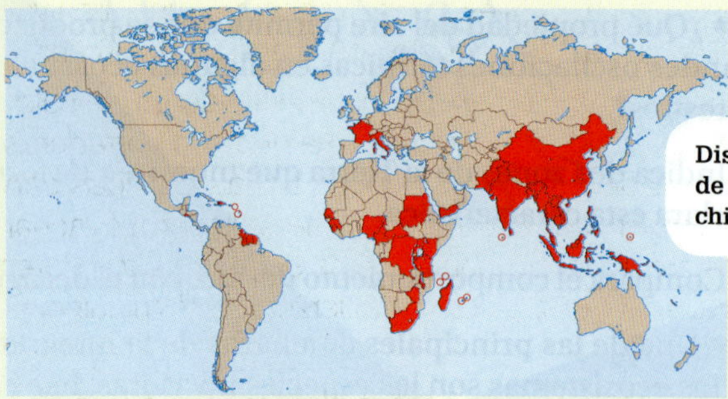

Distribución mundial de la enfermedad chikungunya.

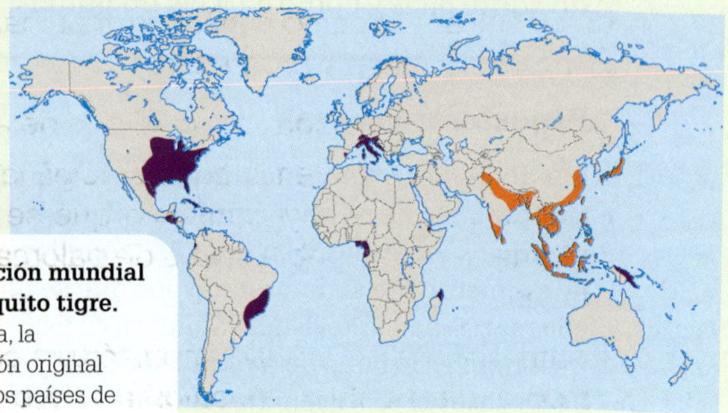

Distribución mundial del mosquito tigre. En naranja, la distribución original y en lila, los países de extensión posterior.

1.1. Según esta información, ¿a qué nivel trófico pertenecen los mosquitos? ¿Es el mismo para hembras que para machos?

1.2. ¿De los mosquitos anteriores qué especie puede darnos más problemas en un instituto en horario escolar?

1.3. El mosquito tigre no vuela grandes distancias; por ello, suele picar cerca de donde pone sus huevos. Piensa tres modos de evitar que en tu propia casa el mosquito tigre pueda poner sus huevos.

1.4. Observa los mapas e indica cuales de las siguientes afirmaciones son ciertas:

a. Donde hay mosquito tigre hay casos de personas infectadas por chikungunya.

b. Donde hay personas infectadas por chikungunya hay mosquito tigre.

1.5. En diciembre de 2013 aparecieron casos de personas infectadas de chikungunya en la isla caribeña de San Martín. Estas personas no habían viajado, de modo que fueron infectadas en la misma isla. Observando los mapas anteriores, ¿quién crees que llegó antes a la isla: el mosquito tigre o el virus de la chikungunya?

1.6. ¿Qué relación existe entre el mosquito tigre y el virus de la chikungunya?

a. Entre ellos compiten por el mismo alimento.

b. El virus es un parásito del mosquito tigre y lo utiliza para su dispersión.

c. El mosquito tigre y el virus se benefician mutuamente de estar juntos.

2. **Lee atentamente esta información sobre las palomas y responde a las preguntas:**

La paloma, en su entorno natural, se alimenta de granos que encuentra en el suelo. Complementa su dieta con pequeñas frutas, moluscos y otros invertebrados abonando la tierra con sus excrementos y ayudando así a la dispersión de las semillas. Los halcones y otras aves rapaces son sus depredadores naturales. El número de individuos de la población de palomas se regula según el alimento disponible y el número de depredadores que de ellas se alimenta. A la derecha podemos ver un ejemplo de red trófica natural de la que forma parte la paloma.

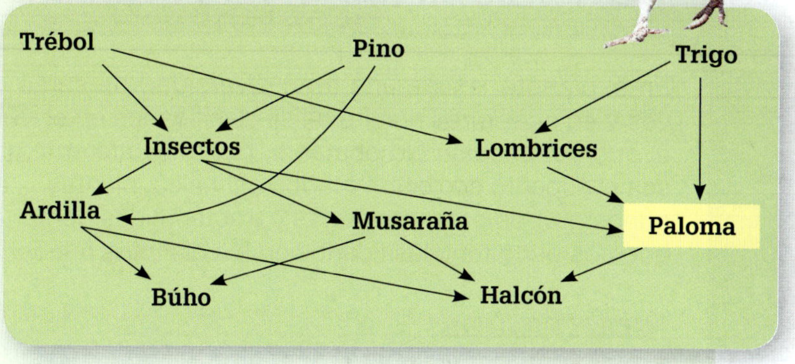

No obstante, las poblaciones más importantes de palomas se encuentran en los entornos urbanos. En las ciudades no suelen vivir halcones, ni búhos, ni musarañas. En lugar de granos de trigo las aves pueden encontrar una gran variedad de alimentos procedentes de la actividad humana.

La mayoría de las autoridades locales consideran las palomas un problema de salud pública, ya que son portadoras de enfermedades y contaminan las aguas públicas con sus heces y plumas. Una paloma puede llegar a evacuar hasta 12 kg de heces al año. Además, ensucian el mobiliario urbano y deterioran los monumentos debido al alto contenido en ácido úrico de sus heces. Es por ello que las administraciones gastan mucho dinero y esfuerzos en disminuir el número de palomas en el entorno urbano.

2.1. Indica cuál de los siguientes elementos de una cadena trófica actúa como consumidor primario, consumidor secundario y productor:

a. Paloma b. Halcón c. Grano de avena

2.2. Observa la red trófica en la que participa la paloma en su entorno natural y justifica a qué se debe el gran tamaño de las poblaciones de palomas en las ciudades.

2.3. El Ayuntamiento de Madrid impulsó una campaña para controlar la plaga de palomas cuyo eslogan era: *«¡Las palomas no necesitan ser alimentadas!».*

¿Por qué crees que eligieron este eslogan para la campaña?

2.4. Algunos grupos de protección de los animales se oponen a los métodos de exterminio que se utilizan con las palomas. ¿Cuáles son sus argumentos?

2.5. Barcelona tiene una de las mayores poblaciones de palomas del mundo. Desde hace décadas un grupo de científicos está censando la población de palomas en esta ciudad, distribuidos por distritos (números del 1 al 10):

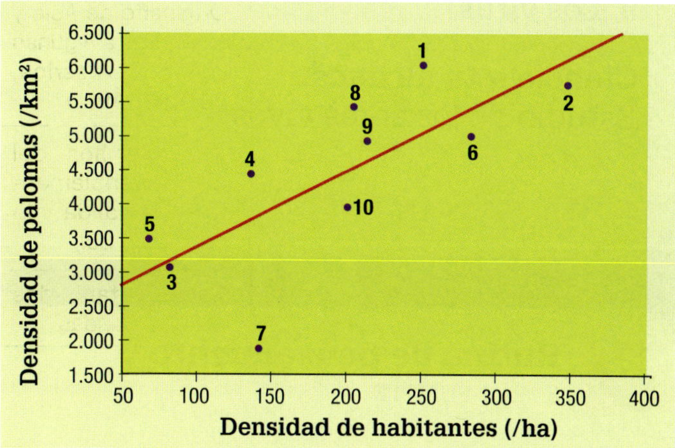

Observa la gráfica e indica la afirmación correcta. Razona la respuesta:

a. Cuanto más densa es la población de palomas, más densa es la población de humanos.

b. Cuanto más densa es la población de humanos, menor es la población de palomas.

c. Cuanto más densa es la población de humanos, más densa es la población de palomas.

Reflexiona

Diario de aprendizaje

— ¿Qué procesos de aprendizaje has aplicado en esta unidad? ¿Podrías utilizar otros más eficaces?

— En las actividades de grupo, ¿hay alguna dinámica que podrías cambiar para agilizar el trabajo del equipo?

8 Los seres vivos

En el planeta, existe una gran diversidad de seres vivos y en ocasiones resulta difícil clasificarlos en el reino al que pertenecen. No obstante, por muy diferente que sea el aspecto de determinados animales, plantas..., algunos grupos presentan unas características comunes que nos permiten clasificarlos en los distintos reinos.

CONTENIDOS

Rutina de pensamiento

3 - 2 - 1 PUENTE

- Observa estas imágenes atentamente.
- En tres papeles adhesivos de colores diferentes, escribe:
  - — En el primero, tres pensamientos o ideas que te sugieran las imágenes.
  - — En el segundo, dos preguntas que te surjan a partir de la observación.
  - — En el tercero, una analogía o metáfora que te inspiren las imágenes.
- Compartid vuestras respuestas.
- Reflexionad en grupo:
  - — ¿Qué os ha sorprendido más de las respuestas de vuestros compañeros?
  - — ¿Ha habido muchas coincidencias o pocas?
  - — ¿Os han aportado nuevos puntos de vista?

Ágora

Cada uno de nosotros puede implicarse en la protección del medio y los seres vivos a través de pequeñas acciones cotidianas.

— Aportad ejemplos propios.

— ¿Te generan satisfacción personal? Explícalo.

1. La vida en la Tierra

La **biosfera** es aquella capa de la Tierra en la cual se desarrollan y viven los seres vivos. Comprende la zona más superficial de la geosfera, la hidrosfera y la franja inferior de la atmósfera en contacto con la superficie terrestre.

Los **seres vivos** son organismos que tienen la capacidad de nutrirse, relacionarse y reproducirse.

La existencia de vida en la Tierra, tal como la conocemos, es posible gracias a una serie de factores que permiten el desarrollo y el mantenimiento de los seres vivos:

La presencia de agua. El agua forma parte de todos los seres vivos y es una sustancia imprescindible en todos los procesos relacionados con la vida.

La temperatura. En la Tierra, a diferencia de los planetas vecinos, las temperaturas no presentan grandes oscilaciones y son adecuadas para el desarrollo de la vida.

La atmósfera. Contiene los gases necesarios para los seres vivos, como el oxígeno y el dióxido de carbono. La atmósfera, además, contribuye a que las temperaturas sean las adecuadas para la vida.

La luz. Procedente del Sol, es imprescindible para la fotosíntesis y es la base de la vida vegetal y animal de nuestro planeta.

1.1. La biodiversidad

En la Tierra existe una gran diversidad de formas de vida. Esta variedad de seres vivos recibe el nombre de **biodiversidad.**

En la actualidad, la biodiversidad del planeta está disminuyendo, y aunque la desaparición de algunas especies es un hecho natural, el ser humano está acelerando este proceso por distintas causas.

A continuación, vamos a conocer la importancia que tiene la preservación de la biodiversidad, así como las causas y las consecuencias de su disminución.

La importancia de la biodiversidad

- Todas las especies de seres vivos **son importantes para el buen funcionamiento** de la biosfera. Por ejemplo, muchos insectos son imprescindibles para polinizar las plantas y garantizar así su reproducción.
- La biodiversidad genera numerosos **beneficios directos e indirectos al ser humano.** Por ejemplo, los seres vivos tienen una participación destacable en la elaboración de alimentos y en el aporte de materias primas para la industria; también intervienen en procesos como la descomposición de residuos.
- El estudio de la biodiversidad permite **comprender el funcionamiento** de los procesos que suceden en la biosfera.

Insecto polinizando

Causas de la disminución de la biodiversidad

- La **destrucción de los espacios naturales.** La pérdida de hábitat natural provoca la desaparición de los organismos que se alimentan o buscan cobijo en ellos.
- La **contaminación ambiental.** El uso de pesticidas y el vertido de sustancias contaminantes al agua y a la atmósfera afectan a la supervivencia de las especies.
- La **caza y la pesca** indiscriminadas.
- La introducción de **nuevas especies.** Las especies foráneas pueden expandirse y dificultar el crecimiento de los seres vivos originarios de la zona; en este caso, se denominan especies invasoras. Por ejemplo, en las islas del Pacífico, desaparecieron numerosas especies de aves y reptiles porque no estaban adaptadas a la depredación de ratas y gatos procedentes de los barcos.
- El comercio o **tráfico ilegal** de especies diezma las poblaciones de algunos seres vivos para proporcionar mascotas exóticas, o bien productos como pieles y huesos para coleccionistas e incluso personas desinformadas.

Pesca de atún, especie sobreexplotada.

Consecuencias de la disminución de la biodiversidad

- La destrucción de bosques y zonas húmedas, así como los **incendios forestales, provocan un incremento de las emisiones de CO_2** a la atmósfera.
- La destrucción de la cubierta vegetal favorece un **aumento de la erosión y de la pérdida de recursos hídricos.** Las áreas desprovistas de vegetación pierden la capacidad de absorción del agua y, en caso de lluvias abundantes, se erosionan con más facilidad.
- La extinción o desaparición de todos los seres vivos de una misma especie provoca que **no se lleguen a conocer sus propiedades y sus posibles aplicaciones.**

Erosión provocada por deforestación.

1.2. Los fósiles

En la Tierra, hay una gran diversidad de seres vivos desde hace millones de años. Sin embargo, la mayoría de las especies que existieron, por ejemplo, en la época de los dinosaurios, se ha extinguido, o bien ha dado lugar a las especies actuales. Los fósiles nos aportan una prueba de todo ello.

Los **fósiles** son restos de seres vivos o de su actividad (huellas, excrementos, huevos…) que se han conservado a través del tiempo en rocas sedimentarias.

La **paleontología** es la ciencia que estudia los fósiles y nos permite reconstruir las características de los seres vivos que existieron hace miles o millones de años y conocer cómo han evolucionado las especies a lo largo del tiempo.

La fosilización es el proceso de formación de los fósiles. Consiste en una transformación y sustitución de algunas partes de un ser vivo por minerales. Es más fácil que fosilicen las partes duras del organismo, como huesos o conchas, que las partes blandas. Por ello, es mucho más probable encontrar, por ejemplo, fósiles de caracolas que de medusas.

El **registro fósil** es el conjunto de toda la información de los fósiles existentes. Proporciona una idea de cómo han cambiado las formas de vida en nuestro planeta desde hace unos 3 500 millones de años hasta la actualidad y permite interpretar mejor la realidad.

Aun así, el registro fósil es incompleto porque muchos seres vivos eran de difícil fosilización y las rocas sedimentarias más antiguas no abundan de igual forma que las más actuales.

Actividades

1. Explica cuáles son los factores que hacen posible la vida en la Tierra.
2. Indica qué nos aporta la biodiversidad. ¿Cuáles son las causas y los efectos de su pérdida?
3. Explica qué consecuencias para la biodiversidad y el medio ambiente puede tener la tala de árboles en una zona boscosa.
4. Razona por qué los fósiles nos demuestran que la biodiversidad no siempre ha sido la misma en nuestro planeta.

2. La célula

Existe una gran diversidad entre todos los seres vivos de la biosfera. Sin embargo, todos se caracterizan por estar formados por unas pequeñas unidades denominadas células.

Las **células** son las unidades básicas que constituyen a los seres vivos. Normalmente son de pequeño tamaño, por lo que, para medirlas, se utiliza una unidad de medida adaptada a su tamaño: el micrómetro, o micra, que equivale a una milésima parte de un milímetro y se representa con µm.

Todas las células contienen abundante agua en su interior. Además, están compuestas por moléculas complejas formadas principalmente por átomos de carbono combinados con otros elementos, en especial, oxígeno e hidrógeno.

Existen seres vivos formados por una sola célula, llamados organismos **unicelulares,** y otros formados por más de una célula, que reciben el nombre de organismos **pluricelulares.**

Las células pueden tener diferentes tamaños y formas, pero todas presentan tres características comunes:

- Las células contienen una molécula denominada **ADN** (ácido desoxirribonucleico) que, en ocasiones, se condensa y forma unas estructuras llamadas **cromosomas.** El ADN se encarga de regular todos los procesos que tienen lugar en el interior de la célula.
- Todas las células están envueltas por una **membrana plasmática,** una estructura fina y elástica que separa la célula del medio exterior y que permite el intercambio de sustancias con este.
- Todas las células presentan **citoplasma,** un contenido líquido y viscoso delimitado por la membrana plasmática. En él se encuentran los orgánulos celulares.

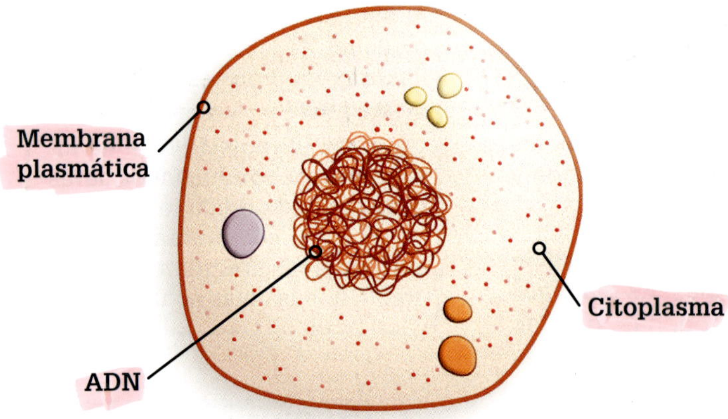

Todas ellas presentan unos elementos inmersos en el citoplasma denominados **orgánulos celulares,** que se encargan de realizar diferentes procesos de las funciones vitales.

Según la presencia o ausencia de núcleo, distinguimos dos tipos de células: *eucariota* y *procariota.*

Célula eucariota

Presentan el ADN contenido en un **núcleo,** que está constituido por una membrana o envoltura nuclear, es pequeño y por lo general tiene forma esférica.

Los principales orgánulos celulares comunes a todas las células eucariotas son las *mitocondrias,* los *lisosomas,* el *retículo endoplasmático,* el complejo de *Golgi,* los *ribosomas* y las *vacuolas.*

Entre las células eucariotas, destacan dos grandes tipos: la *vegetal* y la *animal.*

- La **célula vegetal** presenta, a diferencia de los otros tipos de célula eucariota, cloroplastos y también pared celular.

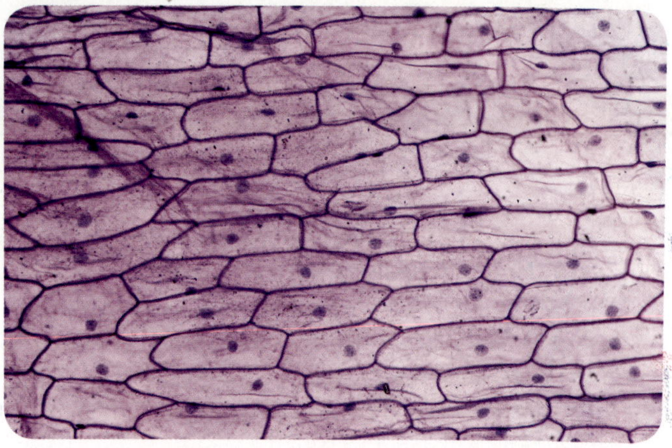

- La **célula animal** es la única que presenta *centríolos.*

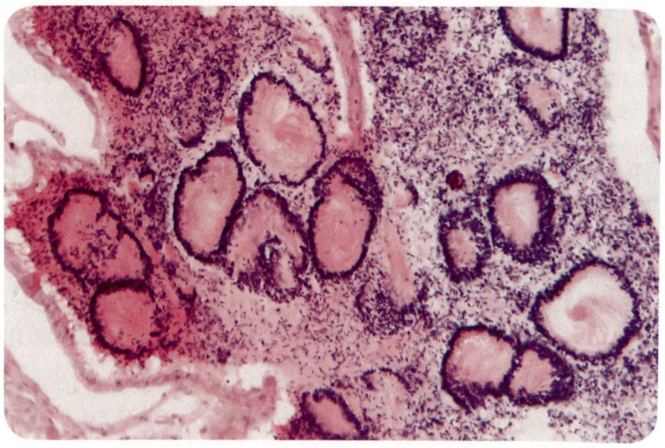

Célula procariota

No presentan núcleo y tienen el ADN disperso en el citoplasma. Tienen muy pocos orgánulos.

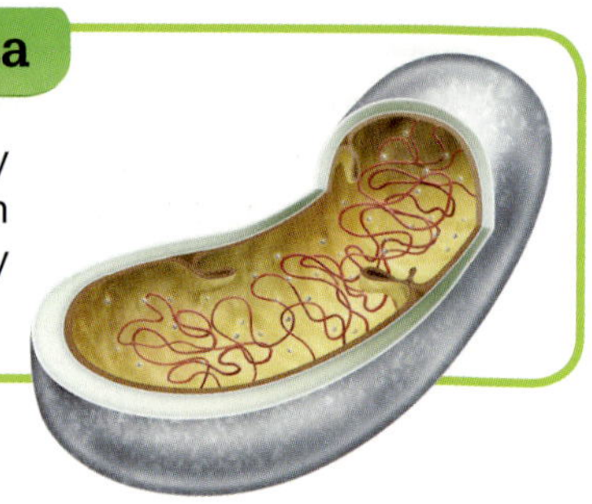

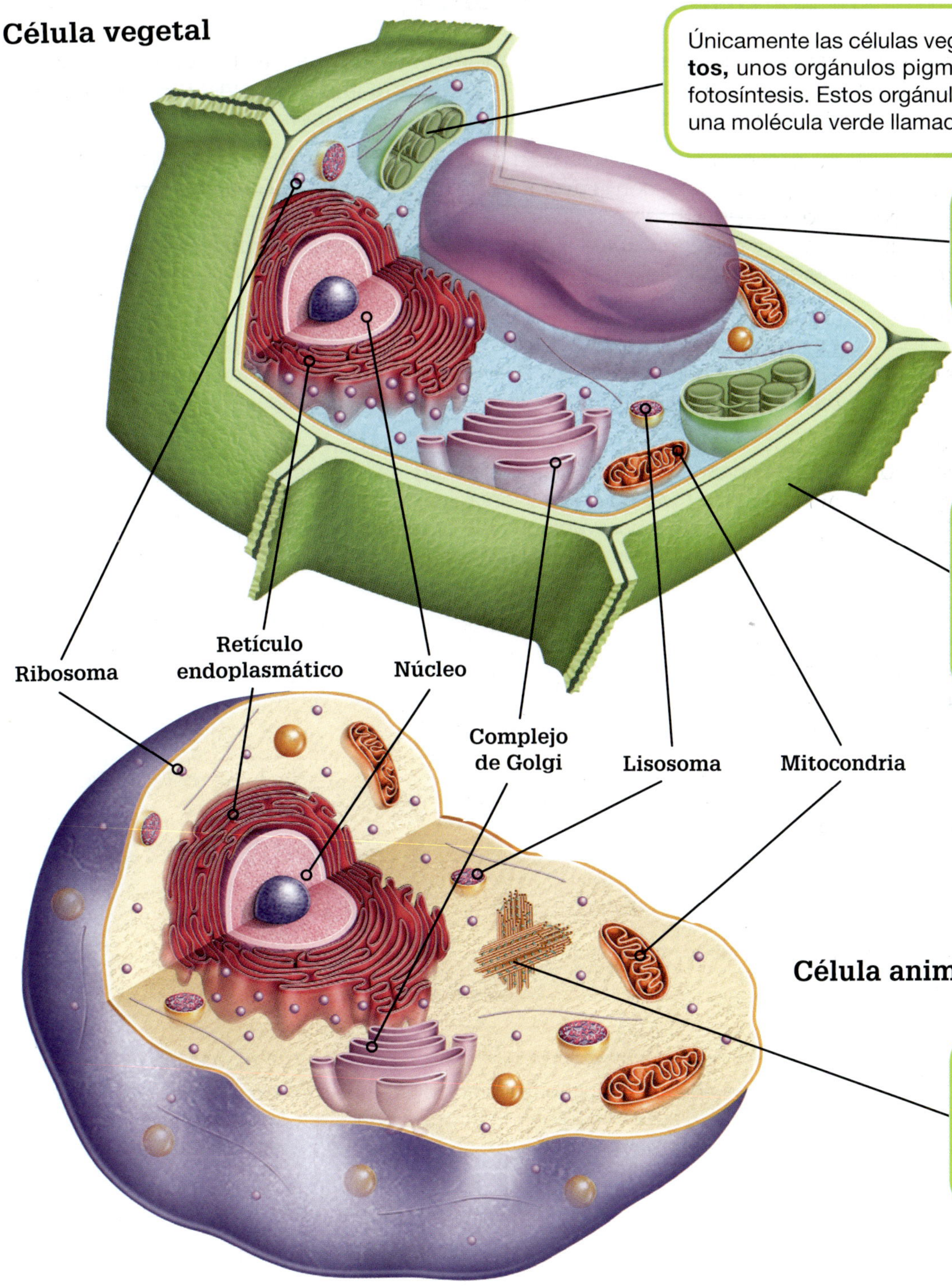

Únicamente las células vegetales presentan **cloroplastos,** unos orgánulos pigmentados donde se realiza la fotosíntesis. Estos orgánulos contienen principalmente una molécula verde llamada clorofila.

Las **vacuolas** de las células vegetales son de mayor tamaño que las de las células animales.

Las células vegetales presentan una estructura rígida alrededor de la membrana celular, llamada **pared celular,** compuesta de celulosa.

Solo las células animales presentan **centríolos,** unos orgánulos cilíndricos que intervienen en la división celular.

Actividades

5. Clasifica en tres grupos diferentes los orgánulos de una célula eucariota según sean propios de una célula animal, de una célula vegetal, o bien estén presentes en ambos tipos de células.

6. Justifica por qué las células animales no presentan cloroplastos.

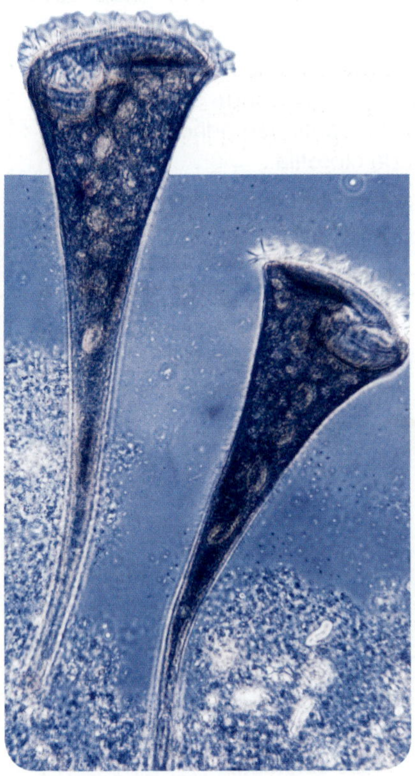

En una gota de agua dulce, Leeuwenhoek debió de observar organismos como Stentor, un ser vivo unicelular que pertenece al grupo de los protozoos. Vista del microscopio óptico 200x.

Antoni Van Leeuwenhoek

Antoni van Leeuwenhoek (1632-1723), hijo de una familia de artesanos, fue un mercader y científico de Delft, Holanda.

Diseñó y construyó sus propios microscopios, con los que observó una gran cantidad de muestras diferentes. Llegó a poseer una colección de más de quinientos microscopios.

De entre sus observaciones, destaca la primera descripción de un organismo unicelular, de las fibras musculares y de los espermatozoides.

3. El estudio de la célula

El estudio de la célula se ha desarrollado a lo largo del tiempo gracias a las aportaciones de numerosos científicos. Una parte importante de este progreso ha estado ligada al desarrollo de nuevas técnicas de laboratorio.

- Un invento clave en el estudio de la célula fue el microscopio. En 1665, Robert Hooke estudió, con la ayuda de un microscopio muy sencillo, una fina lámina de corcho. Observó la presencia de una serie de espacios o compartimentos que denominó *células.* Hooke utilizó esta palabra, que proviene del latín y significa 'celdilla', para describir las pequeñas estructuras que constituían la lámina de corcho.
- Unos años más tarde, en 1674, Antoni van Leeuwenhoek observó en el microscopio una gota de agua de un lago y apreció en ella unos seres vivos de pequeño tamaño formados por una sola célula. Descubrió los organismos unicelulares.
- Con el paso de los años, se mejoraron las prestaciones de los microscopios y se realizó todo tipo de observaciones de células animales y vegetales. A partir de estas observaciones, se empezaron a identificar las partes de las células y a caracterizar los distintos tipos de célula.

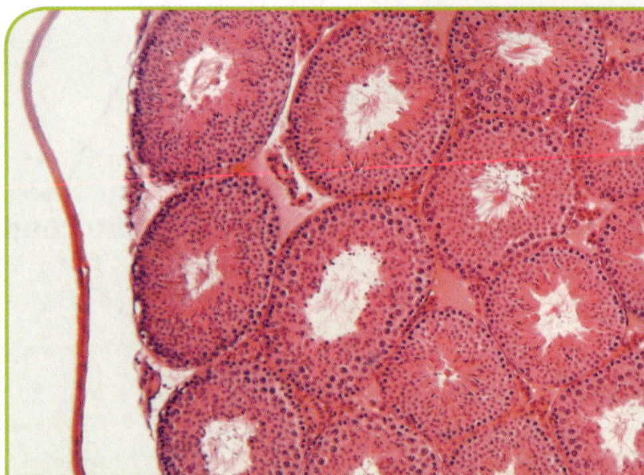

Célula animal: tejido testicular de rana. 100x

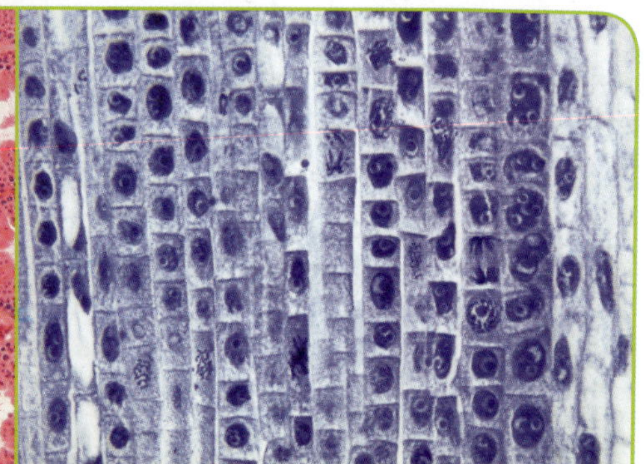

Célula vegetal: tejido de raíz de un vegetal (narciso). 400x

La célula fue objeto de muchos estudios diferentes a lo largo de casi dos siglos, hasta que a mediados del siglo XIX Matthias J. Schleiden, Theodor Schwann y Rudolf Virchow propusieron la denominada **teoría celular.** Esta teoría se caracteriza por tres postulados:

- Todos los seres vivos están formados por células.
- Las células son las unidades básicas que constituyen un ser vivo.
- Todas las células provienen de otra célula.

Posteriormente, esta teoría ha sido contrastada por diferentes experimentos y, en la actualidad, representa los principios básicos del estudio de la célula.

Actividades

7. ¿Qué es un organismo unicelular? ¿Cuándo fueron descubiertos? ¿Qué avance científico era necesario para su descubrimiento?

8. Argumenta, mediante la teoría celular, si un caracol es un ser vivo.

3.1 El microscopio

El microscopio es un instrumento de trabajo imprescindible para el estudio de la célula. Con él podemos distinguir detalles de menos de 0,1 mm que, de otra forma, pasarían desapercibidos.

El más habitual es el microscopio óptico, que se compone de dos partes:

- La **parte óptica** está formada por un conjunto de lentes que permiten aumentar la imagen e iluminar la muestra adecuadamente. La componen: el ocular, el objetivo, el condensador, el diafragma y la fuente de luz.
- La **parte mecánica** está compuesta por los elementos que sujetan la parte óptica y permiten enfocar y analizar la imagen. La componen: el tubo óptico, la platina, el revólver, los tornillos macrométrico y micrométrico y el pie.

Existen muchos **tipos de microscopios** aparte del óptico. El microscopio digital carece de ocular y, en su lugar, presenta una cámara digital que permite la observación de la muestra a través de un ordenador. Los microscopios electrónicos son aún más complejos e utilizan haces de partículas subatómicas para obtener imágenes de mayor resolución que los microscopios ópticos.

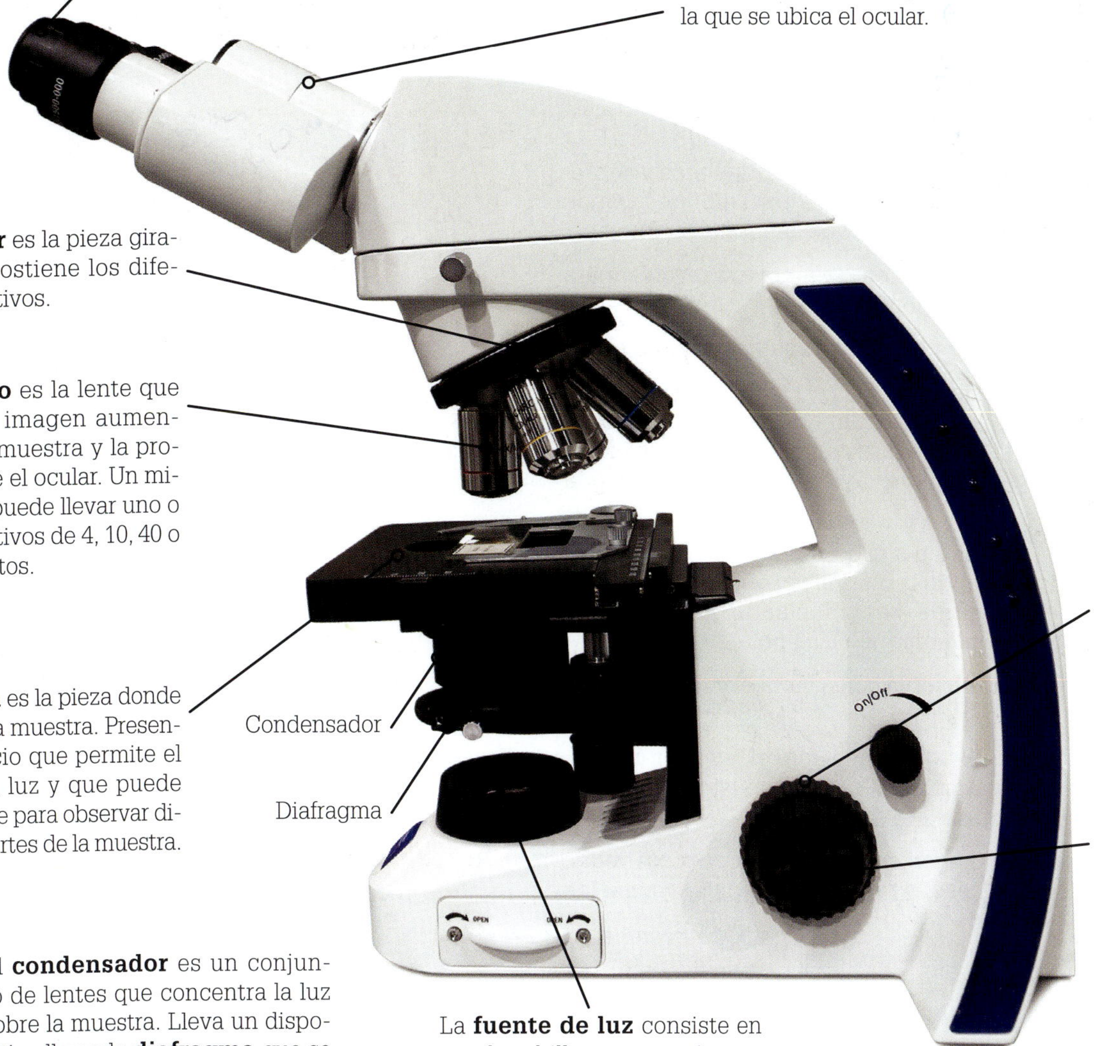

El **ocular** es la lente que aumenta la imagen que proviene del objetivo. Normalmente tiene 5, 10 o 15 aumentos.

El **tubo óptico** es la pieza en la que se ubica el ocular.

El **revólver** es la pieza giratoria que sostiene los diferentes objetivos.

El **objetivo** es la lente que forma una imagen aumentada de la muestra y la proyecta sobre el ocular. Un microscopio puede llevar uno o varios objetivos de 4, 10, 40 o 100 aumentos.

La **platina** es la pieza donde se coloca la muestra. Presenta un orificio que permite el paso de la luz y que puede desplazarse para observar diferentes partes de la muestra.

Condensador

Diafragma

El **tornillo macrométrico** es un dispositivo que sube o baja la platina para lograr enfocar la imagen.

El **tornillo micrométrico** permite acabar de afinar el enfoque de la imagen.

El **condensador** es un conjunto de lentes que concentra la luz sobre la muestra. Lleva un dispositivo llamado **diafragma** que se abre más o menos para regular la cantidad de luz que recibe la muestra.

La **fuente de luz** consiste en una bombilla o un espejo que orienta la luz hacia el interior del microscopio.

El **pie** o **base** es el soporte sobre el que descansa el microscopio. Normalmente lleva incorporada la fuente de luz.

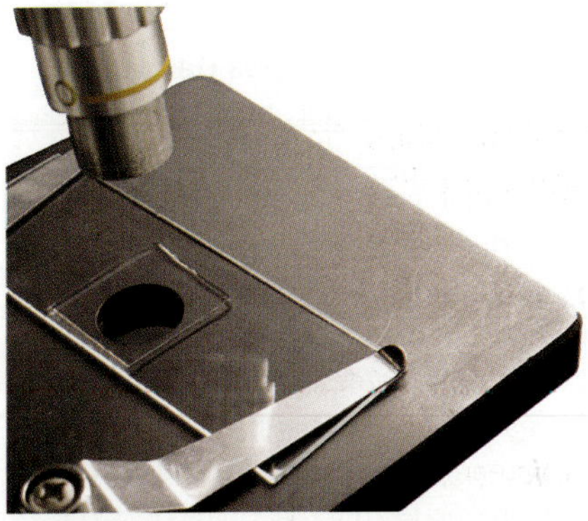

El portaobjetos consiste en un cristal fino, de forma rectangular, que sirve de soporte para la muestra. En el caso de que sea necesario, el cubreobjetos, un cristal más delgado de forma cuadrada, cubre y protege la muestra.

Para poder realizar una buena observación en el microscopio óptico, es necesario que la luz atraviese la muestra. Por lo tanto, esta debe ser translúcida, o bien tiene que estar cortada en láminas muy finas.

La muestra se coloca sobre el **portaobjetos,** una pequeña placa de vidrio. Para protegerla, a menudo se pone encima el **cubreobjetos,** otro vidrio más pequeño.

Para conocer con qué aumento estamos realizando una observación, debemos multiplicar los aumentos del ocular por los del objetivo que estamos utilizando. Así, por ejemplo, al estudiar una muestra con un objetivo de 4 aumentos y un ocular de 10, la imagen que veremos será 40 veces mayor que la imagen real. Muchas veces, el número de aumentos se indica con el símbolo **x**; así, el ejemplo anterior podría referenciarse como una imagen 40x.

La imagen que observamos a través del microscopio está invertida respecto a la imagen real. Así pues, lo que se ve a la derecha se encuentra en realidad a la izquierda, y lo que se ve en la parte inferior se halla en la superior.

Experimenta

Observación de una gota de agua

Para observar una muestra en el microscopio óptico, debemos disponer de una superficie plana para trabajar cómodamente. Una observación sencilla es la de una gota de agua estancada.

— Recoge agua de un charco, un lago o un embalse.

— Coloca una gota del agua recogida sobre un portaobjetos y cúbrela con el cubreobjetos tal y como se muestra en el dibujo, bajando el cubreobjetos lentamente para evitar que se formen burbujas.

— Selecciona el objetivo de menor aumento y mueve el revólver para que el objetivo quede en la posición adecuada.

— Baja la platina completamente y sitúa la preparación sobre ella.

— Para enfocar la muestra, primero giramos el tornillo macrométrico hasta que la preparación esté cerca del objetivo. Este proceso debe realizarse mirando la platina directamente y no a través del ocular, ya que se corre el riesgo de rayar o romper la lente o la preparación.

— Enciende la fuente de luz y mira por el ocular. Mueve suavemente el tornillo macrométrico alejando la platina del objetivo hasta que la imagen se observe algo nítida. Seguidamente, gira el tornillo micrométrico para obtener un enfoque más fino.

— Abre y cierra el diafragma y observa cómo varía el contraste de la imagen.

— Para observar la muestra con más detalle, gira el revólver y selecciona un objetivo de mayor aumento. Vuelve a ajustar el enfoque con el tornillo micrométrico.

En la muestra puedes encontrar oganismos unicelulares procariotas, como las algas azules (cianofíceas) y también eucariotas, como los paramecios (protozoos ciliados).

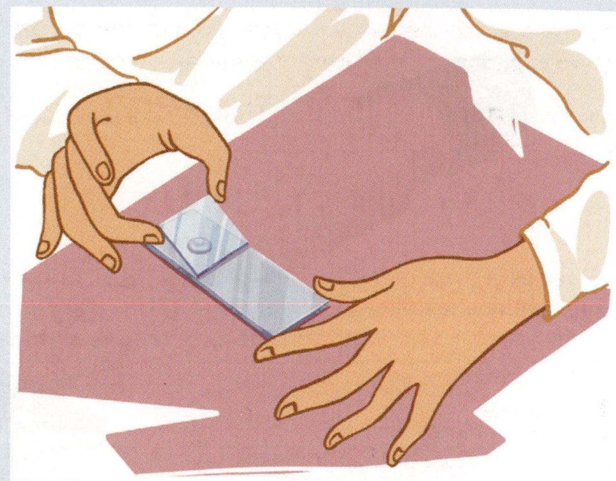

Actividades

9. Si en la muestra de agua del experimento anterior encontramos algún organismo opaco, ¿podremos observar su interior? ¿Por qué?

10. Calcula el aumento máximo con el que podemos llegar a ver una imagen si nuestro microscopio dispone de 3 objetivos de 4, 10 y 40 aumentos y un ocular de 10 aumentos.

4. La clasificación de los seres vivos

Como puedes observar a tu alrededor, en la Tierra viven organismos de diferentes formas, tamaños, tipos de nutrición… A pesar de esta gran diversidad de formas de vida, un análisis detallado nos permite agrupar a los distintos seres vivos según sus características comunes.

Utilizamos cuatro criterios de clasificación para identificar el grupo al que pertenece cada ser vivo:

- La presencia de **núcleo** en las células del organismo. Así, observamos *organismos eucariotas,* con núcleo, y *organismos procariotas,* carentes de núcleo.
- La **organización de las células** del ser vivo. Así, podemos encontrar *organismos unicelulares* y *organismos pluricelulares.*
- El tipo de **nutrición** que presenta el organismo. Los organismos pueden presentar *nutrición autótrofa,* cuando se realiza a partir de materia inorgánica y energía procedente del Sol, o *nutrición heterótrofa,* si se realiza a través de materia orgánica.
- La presencia de **pared celular** es una característica propia de algunos seres vivos. Además, según el tipo de organismo, puede estar compuesta por diferentes sustancias.

A partir del análisis de estas características, los científicos han agrupado a los seres vivos en cinco grandes grupos o **reinos.** Vamos a conocer las características de cada uno de ellos.

Aunque los organismos de cada reino presentan unas características comunes, en cada uno de estos reinos se aprecia una diversidad muy importante.

	Presencia de núcleo	Organización celular	Nutrición	Pared celular
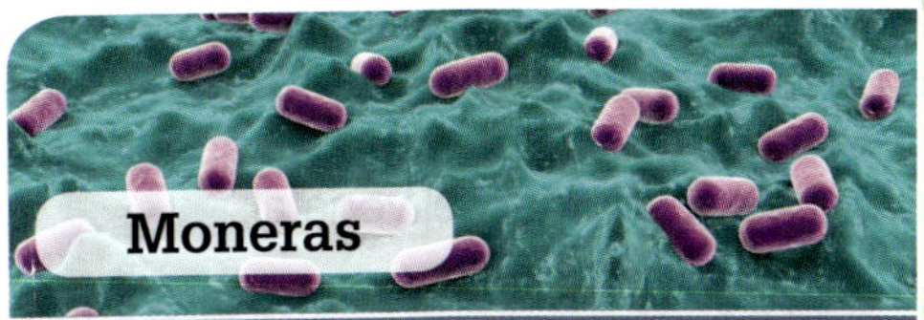 Moneras	Procariota	Unicelulares	Algunos tienen nutrición autótrofa y otros, heterótrofa.	Con pared celular compuesta por mureína.
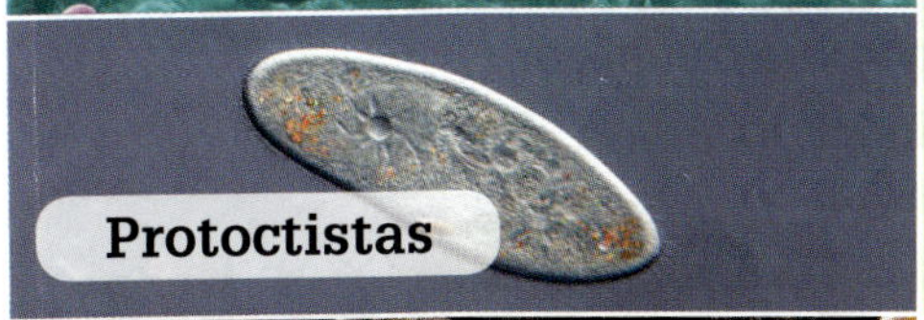 Protoctistas	Eucariota	Unicelulares o pluricelulares	Algunos tienen nutrición autótrofa y otros, heterótrofa.	Algunos grupos tienen pared celular y su composición es variable.
 Hongos	Eucariota	Unicelulares o pluricelulares	Heterótrofa	Pared celular de quitina
 Plantas	Eucariota	Pluricelulares	Autótrofa	Pared celular de celulosa
 Animales	Eucariota	Pluricelulares	Heterótrofa	Sin pared celular

Así, por ejemplo, en el reino animal encontramos organismos que comparten un mismo tipo de nutrición, de organización celular y de características celulares, pero que, sin embargo, presentan formas tan diferentes como la medusa, la jirafa o la hormiga.

INVESTIGA: Las células animales

Introducción

Vamos a preparar una muestra de células y a observarla al microscopio. De este modo, practicaremos el manejo del microscopio y nos iniciaremos en la técnica de tinción. La tinción es una técnica necesaria para la observación de las células y sus partes.

Utilizaremos un colorante, el Sudán III, que sirve para teñir de forma específica las grasas que contienen las células.

Las células que escogeremos son los adipocitos, ya que son células que acumulan grasas. Estas células son abundantes en la mayoría de los mamíferos y constituyen una importante reserva de energía de este grupo de animales.

Material

- Microscopio óptico
- Portaobjetos y cubreobjetos
- Estuche de disección
- Frasco lavador con agua destilada
- Cubeta de tinción
- Cuentagotas con Sudán III
- Alcohol al 70 %
- Grasa animal o tocino
- Aguja enmangada

Cada vez que realices un lavado de la preparación, debes verter el agua lentamente y con cuidado para que no se escurra la muestra.

Procedimiento

— Con ayuda del profesor o profesora y un bisturí, corta una lámina muy fina de grasa o de tocino.

— Extiende todo lo que puedas la muestra sobre el portaobjetos con ayuda de las pinzas.

— Sitúa el portaobjetos sobre la cubeta de tinción.

— Cubre la muestra con unas gotas de alcohol al 70 % para que la muestra no se altere al aplicarle el tinte. Deja que actúe entre 10 y 15 minutos.

— Elimina el alcohol de la muestra añadiendo agua a la preparación con el frasco lavador. Este proceso se denomina lavado.

— Cubre la muestra con unas gotas de Sudán III y aguarda 5 minutos.

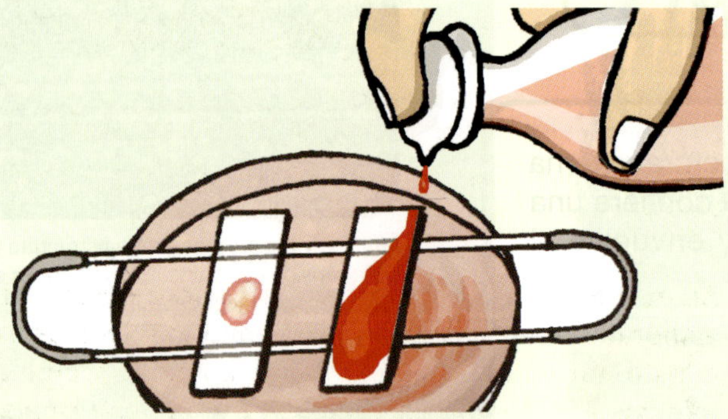

— Vuelve a lavar la muestra con agua, tal como lo has hecho anteriormente.

— Coloca un cubreobjetos sobre la muestra. Debes tener cuidado para que no queden burbujas de aire al aplicarlo. Para ello, debes ayudarte con la aguja enmangada.

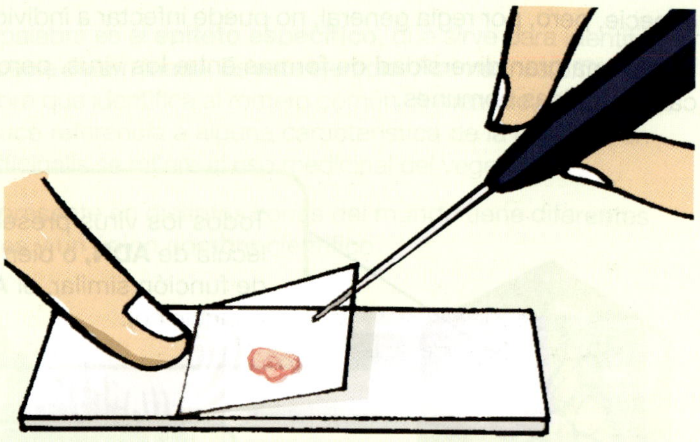

— Coloca la muestra en la platina y obsérvala al microscopio tal como hemos explicado en la página 172 de este libro.

— Recuerda que has de enfocar primero con el tornillo macrométrico y acabar de definir la imagen con el micrométrico.

— Observa la preparación con los diferentes aumentos.

Actividades

a. Dibuja en tu cuaderno las células que has observado e indica el número de aumentos. ¿Qué orgánulos celulares has identificado?

b. ¿Por qué crees que hay que teñir la preparación con Sudán III?

c. Calcula cuál es el aumento máximo y el mínimo del microscopio que has utilizado.

d. Busca información sobre técnicas de microscopía y explica para qué se somete la muestra a una pequeña inmersión en alcohol.

PROFUNDIZA

Los cinco reinos

Antes de Whittaker, los taxónomos clasificaban todas las formas vivas en dos reinos: animales y plantas. En 1969, H. Whittaker propuso el esquema de clasificación de cinco reinos que tiene un amplio uso en la actualidad y que se describe a continuación.

Whittaker identificó dos reinos de microorganismos básicamente unicelulares, tomando como base si mostraban una organización celular procariota o eucariota. El reino monera está formado por organismos unicelulares procariotas, mientras que el protoctista lo forman organismos eucariotas casi siempre unicelulares. Todos los organismos en los tres reinos restantes (plantas, hongos y animales) son eucariotas y casi todos, pluricelulares. Pueden clasificarse aún más según la forma de adquirir sus nutrientes.

Adaptado de: Jorge Enrique Tovar, *Anotaciones sobre Ecología*.

a. ¿Qué cambió en el esquema de clasificación de los seres vivos la aportación de Whittaker?

b. ¿Qué criterios se utilizan, según el texto, para la clasificación de los seres vivos?

c. Argumenta por qué un hongo no puede clasificarse en el reino de los animales ni en el de las plantas.

Visión 360°: Los nombres de las especies

Indica dos especies de seres vivos frecuentes en tu entorno cercano. Pueden pertenecer a cualquier reino. Vamos a investigar sobre el nombre científico de cada una de ellas:

— Busca el nombre de estas especies en distintos idiomas: castellano, gallego, catalán, vasco, inglés, francés...

— ¿Cuál es su nombre científico? ¿Qué utilidad tiene? ¿Sirve para cada idioma?

— ¿En qué lugares de tu entorno puedes encontrar escrito el nombre científico de una especie? ¿En qué otros idiomas también estaba escrito el nombre del organismo?

— Fíjate en los nombres científicos de las especies escogidas y compáralos con los nombres comunes en los diferentes idiomas. ¿Hay alguna coincidencia? ¿Qué idiomas comparten la raíz con el nombre científico, es decir, en qué lenguas el nombre de la especie parte de la misma palabra que el nombre científico?

Cre@ctividad: Fiabilidad de la información

Internet ha cambiado la forma de comunicarnos y de acceder a la información. Cualquier persona puede mantener un blog, expresar sus opiniones a través de las redes sociales, crear vídeos y podcasts y colgarlos en la Red e, incluso, crear o modificar artículos de la Wikipedia, con una audiencia potencial de millones de lectores.

Pero, ante este nuevo modelo de comunicación, ¿crees que nos podemos fiar de todo lo que leemos, escuchamos o vemos en Internet? ¿Qué debemos tener en cuenta para decidir si nos podemos fiar de la veracidad de una determinada información?

En esta actividad debes reflexionar sobre estos temas y elaborar una lista con los criterios que son necesarios para considerar fiable una determinada página web o cierta información. Una vez confeccionada, deberás ponerla en común con dos o tres compañeros o compañeras, de modo que anotéis en otra lista, entre todo el grupo, los criterios que creáis más apropiados.

A continuación, cada grupo deberá localizar dos páginas web con información sobre la clasificación de los seres vivos e indicar para cada una de ellas qué criterios de credibilidad cumplen y cuáles no y, a partir de ellos, determinar su grado de fiabilidad.

SÍNTESIS

- Para resumir la unidad, completa el siguiente esquema en tu cuaderno.

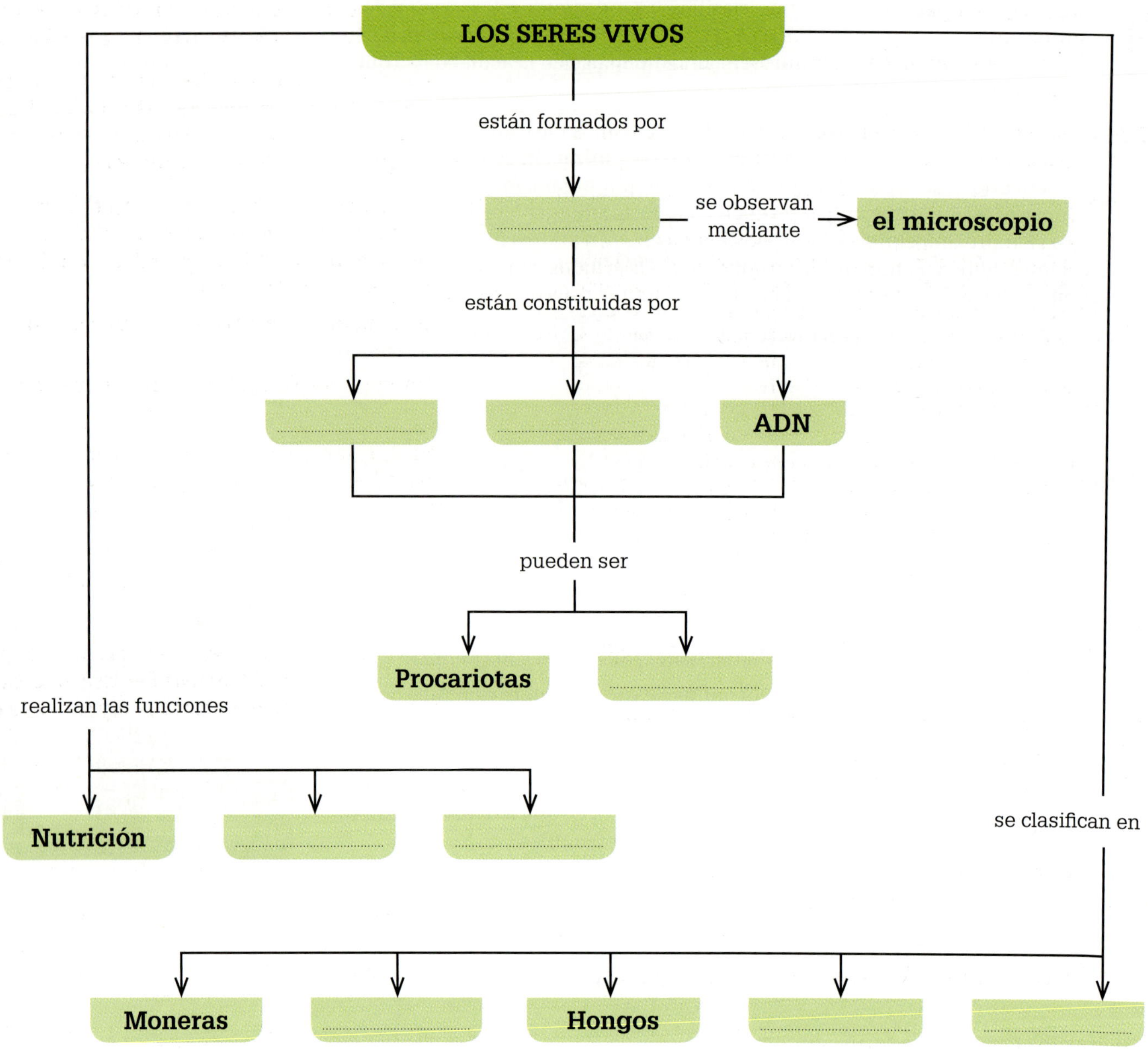

— Amplía, en tu cuaderno, la parte del esquema que corresponde a la clasificación de las células. Especifica si hay algún tipo de células dentro de los grupos principales y añade las estructuras o partes que presenta cada una.

— ¿Por qué crees que no encontramos el término *virus* en el esquema?

— Aplica de nuevo la **rutina** *3 - 2 - 1* Puente de la página 164. ¿Cómo ha cambiado tu pensamiento? Explica cómo se han modificado tus respuestas. de minerales y rocas que se explotan en nuestro territorio.

Actividades finales

16. ★☆☆ Explica cuáles son los factores que hacen posible la vida en el planeta Tierra.

17. ★★☆ Cita tres acciones que disminuyan la biodiversidad en nuestro planeta.

— ¿Por qué crees que se realizan estas acciones? ¿Cómo las evitarías?

18. ★★★ Lee el siguiente texto sobre el lince ibérico y contesta a las preguntas:

> Hispania, una hembra de lince de dos años reintroducida en el área del valle del río Guarrizas (Jaén), campea por el sur de la provincia de Ciudad Real. Un dato que permite a los científicos albergar cierto optimismo sobre una posible expansión de la especie, de la que, de momento, se conservan dos núcleos, uno en Doñana y otro en Andújar (300 ejemplares), además de los 96 linces nacidos en los centros de cría en cautividad, según el censo de 2011. «Era lo previsto, porque la zona por donde se le ha visto es una continuidad de Sierra Morena, a unos siete kilómetros, con un hábitat bueno y suficiente densidad de conejo. Los planes son que se establezcan en 2017, pero una cosa es lo que piensas y otra cómo se comportan los bichos».
>
> http://www.elpais.com/

— ¿Por qué los linces están en un centro de cría en cautividad?

— ¿Por qué es necesario reintroducirlos en la naturaleza?

— ¿Por qué es importante que haya densidad de conejos para que la población de linces sobreviva?

19. ★★☆ ¿Por qué no existen fósiles del siglo pasado?

20. ★★★ Responde a las preguntas referentes a esta noticia del hallazgo de fósiles vegetales:

> Un equipo internacional de investigadores, liderados por paleontólogos de la Universidad de Zaragoza, ha descubierto en Estercuel (Teruel) un yacimiento de plantas fósiles de 100 millones de años, casi único en el mundo al poder revelar la evolución de las plantas con flores en el planeta.
>
> Este hecho prueba que «la Península Ibérica habría servido como puente para la dispersión de las flores del Cretácico Inferior», afirma el paleontólogo.
>
> Hace 100 millones de años estas plantas con flores «se encontraban en su fase de expansión» y actualmente se han convertido en las plantas que dominan todos los ecosistemas terrestres actuales, por lo que estos registros fósiles son considerados de «extraordinaria importancia».
>
> http://www.rtve.es/

— ¿Qué crees que es más fácil encontrar, fósiles de moneras o fósiles de vegetales? Justifica tu respuesta.

— Según las deducciones que hacen los científicos sobre este hallazgo, ¿qué vegetales aparecieron antes en la Tierra, las plantas con flor o las plantas sin flor?

— Los fósiles ayudan a los científicos a determinar la evolución de las especies. ¿Qué han podido concluir con este hallazgo, en referencia a la evolución de los vegetales en la Península Ibérica?

21. ★★★ Existen unas unidades de longitud específicas para la medida de elementos microscópicos. Las más utilizadas en las ciencias de la naturaleza son el micrómetro, el nanómetro y el angstrom.

- Un nanómetro (nm) equivale a una milésima parte de una micra.
- Un angstrom (Å) equivale a una décima parte de un nanómetro.

Para transformar una determinada medida de longitud en las diferentes unidades, podemos utilizar la siguiente tabla:

mm			μm			nm	Å

Así, si queremos conocer la equivalencia de una micra en otras unidades, debemos rellenar con ceros los espacios correspondientes hasta la unidad con la que se va a comparar:

mm			μm			nm	Å
0	0	0	0	0	0	0	0

De este modo, obtendremos que 1 μm = 1 000 nm.

Para conocer la equivalencia en milímetros de una micra, procederemos de igual forma. En este caso, al tratarse de una conversión a una unidad mayor, deberemos situar una coma justo detrás de la cifra que corresponde a la unidad en que expresaremos el resultado; es decir, 1 μm = 0,001 mm.

— Analiza la tabla anterior y calcula cuántos angstroms son una micra.

— Calcula a cuántas micras, nanómetros y angstroms equivale un milímetro.

— El virus de la gripe tiene un diámetro de 100 nm. Calcula a cuántas micras y angstroms equivale.

— La bacteria *Streptococcus pneumoniae,* que puede causar infecciones de neumonía en humanos, tiene un diámetro de 1,5 μm. Calcula a cuántos nanómetros y milímetros equivale.

Actividades finales

22. ★★☆ ¿Crees que se podrían estudiar las células de una zanahoria si la depositamos directamente en la platina? Razona tu respuesta y describe el proceso que deberíamos seguir para poder observar sus células.

23. ★★☆ Describe el recorrido que sigue la luz en un microscopio óptico desde la fuente de luz hasta llegar al ojo del observador. ¿Qué sucede si cerramos el diafragma?

24. ★☆☆ Ordena las siguientes partes del microscopio según el orden en que deben utilizarse para la observación de una muestra:

tornillo macrométrico - diafragma -
tornillo micrométrico - fuente de luz - ocular - revólver

25. ★★★ Observa la siguiente fotografía de una célula realizada con un microscopio electrónico y coloreada artificalmente:

— Identifica algun orgánulo en la fotografía.

— ¿De qué tipo de célula se trata? ¿Cuáles son sus características principales? ¿Se aprecian en la imagen?

26. ★★☆ Dibuja una célula vegetal y una animal con todos sus orgánulos.

— Señala las distintas partes de cada célula.

— Di qué orgánulos no comparten la célula vegetal y la animal.

27. ★★☆ Elabora un mapa mental con las características de las células, los orgánulos que presentan y los diferentes tipos de célula. Puedes consultar la siguiente página web: **http://www.examtime.com.**

28. ★★☆ Busca información sobre el huevo de gallina y explica a qué unidad estructural de los seres vivos corresponde. Señala también de qué tipo es.

29. ★★☆ Identifica los orgánulos que aparecen señalados en las siguientes imágenes:

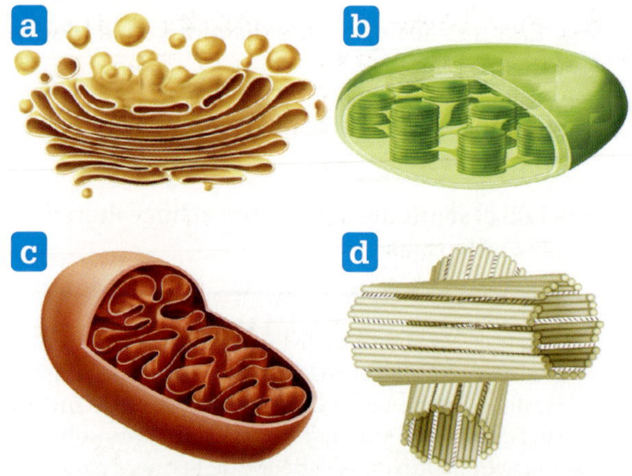

— Razona qué grupos de organismos presentan el orgánulo de la imagen B. ¿Y el de la D?

30. ★★★ La teoría de la endosimbiosis de Lynn Margulis plantea esencialmente que algunos de los orgánulos de las células eucariotas, en particular las mitocondrias y los cloroplastos, fueron en su momento organismos procariotas de vida libre que, probablemente tras haber sido englobados, se acoplaron de tal manera que establecieron una relación dependiente con la célula que los «devoró». Existen múltiples pruebas que apoyan esta teoría:

Los cloroplastos y las mitocondrias presentan ADN propio e independiente del ADN de la célula en la que se encuentran. Este material tiene una estructura más similar al de las bacterias que al de las células eucariotas.

Por otro lado, estos orgánulos tienen una división muy parecida a la de los organismos procariotas.

Otro punto importante es que ambos orgánulos presentan una doble membrana, característica que refuerza la idea de que fueron englobados una vez, ya que la membrana interna presenta semejanzas a las bacterianas y la externa no, por lo que podría haberse originado a partir de la vesícula que envolvió originalmente a la bacteria.

Por último, está el tamaño, que tanto en las mitocondrias como en los cloroplastos es similar al de algunos procariontes.

Adaptado de: http://www.batanga.com

— ¿Cuáles son los principales orgánulos a los que hace referencia el texto anterior? ¿En qué tipo de células están presentes?

— ¿Cómo se formaron algunos orgánulos de la célula eucariota según la teoría de la endosimbiosis?

— Razona qué prueba de esta teoría te parece más convincente.

Actividades finales

31. ★★☆ Observa las siguientes fotografías de seres vivos y razona a qué reino pertenecen:

— ¿Puedes decir con seguridad el tipo de nutrición de cada uno de los organismos? ¿Por qué?

— En el caso de que se trate de una bacteria, indica qué tipo de forma tiene.

32. ★★☆ ¿Podrías determinar el reino al que pertenece una especie de la que solo sabes que presenta nutrición autótrofa? ¿Y de otra de la que sabes que no presenta núcleo? Razona tus respuestas.

— Identifica aquellas características que sean específicas de un único reino.

33. ★★☆ @ A continuación tienes una lista, en inglés, de diferentes nombres de seres vivos y, al lado, la segunda palabra de su nombre en nomenclatura binomial:

• Sage	*officinalis*
• Red squirrel	*vulgaris*
• Woodpecker	*major*
• European hedgehog	*europaeus*

— Averigua el nombre en latín y en castellano de los seres vivos de la lista.

Para hacer esta actividad, debes utilizar un buscador de Internet como, por ejemplo, **www.google.es.** Introduce el nombre en inglés y el término en latín en la casilla de búsqueda. Con los resultados de la búsqueda, podremos reconocer el nombre completo en nomenclatura binomial como aquel que está compuesto por dos palabras en latín, la que hemos introducido y otra más. Por último, nos quedará buscar, solamente en las páginas en castellano, el nombre completo en latín y sabremos de qué ser vivo se trata.

34. ★★☆ Dividid la clase en grupos y explicad el proceso que debe seguirse para observar una preparación al microscopio óptico. Aplicad la **técnica cooperativa** *El juego de palabras.*

— Una vez constituidos los grupos, el profesor o profesora entregará a cada equipo una hoja con estas palabras:

unicelular - protoctistas - biodiversidad - pared celular - microscopio - eucariota

— Se distribuyen las palabras entre los miembros del equipo y cada uno debe construir una oración o expresar una idea con la palabra correspondiente.

— El resultado debe ser compartido con el resto del equipo, debatido y reelaborado hasta expresar la visión de todo el grupo.

— Finalmente, se ponen en común las oraciones o ideas con los demás grupos.

35. ★☆☆ Dibuja el esquema de un virus y explica sus partes.

36. ★★☆ @ ¿Cómo se contagian los virus de la gripe y el sarampión?

— ¿Qué efectos tienen sobre el ser humano?

http://www.who.int/topics/influenza/es/

http://www.who.int/topics/measles/es/

37. ★★★ Observa la siguiente imagen de bacteriófagos T4 infectando una célula y responde:

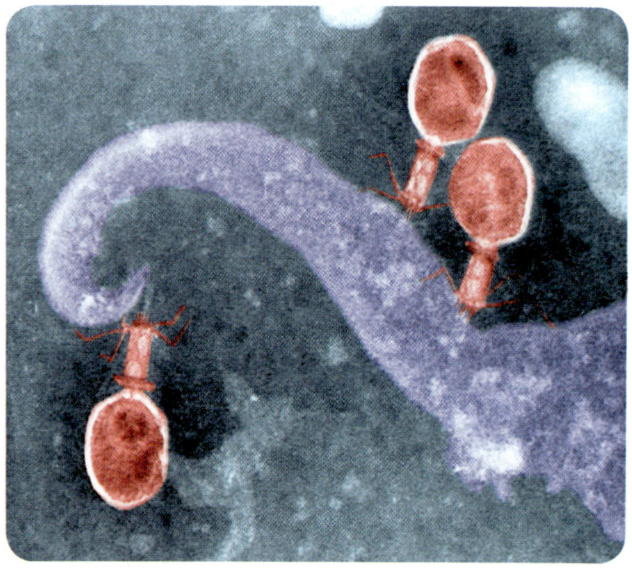

— ¿Qué es un bacteriófago?

— ¿Qué tipo de célula está infectando el virus en la imagen? ¿A qué reino pertenece?

— Tras fijarse a la superficie de la célula, ¿cómo actúa el virus?

Pon a prueba tus competencias

1. ¿Has tenido piojos alguna vez? ¡Estos pequeños parásitos pueden llegar a convertirse en una gran molestia!

Los piojos de la cabeza infectan esta parte del cuerpo. Los huevos de piojo, también llamadas liendres, lucen como las escamas de la caspa; sin embargo, en lugar de desprenderse del cuero cabelludo, permanecen firmemente adheridos al cabello. Los piojos de la cabeza pueden vivir hasta treinta días en una persona y sus huevos, más de dos semanas.

Los piojos de la cabeza se diseminan de manera fácil, particularmente entre los niños en edad escolar. Estos piojos son más habituales en condiciones de vida en común en un espacio cerrado. La infección de piojos puede ocurrir si:

a. Se entra en contacto cercano con una persona que tenga piojos.
b. Se toca la ropa de una persona que tenga piojos.
c. Se comparte sombreros, toallas, cepillos o peines de alguien que haya tenido piojos.

1.1. Observa la definición de microbio de la Real Academia Española. ¿Incluirías a los piojos dentro de la categoría de microbios? Razona tu respuesta.

Microbio: nombre genérico que designa los seres organizados solo visibles al microscopio.

1.2. De las tres maneras de infectarse expuestas anteriormente, ¿cuál tendría relación con la siguiente noticia?

Marcy McQuillan -experta en Control de Piojos para los centros de tratamiento Nitless Noggins, en California, Estados Unidos- advirtió que la moda de las selfies es culpable, en cierto modo, del alto contagio de piojos en adolescentes y adultos jóvenes.

1.3. A partir del texto y el gráfico que tienes a continuación, indica cuál es tu opinión respecto a las afirmaciones de la tabla inferior y razona tu respuesta basándote en los datos ofrecidos:

Investigación de tratamiento preventivo

Los investigadores del Medical Entomology Centre, Insect Research & Development Limited han estudiado un tratamiento preventivo contra los piojos a partir de una sustancia orgánica, el 1,2-octanediol al 1 %. En su experimentación usaron dos poblaciones o grupos de personas, a una le aplicaron la sustancia y a la otra le aplicaron un placebo*.

*Placebo: sustancia que, careciendo por sí misma de acción terapéutica, produce algún efecto curativo en el enfermo, si este la recibe convencido de que esa sustancia posee realmente tal acción.

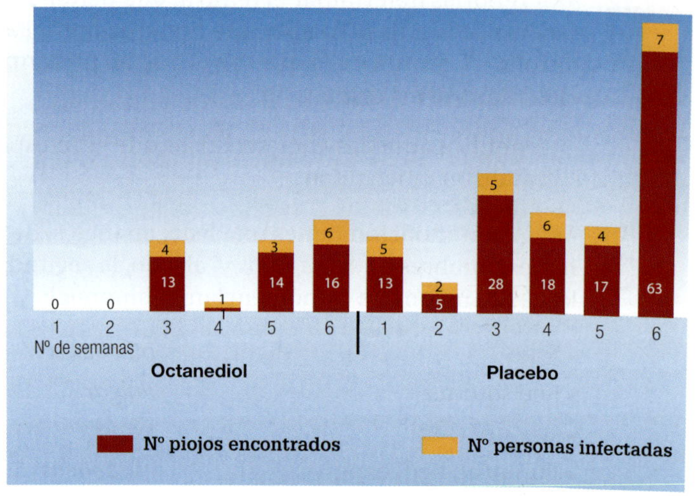

	De acuerdo	Parcialmente de acuerdo	En desacuerdo
El número de piojos encontrados es mayor en los individuos tratados con placebo.			
El número de infectados a las cuatro semanas es muy parecido en las dos poblaciones.			
Con el tratamiento con octanediol al 1 % no aparecen piojos.			
En la sexta semana, encontramos un número de piojos más elevado.			
En la tercera semana, hay más personas infectadas en el grupo tratado con octanediol al 1% que en el grupo tratado con placebo.			

1.4. Observando los datos y según la definición de placebo, ¿consideras que en esta investigación el placebo ha podido tener alguna acción terapéutica?

2. Unos estudiantes han realizado un censo de seres vivos en un jardín y han encontrado las siguientes especies:

hormiga - hierba - araña de jardín - lombriz de tierra
mosca común - gato - champiñón - alga verde
pez dorado - pino silvestre - encina
rana común - ratón de campo - diente de león
hinojo - roble común

2.1. Indica cuatro organismos del censo que se nutran a partir de la energía solar y otros cuatro que lo hagan a partir de materia orgánica.

2.2. Pon dos ejemplos de seres vivos de la lista en los que podríamos identificar los siguientes orgánulos si observásemos sus células en el microscopio:

- Núcleos
- Cloroplastos
- Paredes celulares
- Centríolos

2.3. ¿Cuál de los orgánulos anteriores poseen los organismos que se nutren a partir de la luz del Sol que has indicado en la primera pregunta? ¿Cuál no es compartido por ningún otro grupo de seres vivos del censo? Explica la función de este orgánulo.

2.4. Cita los cinco reinos de seres vivos y agrupa los organismos de la lista según el grupo al que pertenezcan.

2.5. ¿Por qué algún reino no está representado en el censo?

a) No hay organismos de este reino en el jardín.

b) No se ha utilizado una técnica correcta para detectar este tipo de organismos.

2.6. Explica cómo podrías conseguir que todos los reinos de seres vivos estuvieran representados en el censo.

2.7. Un estudiante ha anotado el nombre *Quercus robur* en su lista.

a) ¿Para qué se utiliza este nombre?

b) ¿A qué árbol de la lista crees que hace referencia?

2.8. La encina se conoce también con el nombre de *Quercus ilex*. A partir de este dato, ¿con qué otro árbol del censo crees que compartirá más características? Razona tu respuesta.

Diario de aprendizaje

Reflexiona

— Después de haber trabajado la unidad, ¿consideras que ha cambiado tu punto de vista sobre los seres vivos?

— ¿Qué errores crees que has cometido en el aprendizaje de manera individual? ¿Y en el trabajo en grupo? ¿De qué forma puedes aprender de tus errores?

9 Las funciones vitales

Los seres vivos se diferencian de la materia inerte porque son capaces de realizar las tres funciones vitales.

Animales y plantas, unicelulares y pluricelulares, todos los seres vivos realizan estas funciones vitales, aunque los diferentes grupos adoptan estrategias muy distintas para su ejecución.

CONTENIDOS

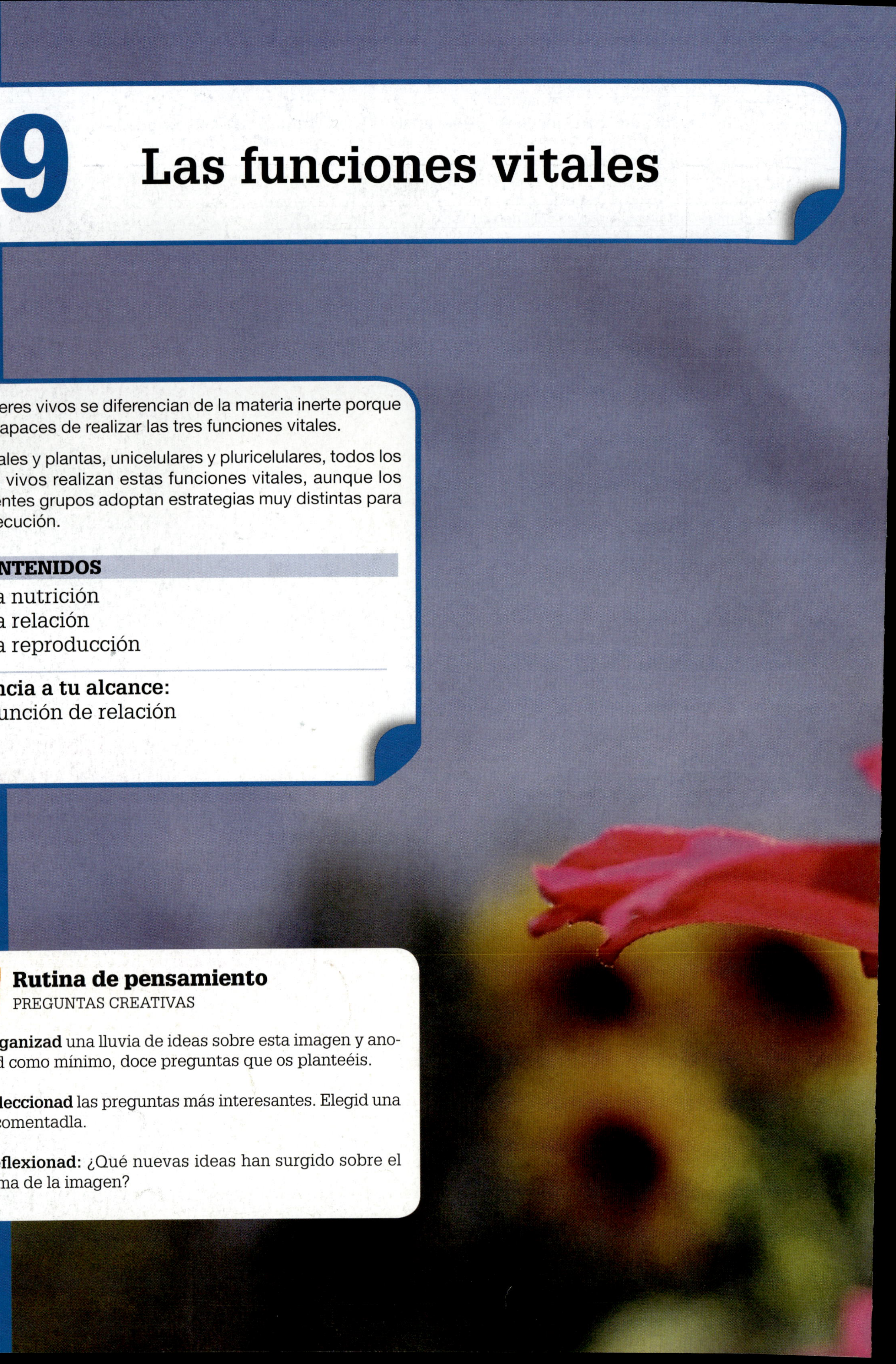

Rutina de pensamiento

PREGUNTAS CREATIVAS

- **Organizad** una lluvia de ideas sobre esta imagen y anotad como mínimo, doce preguntas que os planteéis.
- **Seleccionad** las preguntas más interesantes. Elegid una y comentadla.
- **Reflexionad:** ¿Qué nuevas ideas han surgido sobre el tema de la imagen?

@ **http://links.edebe.com/gy8**

En esta página alojada en http://www.educastur.es/, podrás trabajar, profundizar y repasar los contenidos de esta unidad.

Se conocen más de 1 800 000 especies de seres vivos distintos, aunque se considera que pueden existir muchísimos más por descubrir. ¿Qué tienen en común todos ellos?

Todos los seres vivos se diferencian de la materia inerte por su capacidad de realizar las tres funciones vitales: **nutrición, relación** y **reproducción.**

1. La nutrición

La función de nutrición de un ser vivo consiste en la incorporación y la transformación de materia y energía para poder llevar a cabo tres procesos fundamentales: mantenimiento de las condiciones internas, desarrollo y movimiento.

A continuación, vamos a ver las **fases de la nutrición** y los **tipos de nutrición.**

Fases de la nutrición

Obtención de nutrientes

Los nutrientes son aquellos elementos del entorno que necesitan los seres vivos para realizar sus funciones.

Según su origen, los nutrientes pueden ser:

- Inorgánicos: son el agua, los gases y las sales minerales.
- Orgánicos: solo pueden ser fabricados por los seres vivos. Son los glúcidos, los lípidos, las proteínas y los ácidos nucleicos (ADN y ARN).

→

Transporte de nutrientes

Los organismos pluricelulares suelen obtener los nutrientes a través de ciertos órganos especializados.

En estos casos, se precisa un sistema que transporte estos nutrientes a todas las células del organismo.

→

Obtención de energía

Los seres vivos son capaces de utilizar diferentes formas de energía. Las más habituales son la energía de la luz, que aprovechan las plantas mediante la fotosíntesis, y la energía química contenida en los alimentos, que aprovechan los animales.

Tipos de nutrición

Según cómo se obtiene la materia necesaria:

Autótrofa

La realizan los organismos que fabrican sus propias moléculas orgánicas a partir de la materia inorgánica del medio (agua, gases y sales minerales). Las plantas son organismos autótrofos.

Heterótrofa

La llevan a cabo los organismos que obtienen la materia orgánica a partir de los seres vivos de los que se alimentan. Los animales son seres heterótrofos.

Según cómo las células obtienen la energía de moléculas orgánicas como, por ejemplo, la glucosa:

Aeróbica

Se utiliza oxígeno para romper la molécula de glucosa. Este proceso se denomina respiración y lo realiza la mayoría de los seres vivos.

Anaeróbica

No se utiliza oxígeno para romper la molécula de glucosa. Existen diferentes formas de llevar a cabo este cometido, la más común es la fermentación y la realizan algunas bacterias y hongos.

Actividades

1. Clasifica estos elementos según estén formados principalmente por materia orgánica o inorgánica:

azúcar - salmón ahumado - sal - tocino - agua

2. Explica para qué utilizan los seres vivos la materia y la energía obtenidas en la función de nutrición.

3. Relaciona los conceptos de la nutrición de la columna izquierda con los de la derecha.

Aeróbica	Agua
Materia inorgánica	Membrana celular
Glúcido	Animal
Nutrición heterótrofa	Oxígeno
Lípido	Azúcar

1.1. La nutrición de los animales

La nutrición de los animales es **heterótrofa** y **aeróbica.**

Obtención de nutrientes

Los animales obtienen la materia orgánica del exterior alimentándose a partir de otros seres vivos.

Estos alimentos son demasiado grandes para ser transportados y absorbidos por todas las células de un organismo. Por ello, los animales realizan un proceso, denominado **digestión,** que deshace los alimentos en moléculas orgánicas suficientemente pequeñas para que puedan llegar a todas las células del animal. En los animales, el conjunto de órganos que forman el sistema digestivo llevan a cabo la digestión.

Además de los nutrientes procedentes de los alimentos, los animales necesitan incorporar **oxígeno** que se utiliza para romper estos nutrientes y generar energía. Existen diferentes estrategias para la obtención del oxígeno del medio, pero la mayoría requiere órganos especializados para esta función. El conjunto de estos órganos forma el **sistema respiratorio.** En los animales encontramos cuatro tipos de sistemas respiratorios: la piel, las branquias, las tráqueas y los pulmones.

Transporte de nutrientes

Una vez digeridos y absorbidos los nutrientes, así como el oxígeno, estos deben ser transportados hasta el resto del organismo. En los animales de estructura más sencilla, como las esponjas o los cnidarios, el transporte se realiza por simple difusión a través de las células del cuerpo.

En los grupos más complejos, como los vertebrados, el organismo dispone de un **sistema circulatorio** que se encarga de distribuir los nutrientes y el oxígeno entre todas las células del cuerpo, así como de recoger los residuos para que no se acumulen en las células. Por ese motivo, los sistemas circulatorios están constituidos por una red de conductos y por un fluido que circula por ellos y es capaz de transportar estos componentes a todas las células del organismo. El fluido más habitual es la **sangre.**

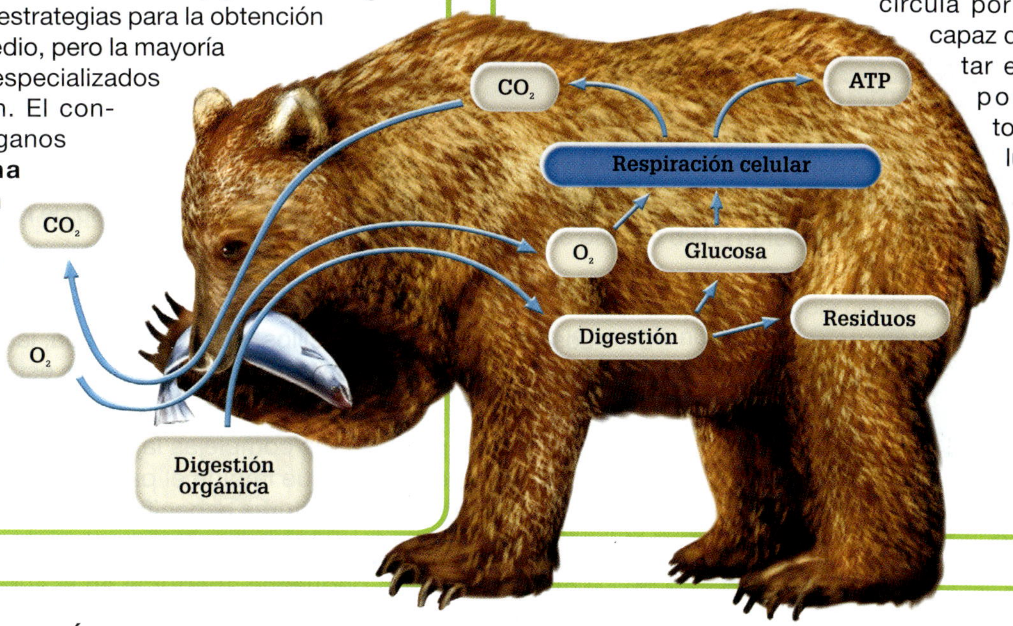

Obtención de energía

El sistema circulatorio hace llegar a las células los nutrientes y el oxígeno necesarios para obtener energía. Las células animales obtienen esta energía mediante la respiración celular o mediante la fermentación.

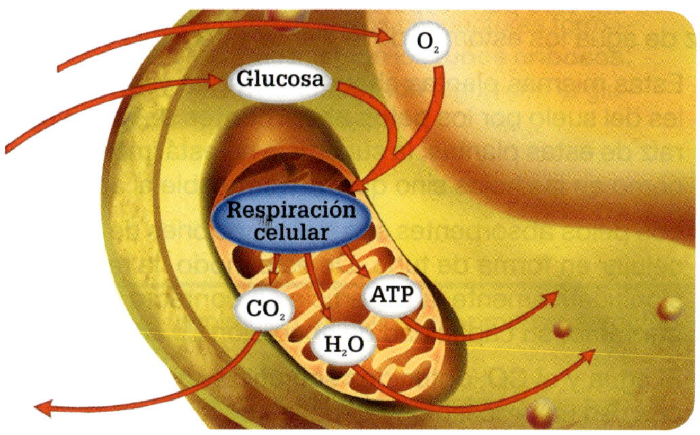

- La **respiración celular.** Tiene lugar en el interior de las mitocondrias, donde se combina una molécula de glucosa con una de **oxígeno,** y como resultado se obtienen dióxido de carbono, agua y energía. La energía que se obtiene se reparte en unas moléculas de reserva energética llamadas **ATP** que se almacenan en el interior celular.
- La **fermentación.** Es un proceso de descomposición de las moléculas orgánicas sin necesidad de oxígeno. La energía que se obtiene por cada molécula de glucosa que se descompone en la fermentación es menor que la que se obtiene mediante la respiración celular.

2.2. La relación en las plantas

Las plantas, a diferencia de los animales, carecen de sistemas especializados en análisis de la información, por lo que la función de relación queda reducida a dos fases: la **percepción** de la información y la **respuesta.**

Algunas células vegetales son sensibles a estímulos como la presencia de luz, la fuerza de la gravedad terrestre, el contacto con otros organismos o la presencia de sustancias como el agua. Esta sensibilidad puede inducir a diferentes respuestas como los movimientos sencillos o el crecimiento en una determinada dirección.

Vamos a estudiar con detalle estas dos fases de la relación de los vegetales.

Percepción de la información

Las plantas poseen unos **receptores** especializados en detectar determinadas características del entorno o del propio organismo. Los vegetales son sensibles a estímulos de tipo químico, mecánico y lumínico. Los distintos estímulos actúan simultáneamente sobre el organismo, de forma que muchas veces se observa la suma de las diferentes respuestas que realiza la planta.

Sensibilidad química

Las plantas son capaces de detectar la presencia de diversas sustancias químicas que son importantes para su nutrición como, por ejemplo, el agua o las sales minerales. Esta capacidad de distinguir una sustancia de otra se denomina sensibilidad química.

Las raíces de las plantas pueden detectar la dirección en que se encuentra el agua. Por ello, la raíz crece hacia donde aumenta la humedad del terreno, es decir, hacia el estímulo.

Sensibilidad mecánica

Es la capacidad de percibir estímulos causados por fuerzas externas al organismo. En general, todas las células pueden detectar la deformación que se produce en su membrana si se les aplica una fuerza sobre ellas. Las plantas, además, son sensibles a la fuerza de la gravedad y al contacto con otros objetos.

- La fuerza de la gravedad. La raíz tiende a crecer en el sentido de esta fuerza y el tallo crece en sentido contrario.
- Algunas plantas son sensibles al contacto y la presión con objetos de su alrededor. De este modo, la planta puede cambiar la dirección de crecimiento al encontrarse con un obstáculo que se lo impide, o bien aprovechar elementos externos para mejorar su sujeción.

Sensibilidad lumínica

La capacidad de captar los estímulos lumínicos, es decir, la luz, se conoce como sensibilidad lumínica.

Para las plantas, la luz es uno de los factores más importantes en su desarrollo. La nutrición autótrofa de los vegetales se basa en la fotosíntesis y, por tanto, en la energía que les aporta la luz del Sol.

En las plantas, el tallo crece hacia donde hay más luz y, en muchos casos, las hojas se orientan en dirección hacia ella.

Respuesta

Una vez que se ha obtenido la información a través de diferentes estímulos, los vegetales presentan varios tipos de respuestas, como son los cambios en la actividad vital, el crecimiento y el movimiento.

Cambios en la actividad vital

Cuando las condiciones ambientales se modifican, la mayoría de las plantas son capaces de cambiar sus pautas de actividad. Así, cuando las plantas perciben que las condiciones ambientales son adversas, disminuyen su actividad hasta los niveles mínimos para mantenerse con vida. Cuando las condiciones regresan a la normalidad, el vegetal vuelve a la situación inicial.

Es el caso de muchas plantas que pasan las estaciones frías o secas perdiendo algunas de sus estructuras para reducir la actividad.

El crecimiento

Las plantas crecen en una determinada dirección en función de ciertos estímulos. Esta respuesta direccional hacia un estímulo se denomina tropismo. El tropismo es positivo si la planta crece en el mismo sentido que el estímulo, y negativo si lo hace en sentido contrario.

Distinguimos tres tipos de **tropismos:**

- **Geotropismo.** Es aquel en que la dirección del crecimiento está condicionada por la fuerza de la gravedad. Las raíces de las plantas tienen un geotropismo positivo y crecen hacia abajo. Los tallos presentan un geotropismo negativo y crecen hacia arriba.
- **Fototropismo.** Es aquel en que la dirección de crecimiento viene determinada por la luz. Los tallos crecen hacia la luz; es decir, tienen un fototropismo positivo.
- **Higrotropismo.** Se trata del crecimiento que se produce en dirección al agua. Las raíces presentan un higrotropismo positivo y crecen hacia el agua.

El movimiento

Muchas plantas unicelulares presentan cilios o flagelos cuya acción los desplaza, de forma relativamente rápida, por el medio en busca de luz o nutrientes. En cambio, los vegetales más complejos presentan unos movimientos lentos denominados nastias.

Las **nastias** se producen por los cambios de volumen de ciertas células. Estas células absorben o expulsan agua de su citoplasma de forma que la presión que ejercen sobre las células adyacentes aumenta o disminuye.

Las plantas insectívoras constituyen uno de los ejemplos más claros de nastia. Estas plantas presentan unas hojas que, en algunos casos, realizan movimientos de apenas unos segundos, ya que están especializadas en capturar pequeños invertebrados.

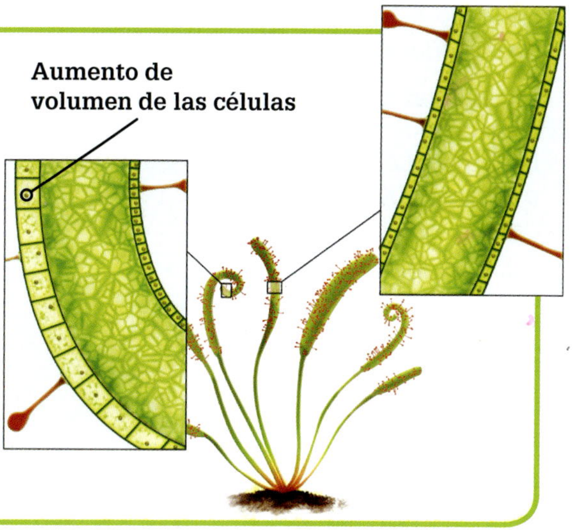

Actividades

9. ¿Por qué las plantas no presentan las tres fases de la función de relación?
10. Describe qué tipo de estímulos es capaz de captar un vegetal.
11. Explica en qué consiste la sensibilidad mecánica.
    — Indica cuáles son los principales casos de sensibilidad mecánica que se da entre los vegetales.
12. Describe cómo es posible que una planta pueda realizar pequeños movimientos.
13. ¿Por qué los castaños pierden sus hojas en otoño?
    — A partir de la misma argumentación, ¿por qué las palmeras no son caducifolias?
14. ¿Qué estímulos condicionan el crecimiento de los tallos? ¿Y las raíces?
    — Cita y describe cada uno de los tropismos que estos estímulos producen en partes de la planta.
15. ¿Qué es un tropismo? ¿Y una nastia?

3. La reproducción

La función de reproducción da lugar a nuevos seres vivos de características similares a los que los han originado.

Con la reproducción, los progenitores, o padres, originan nuevos individuos denominados descendientes. De este modo, la especie garantiza su continuidad independientemente del destino que pueda tener un individuo concreto.

Existen dos factores que aseguran esta continuidad de la especie:

- La **transmisión de características** de progenitores a descendientes a lo largo de distintas generaciones. Este hecho es posible porque los descendientes se originan a partir de células de sus progenitores.
- La **producción de suficientes descendientes** como para que la especie sobreviva. En este sentido, existen dos posibilidades: algunas especies tienen muchos descendientes de los que solo unos pocos llegan a reproducirse; otras especies, en cambio, tienen pocos descendientes pero la mayoría llega a reproducirse.

Desde su formación, los descendientes pasan por una serie de etapas en su desarrollo y maduración hasta que son capaces de reproducirse. Cuando un organismo es capaz de reproducirse, se considera un organismo adulto.

Las etapas que se dan en la vida de un organismo desde que nace hasta que se reproduce constituyen el ciclo biológico. Los procesos que garantizan que una especie pueda completar su ciclo biológico son:

La obtención de los descendientes que se forman a partir de las unidades reproductivas de los progenitores.

La dispersión de los descendientes lejos de sus progenitores.

El desarrollo de los descendientes hasta poder reproducirse de nuevo y completar su ciclo biológico.

Tipos de reproducción

La reproducción asexual

Consiste en la formación de un nuevo individuo a partir de las células de un solo progenitor.

Los **descendientes son idénticos,** ya que proceden de células de un mismo organismo y, por tanto, tienen el mismo ADN. Las especies con reproducción asexual no presentan variabilidad y por ello son muy sensibles a los cambios ambientales.

La reproducción asexual también recibe el nombre de reproducción vegetativa y las células del progenitor encargadas de producir el descendiente se denominan **unidades vegetativas.**

La reproducción sexual

Consiste en la formación de un nuevo individuo a partir de la unión de células que proceden de **dos progenitores.** Las especies con reproducción sexual precisan aparearse entre individuos de distinto sexo.

La descendencia es diversa, ya que los individuos proceden de la combinación del ADN de dos individuos distintos. Esta diversidad facilita la adaptación de la especie ante los cambios ambientales.

En la reproducción sexual, las células que se unen para formar un nuevo individuo se denominan **gametos.** Existen dos tipos de gametos en cada especie:

- Los gametos masculinos, que suelen ser células pequeñas y móviles.
- Los gametos femeninos, que suelen ser células grandes e inmóviles.

La unión entre un gameto femenino y uno masculino da lugar al **cigoto.**

Ágora

Desde el Neolítico, el ser humano ha influido en la reproducción de las especies domésticas. Lo ha hecho eligiendo, para tener descendientes, aquellos individuos que tenían las características más beneficiosas, como, por ejemplo, cruzando las vacas que daban más leche.

Debatid en clase las consecuencias de dicha selección para el entorno y para el ser humano.

En los organismos unicelulares, como las algas unicelulares o los protozoos, el proceso de reproducción asexual más habitual se denomina bipartición. La **bipartición** es la división del organismo en dos partes que se desarrollan como individuos separados. En estos organismos, la unidad vegetativa es todo el organismo y cada vez que una célula se divide las células resultantes constituirán los descendientes.

En algunas algas unicelulares, las células permanecen unidas por una vaina gelatinosa hasta formar largas cadenas:

Ciclo biológico asexual

Algunos organismos, como la estrella de mar, pueden reproducirse asexualmente a partir de un fragmento de su organismo:

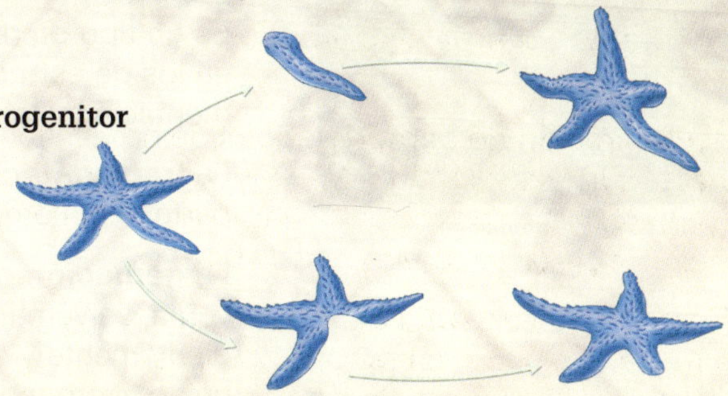

Los dos sexos son: el femenino, que produce los gametos femeninos y, normalmente, recibe los gametos masculinos; y el masculino, que proporciona los gametos masculinos.

Según la especie, existen situaciones diferentes respecto al sexo de los individuos:

- Sexos separados. Cuando hay individuos de sexo femenino y otro de sexo masculino. Es el caso de la mayor parte de los animales.
- Hermafroditas. Cuando el mismo individuo tiene los órganos reproductores masculino y femenino. Lo son la mayoría de las plantas.

Ciclo biológico sexual

Vamos a conocer el ciclo biológico del calamar, que es muy similar al del conjunto de los animales:

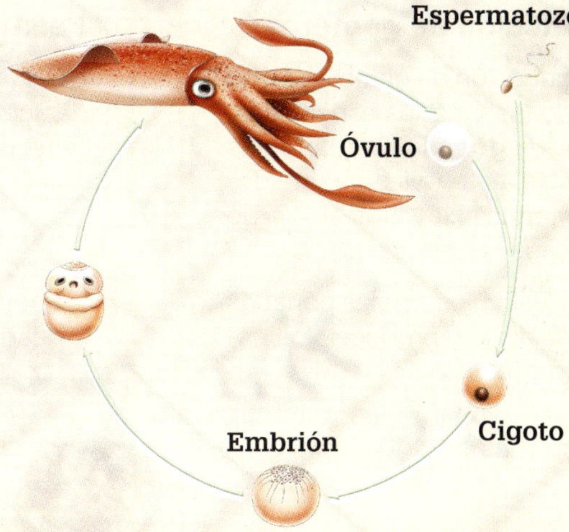

Actividades

16. La trucha hembra pone más de 1 000 huevos en cada puesta. Explica qué tipo de estrategia utiliza en relación con la producción de descendientes.

17. Compara las ventajas y los inconvenientes de las reproducciones asexual y sexual.

18. Explica en qué casos la división celular constituye un proceso de reproducción asexual.

19. Algunas plantas reaccionan ante situaciones adversas produciendo un mayor número de flores, órgano reproductor de la reproducción sexual. ¿De qué modo explicarías este caso?

20. Visita la página **http://links.edebe.com/wnt** en la que encontrarás los ciclos biológicos de diferentes organismos. Elabora una presentación a partir de uno de ellos.

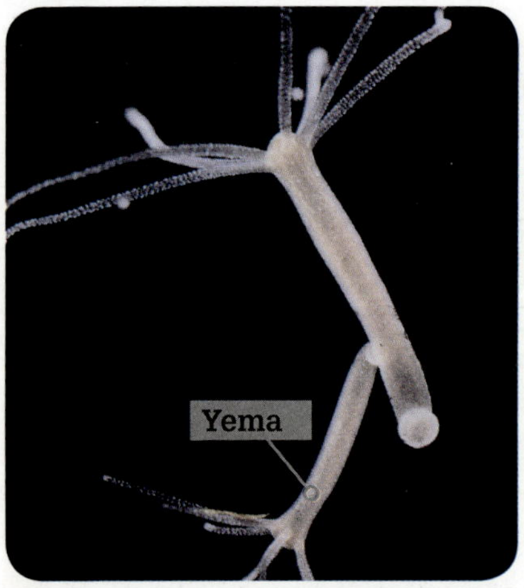

Formación de un pólipo por **gemación.**

3.1. La reproducción en los animales

Todos los animales se reproducen de forma sexual, y solo en algunos casos, los individuos pueden reproducirse asexualmente.

La reproducción sexual es, por tanto, predominante, aunque en algunos grupos de animales, como los cnidarios, la reproducción asexual tiene una incidencia elevada.

La reproducción asexual

Es un tipo de reproducción poco común en la mayoría de animales y solo se da en los de estructura más sencilla. Los dos mecanismos mayoritarios son la fragmentación y la gemación.

La **fragmentación** consiste en la formación de un nuevo individuo a partir de una parte de un organismo. Se da, por ejemplo, en las estrellas de mar.

La **gemación** consiste en la la formación de un nuevo individuo a partir de una yema. La yema es una pequeña porción del organismo que se desarrolla independientemente y da lugar a un nuevo individuo que se desprenderá o bien quedará unido al progenitor. Las medusas pueden reproducirse por gemación.

La reproducción sexual

Los animales presentan una reproducción sexual en la que cada individuo produce sus gametos. Al unirse los gametos de dos individuos de sexo contrario, se forma el cigoto, y a partir de aquí los descendientes.

Los principales pasos en la reproducción sexual de los animales son:

Producción de gametos

La producción de gametos se da cuando los órganos específicos, llamados gónadas o glándulas sexuales, están plenamente desarrollados. Hay dos tipos de gónadas:

- Los testículos son las gónadas masculinas y producen los **espermatozoides.**
- Los ovarios son las gónadas femeninas y producen los **óvulos.**

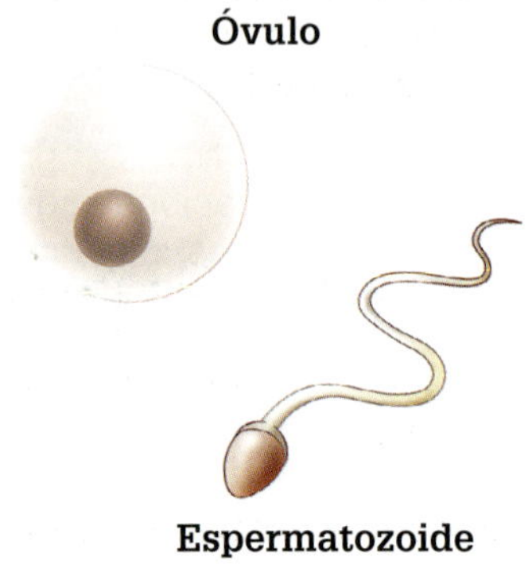

Fecundación

Es la unión de los gametos para dar lugar al cigoto. Puede ser externa o interna.

- En la **fecundación externa,** los individuos lanzan al exterior los gametos, donde se unen. Solo se da en medio acuoso.

- En la **fecundadicón interna,** los gametos se unen en el interior del sistema reproductor femenino.

Dispersión y desarrollo

La dispersión es **activa** si los descendientes se alejan de los progenitores por sus propios medios.

El desarrollo embrionario puede ser de tres tipos: **ovíparo,** cuando el desarrollo se produce en un huevo externo a la madre; **vivíparo,** cuando el desarrollo se produce en el útero de la madre, y **ovovivíparo,** cuando el desarrollo se produce en un huevo protegido en el interior de la madre.

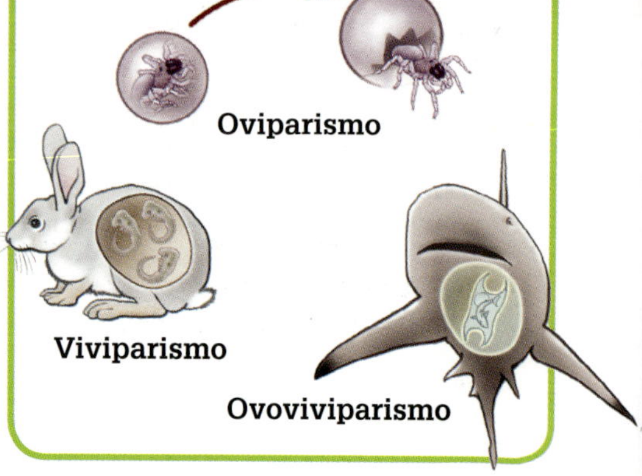

3.2. La reproducción en las plantas

Todos las plantas pueden reproducirse de forma sexual y la mayoría de los organismos de este reino son capaces, además, de reproducirse de forma asexual. Vamos a conocer las distintas estrategias de reproducción, asexual y sexual, que encontramos en este grupo de seres vivos.

La reproducción asexual

En las plantas la reproducción asexual más habitual es la fragmentación.

La **fragmentación** consiste en la separación de una parte del organismo que, luego, se desarrolla como un individuo independiente. La unidad vegetativa es, en este caso, un fragmento del organismo. Entre las plantas el caso más común de este tipo de reproducción es a partir de tallos, como es el caso de los **estolones** de la fresa.

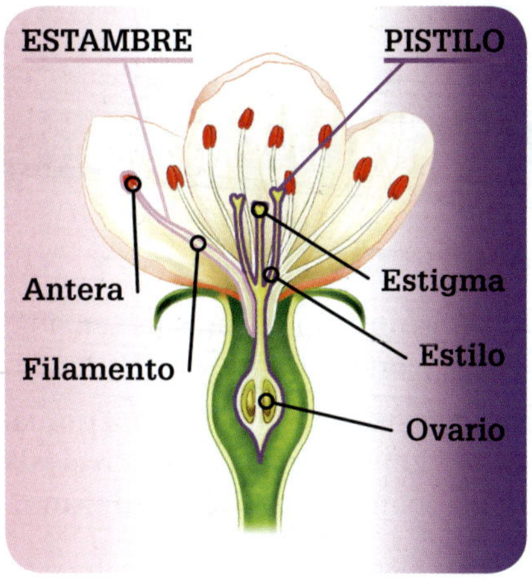

En las plantas con **flor,** esta es el órgano encargado de la reproducción sexual.

La reproducción sexual

Las fases de la reproducción sexual de las plantas con flor son la polinización, la fecundación, la formación de la semilla y del fruto, la dispersión de la semilla y la germinación.

Polinización

La flor es el órgano encargado de la reproducción sexual en los espermatofitos.

En la antera de los estambres se acumulan los granos de polen hasta que son liberados. La **polinización** es el transporte del polen hasta el estigma.

Existen dos tipos de polinización:

- **Cruzada.** El polen que llega al estigma porcede de una flor diferente. En esta polinización pueden intervenir el viento o los animales.

- **Directa.** El polen procede de la misma flor.

Fecundación y formación del fruto

Cuando el grano de polen llega al estigma, se inicia la formación del tubo polínico para que se dé la **fecundación;** es decir, la unión del gameto masculino con el gameto femenino u **ovocélula.** Esta unión se produce en el ovario.

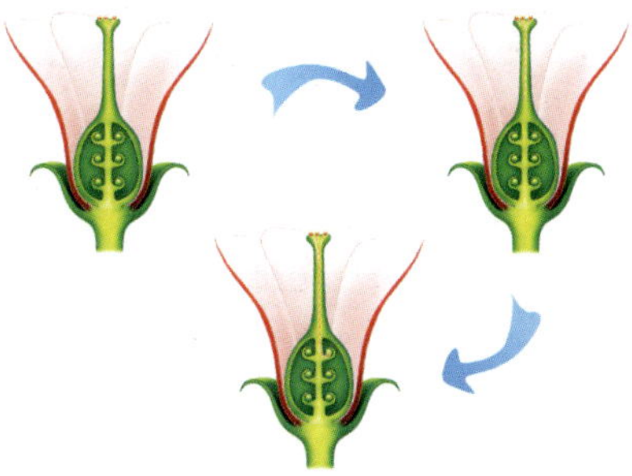

En la mayoría de las plantas con flor, la ovocélula fecundada se desarrolla en una **semilla.**

A su vez, la flor se transforma dando lugar a la capa externa de un fruto, el **pericarpo.**

Dispersión y germinación

En las plantas, los descendientes se deben dispersar para evitar germinar al lado de los progenitores y competir con ellos por la luz y el alimento.

La dispersión de las semillas puede ser de dos tipos:

- **Dispersión pasiva.** Se da en la gran mayoría de las plantas, cuando es un agente externo el encargado de la dispersión. Los más habituales son la anemocoria (el agente es el viento) y la zoocoria (el agente es un animal).
- **Dispersión activa.** Es poco común. Un ejemplo es el pepinillo del diablo, cuya fruto repleto de agua explota diseminando las semillas lejos de la planta madre.

Actividades

21. Razona por qué la mayoría de los animales acuáticos presenta fecundación externa.

22. Ordena los siguientes conceptos según cómo aparezcan en el ciclo vital de una planta:

cigoto - polen - planta adulta - ovocélula - semilla

INVESTIGA: El fototropismo

Material

- Dos envases de yogur de vidrio
- Algodón
- Papel secante
- Diez garbanzos o judías blancas hidratadas durante 24 h
- Envase vacío de *tetrabrik*
- Agua

Introducción

Los tropismos son respuestas sencillas que se dan en las plantas relacionadas con el crecimiento en una determinada dirección.

Como ya has estudiado en esta unidad, las plantas presentan geotropismo positivo en las raíces y fototropismo positivo en el tallo. Podemos comprobar, con un sencillo experimento, cómo las plantas tienen fototropismo.

Para complementar tu observación puedes tomar fotografías diarias de los dos envases de yogur.

Procedimiento

— Forra con papel secante el interior de los dos envases de yogur.

— Coloca algodón empapado de agua en el fondo de cada envase.

— Añade cinco semillas en cada envase, entre el papel secante y el vidrio, en posiciones aleatorias.

— Corta toda la parte superior del *tetrabrik* y realiza un orificio de un centímetro de diámetro aproximadamente en la parte más cercana a este corte.

— Cubre uno de los envases de yogur con el *tetrabrik* abierto a modo de capucha.

— Coloca los dos envases (el cubierto y el descubierto) en un sitio cálido con luz solar.

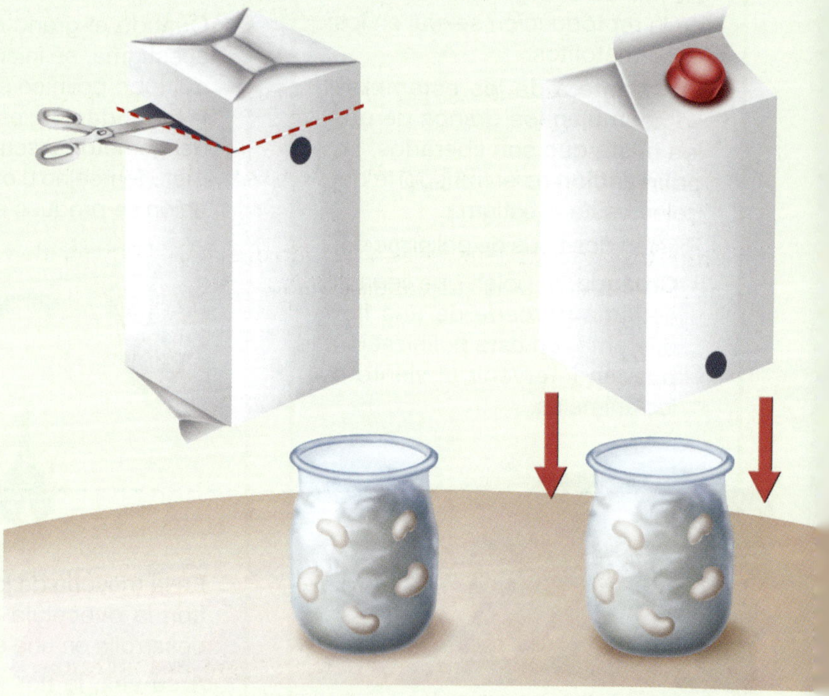

Destapa únicamente el envase de yogur cubierto para efectuar los siguientes pasos:

— Observa diariamente el crecimiento de las plantas. Intenta no cambiar de posición el orificio al observar el envase que está cubierto con el *tetrabrik*.

— Mantén el algodón siempre empapado en agua durante todo el experimento.

— Lleva a cabo este experimento durante dos semanas.

Actividades

a. **¿Cómo han germinado las diferentes muestras?**

b. **¿Qué diferencias has observado en el crecimiento de los tallos en los dos envases de yogur? ¿A qué crees que es debido?**

c. **Razona qué sucedería con los tallos si al cabo de una semana destaparas el envase de yogur cubierto con el *tetrabrik*.**

d. **¿Qué hubiese ocurrido con los tallos si no hubieras practicado el orificio?**

Visión 360°: El mundo a tientas

El ser humano, como muchos mamíferos, percibe la mayor parte de la información del medio a través de la visión. La vista es el sentido que tenemos más desarrollado. En algunos casos, una persona puede ver reducida su función visual de forma parcial o total; esta pérdida de visión se denomina ceguera. ¿Te has fijado alguna vez cómo desarrollan su actividad vital las personas invidentes? ¿Conocéis a alguna persona con ceguera total o parcial?

Analizad vuestro entorno diario y anotad en una lista todos los tipos de barreras (arquitectónicas, tecnológicas, sociales...) que consideras que se puede encontrar una persona invidente en su día a día.

A continuación, poneos en contacto con alguna asociación cercana que se encargue de dar apoyo a personas con este tipo de discapacidad e intentad concertar una entrevista o una charla con una persona invidente.

Elaborad una lista de dudas que tengáis como, por ejemplo:

— ¿A qué retos se enfrentan día a día? ¿Qué tipo de barreras se encuentran?

— ¿Qué técnicas ponen en práctica para superar estas barreras e integrarse plenamente en la sociedad?

— ¿Qué actitudes de las personas videntes hacen más difícil su integración plena?

— ¿Sobre qué aspectos creen que falta información a nivel del conjunto de la sociedad?

— ¿Qué ventajas y desventajas les estan aportando las nuevas tecnologías?

Cread una presentación a partir de todo el material recopilado y con las conclusiones a las que habéis llegado.

Cre@ctividad: Búsqueda avanzada

Los buscadores de Internet, como Google, nos permiten localizar información de un modo muy rápido. A veces, encontrar información sobre un determinado tema no es tan sencillo como poner determinadas palabras en la casilla de búsqueda. Imagina que quieres conseguir información sobre una persona que tiene el mismo nombre y los mismos apellidos que alguien muy famoso: la mayor parte de la información que nos devuelva el buscador no nos será útil.

Para evitar esto, los buscadores de Internet ofrecen una serie de herramientas para acotar lo máximo posible los criterios de búsqueda. En el caso de Google se trata de la búsqueda avanzada de Google. Así, podemos dirigirnos a páginas web que contengan una serie de palabras, pero no otras; documentos en un determinado formato (pdf, docx, odt, pptx...); páginas web de una determinada área geográfica; etc.

Para completar esta actividad os tenéis que organizar en grupos de dos o tres miembros. El profesor asignará a cada uno algún tema de los que habéis estudiado en esta unidad. Mediante el uso de la búsqueda avanzada de Google, debéis ampliar la información que ofrece vuestro libro de texto sobre el tema asignado. Esta información, que debe contener texto e imágenes, tendréis que compartirla con el resto de la clase en un documento de Google Drive.

SÍNTESIS

- Para resumir la unidad, completa el siguiente esquema en tu cuaderno o mediante una aplicación web como, por ejemplo, **https://www.examtime.com/es/**

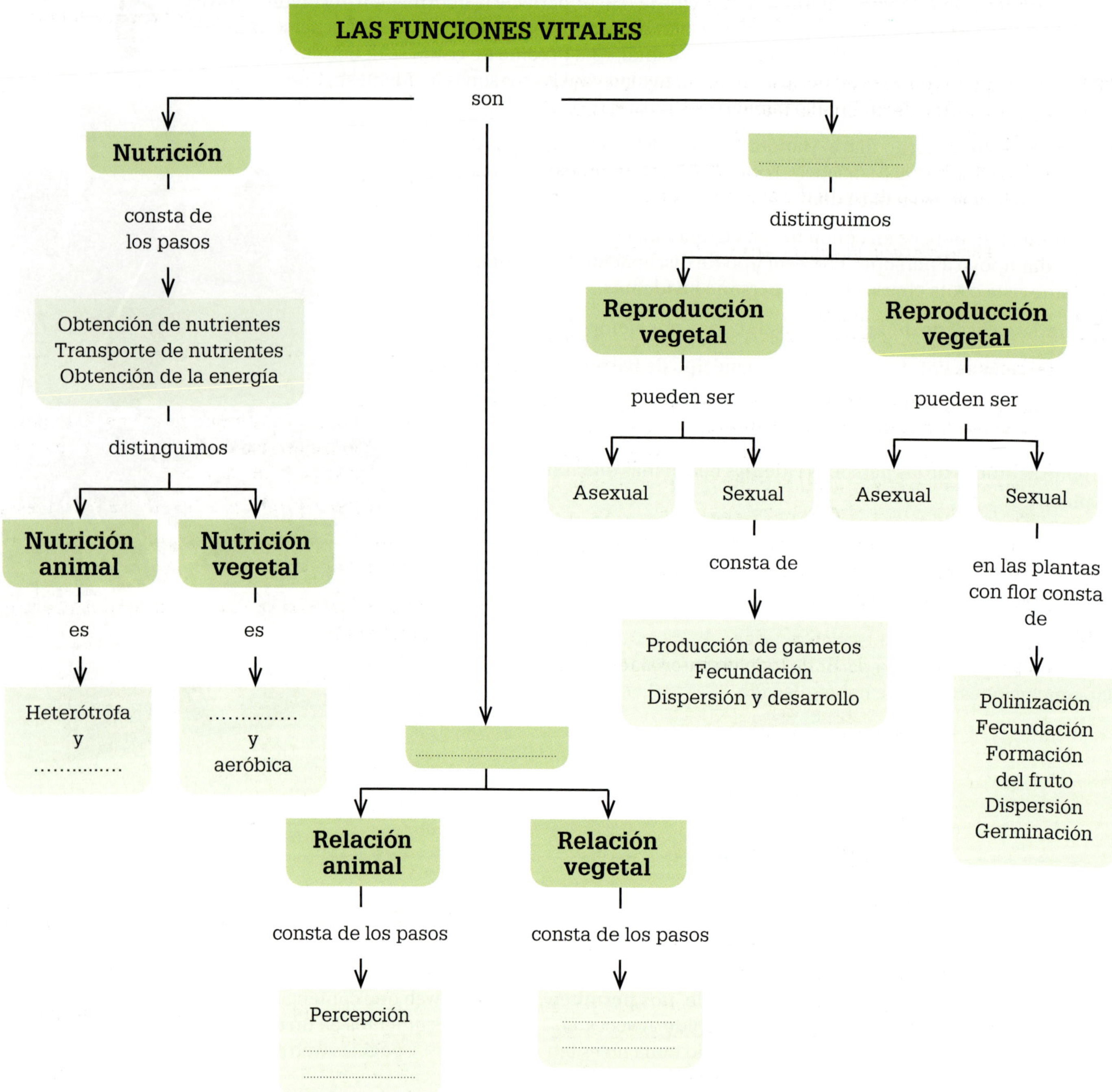

— Amplía el esquema con las características de cada una de las fases de relación en los animales.

— Completa las características de las fases de la reproducción sexual en los animales.

— Elabora una tabla con las principales diferencias entre las funciones vitales de los animales y las de las plantas.

Actividades finales

23. ★☆☆ Indica en qué función deben participar principalmente estas células:

célula del ojo - célula del estómago - célula de una flor
óvulo - neurona del cerebro - célula de una patata

24. ★☆☆ Explica qué tipos de nutrición podemos distinguir según la forma de obtener la materia orgánica y según el proceso de obtención de la energía.

— Busca información sobre los siguientes organismos e indica qué tipo de nutrición presenta cada uno de ellos:

levadura de la cerveza - alga verde - caracol

25. ★★★ Para producir una molécula de glucosa, el cloroplasto utiliza doce moléculas de agua y seis de dióxido de carbono.

— ¿A qué grupo de moléculas orgánicas pertenece la glucosa? Explica para qué la utilizan las células.

— Busca información en la página **http://links.edebe.com/jjt** y explica qué átomos forman la molécula de glucosa y en qué cantidad se encuentra cada uno.

— Indica qué átomos y cuántos presentan el total de las moléculas de H_2O y CO_2 necesarias para sintetizar una molécula de glucosa.

26. ★★☆ La siguiente fotografía muestra una preparación microscópica del tallo de un espermatófito a 50 aumentos:

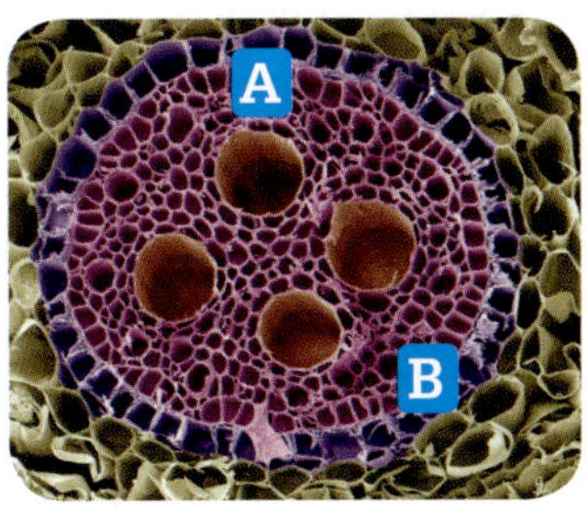

— ¿Qué dos tipos de vasos conductores conoces? Explica en qué se diferencian estructuralmente.

— Identifica a qué tipo de vaso conductor corresponde cada una de las zonas señaladas. Razona tu respuesta.

27. ★★☆ Visita la página **http://links.edebe.com/nj** y elabora un mural con las características de cada uno de los diferentes tipos de sistemas respiratorios.

28. ★☆☆ Agrupa estos animales según presenten como sistema respiratorio branquias o pulmones. Justifica tu respuesta.

cangrejo - lagartija - caracol de tierra
mejillón - buitre - trucha

29. ★★★ Hemos instalado una planta bajo una campana de cristal cerca de una ventana. Junto a la planta se han introducido unos sensores de dióxido de carbono y oxígeno. Transcurridas 24 horas, la gráfica que indica la cantidad de CO_2 y O_2 detectada es la siguiente:

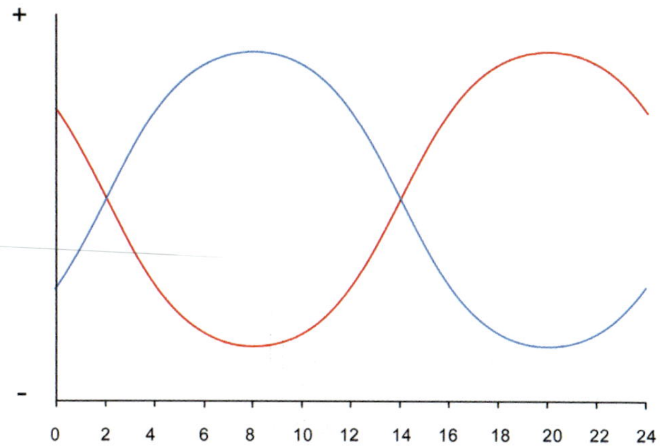

— ¿Cómo y en qué sentido modifica el proceso de fotosíntesis la cantidad de CO_2 y de oxígeno en el aire? ¿Y en el caso de la respiración?

— ¿Cuándo se produce la fotosíntesis? ¿Y la respiración?

— Razona qué gráfica corresponde a la cantidad de oxígeno y cuál a la de CO_2.

30. ★★☆ ¿Qué tipo de respiración presenta una lombriz? ¿Y un caballo?

— ¿Cuál de estos dos animales crees que consume más oxígeno?

— ¿Cuál de estos dos sistemas respiratorios crees que incorpora el oxígeno de forma más eficiente?

— Según tus respuestas a las preguntas anteriores, ¿qué tipo de respiración debería presentar un elefante? Comprueba tu respuesta.

31. ★★☆ ¿Cuál es el destino del oxígeno que obtiene del medio un animal al respirar? ¿Qué función realiza?

— ¿De dónde procede el dióxido de carbono que expulsan los animales con la respiración?

Actividades finales

32. ★★☆ ¿Es lo mismo la respiración de un animal que la respiración celular? Explica en qué consiste cada una de ellas.

33. ★★☆ ¿Qué significa que los animales sean organismos aeróbicos? ¿Cómo justificas que también puedan realizar la fermentación?

34. ★★☆ Compara la nutrición animal con la vegetal.

— ¿Cuáles son los nutrientes que incorpora cada tipo de nutrición?

— ¿Cuál es el mecanismo que se encarga del transporte de nutrientes?

— ¿Cómo obtienen su energía? ¿Cómo la almacenan?

35. ★★☆ Observa estas ilustraciones y utilízalas para describir las diferentes fases de la función de relación.

36. ★★★ El cacahuete es una planta cuya flor, una vez polinizada, empieza a crecer por la base describiendo una curva hacia el suelo, hasta el punto de que el fruto finaliza su formación en el interior del suelo.

— ¿Qué estímulo rige el crecimiento de este fruto?

— ¿Cómo se denomina este tipo de crecimiento en las plantas?

— En general, ¿qué partes de la planta son sensibles a este estímulo y en qué forma?

37. ★★☆ La *Mimosa pudica* es una planta tropical utilizada por los cazadores para seguir el rastro de una presa, ya que sus hojas compuestas se pliegan durante unos minutos ante el contacto.

— ¿Por qué crees que esta planta es utilizada por los cazadores?

— ¿Qué tipo de sensibilidad presenta esta planta?

— ¿Cómo se denomina este tipo de respuesta de las plantas? Explica cómo se produce.

38. ★☆☆ Indica cuál es la principal diferencia entre la función de relación de las plantas y la de los animales.

39. ★★☆ @ Los conos y los bastones son dos tipos de células fotosensibles presentes en los vertebrados. Busca información sobre ellos en **http://es.wikipedia.org** y responde a las siguientes preguntas:

— ¿En qué aspectos se diferencian?

— ¿Cuáles son las funciones de conos y bastones?

— ¿En qué capa del ojo se encuentran?

— Según el modo de cazar de cada animal, ¿qué tipo celular abundará más en el búho? ¿Y en el águila?

40. ★★★ El alcohol es una molécula que actúa reduciendo la acción de los neurotransmisores en las sinapsis nerviosas. Así pues, al consumir alcohol:

— ¿Cómo crees que varía la transmisión del impulso nervioso?

— ¿Cómo se traduce en el comportamiento del organismo?

41. ★★☆ ¿Con qué sensibilidad relacionarías la acción de las hormonas? Razona tu respuesta.

42. ★★☆ Los sentidos nos proporcionan información de nuestro alrededor, pero ¿es esta correcta? Todos nuestros sentidos tienen sus limitaciones y, a veces, pueden jugarnos malas pasadas y no informarnos correctamente de la realidad. Vamos a comprobar cómo algunas situaciones no son como las sentimos.

— Disponed cuatro recipientes con agua a distintas temperaturas: el recipiente A con agua fría, el B con agua templada, el C con agua caliente y el D con la misma agua que el B. Un alumno o alumna que no conozca la disposición de los recipientes introduce la mano izquierda en el A y luego en el B. A continuación, mete la mano en el recipiente C y después en el D. Pregunta si los recipientes B y D están a la misma temperatura.

— Por parejas, un componente de esta cierra los ojos y el otro desplaza lentamente el extremo de una pluma, un hilo... por la parte interior del brazo desde la muñeca hacia la axila. El alumno privado de visión debe indicar el momento en que crea que la pluma se encuentra a la altura del codo.

— Observa el dibujo inferior e indica si las líneas horizontales son paralelas.

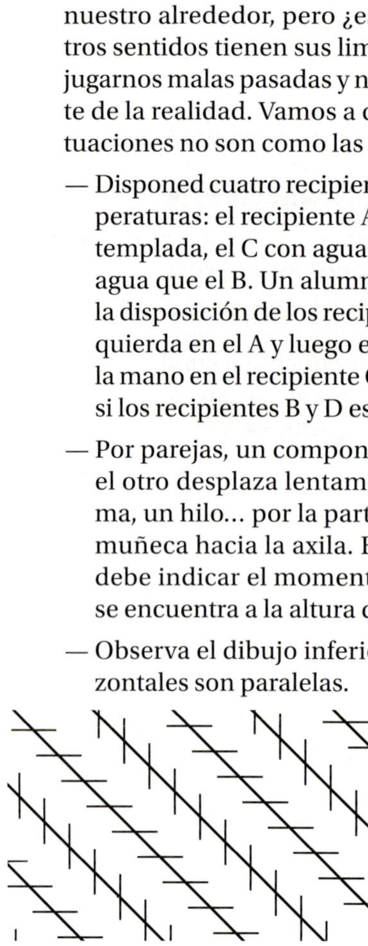

— Comprueba los resultados percibidos con la realidad.

— ¿Nuestros sentidos siempre interpretan correctamente la realidad?

43. ★★☆ Colocaos por parejas y llevad a cabo la *rutina de pensamiento* **Titular:** pensad un titular que capte el aspecto más importante de las experiencias llevadas a cabo en la actividad anterior. Después, compartidlo con el resto de la clase.

— De todos los titulares, ¿cuál creéis que expresa mejor la esencia del tema?

44. ★★☆ En el cultivo de la patata, la siembra se produce a partir de patatas enteras o cortadas en dos. A partir de estas, crece y se desarrolla la planta.

— Indica qué tipo de reproducción se utiliza en esta planta.

— ¿Por qué crees que se usa este tipo de reproducción?

45. ★★★ Los cultivadores de almendras suelen contratar a apicultores para que dejen las abejas en sus campos durante la floración. Gracias al trabajo de las abejas, se consigue aumentar la producción de almendras.

— ¿Cómo crees que las abejas influyen en este aumento de la producción? Indica el nombre de este proceso.

— A partir de estos datos, explica qué tipo de polinización presentan los almendros.

46. ★★☆ ¿Qué tipo de polinización presentará probablemente una planta cuya flor tenga un gran colorido y un perfume penetrante? ¿Y otra con una flor de colores pardos y sin ningún olor? Razona tus respuestas.

47. ★★☆ Al regresar de un paseo por el campo, encontramos unas estructuras de origen vegetal pegadas a nuestros calcetines. En el interior de estas, vemos algunas semillas.

— ¿En qué parte del proceso de reproducción de un vegetal hemos participado? Explica su importancia.

— Identifica y explica esta estrategia de las plantas.

48. ★☆☆ Describe cómo se produce la fecundación interna. ¿Cuál de los dos tipos de gametos debe tener capacidad de movimiento? Razona tu respuesta.

49. ★★☆ Lee el siguiente fragmento sobre la reproducción del tiburón blanco e indica qué tipo de desarrollo embrionario podemos deducir que presenta:

«[...] seguramente las crías de tiburón presentan canibalismo intrauterino de forma que las crías más débiles y los huevos que aún no han eclosionado son consumidos, en el interior del útero materno, por sus hermanos más fuertes».

50. ★★☆ Busca información sobre la reproducción de las medusas en webs como **http://www.google.es** o **http://links.edebe.com/rz** y responde a las siguientes preguntas:

@

— ¿Cómo se denomina la reproducción asexual que pueden realizar estos organismos?

— Indica el tipo de fecundación y desarrollo del embrión de las medusas.

51. ★★★ Aplica la **destreza** *Compara y contrasta* en los dos ciclos biológicos presentados, completando el organizador inferior.

a

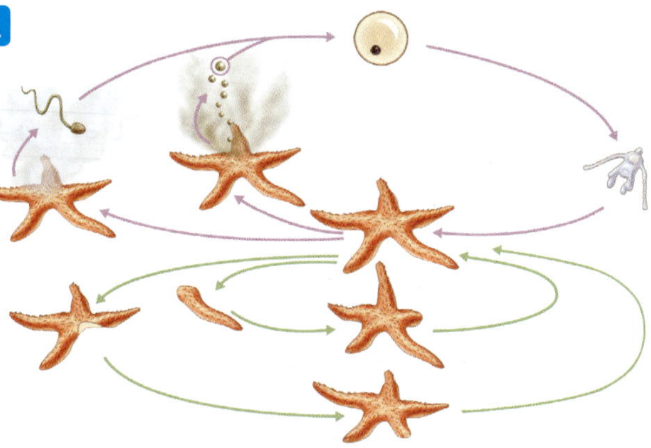

b

Imagen A → ¿En qué se parecen? ← **Imagen B**

....
....

¿En qué se diferencian respecto a...?

.... / • Tipo de fecundación / ....
.... / • Órganos reproductores / ....
.... / • Tipo de dispersión de los descendientes / ....
.... / • .... / ....

Semejanzas y diferencias más importantes

....

Conclusión

Pon a prueba tus competencias

1. Los tiburones, las mantas y las rayas forman parte de los llamados peces condrictios. Conoce algunos aspectos de su reproducción y contesta las preguntas planteadas a continuación:

Los condrictios son uno de los grupos de peces con mayor variedad de estrategias reproductivas.

En general, las hembras guardan los óvulos en su interior esperando a que sean fecundados. Los machos poseen dos estructuras alargadas entre las aletas ventrales, llamadas pterigópodos, que utilizan para introducir el esperma en el interior de la hembra.

Una vez fecundados, los peces cartilaginosos pueden presentar los tres tipos de desarrollo embrionario:

- **Ovíparos.** Las hembras expulsan los huevos fecundados de los que al cabo de un tiempo nacerán los ejemplares juveniles. Este tipo de desarrollo está presente en las rayas, las mantas y algunos tiburones como el pejegato o el tiburón de Port Jackson. Como podemos observar en estas fotografías, la forma de los huevos es muy variada y está adaptada al entorno en el que los ponen.

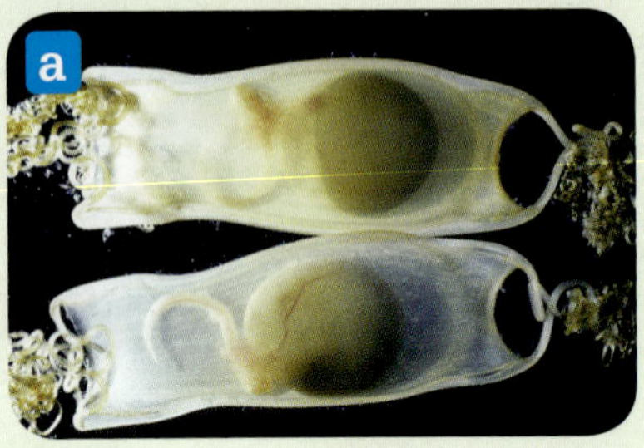

- **Vivíparos.** Los embriones se desarrollan en interior del útero de la madre y se nutren a través de un conducto alimentario hasta el momento del nacimiento.
- **Ovovivíparos.** Los embriones se desarrollan en un huevo en el interior de la madre. Se alimentan durante su desarrollo del saco vitelino del interior del huevo y en lugar de cáscara los rodea una resistente membrana.

Los peces cartilaginosos ni vigilan los huevos ni cuidan de sus crías al nacer; no obstante, a diferencia de la mayoría de los peces, tienen pocos descendientes. Esta característica es común en los animales que viven en ambientes con pocos cambios bruscos en el biotopo o en la biocenosis.

1.1. Según el texto, ¿qué tipo de fecundación presentan los peces condrictios?

1.2. Fíjate en el dibujo de la parte ventral de dos tintoreras:

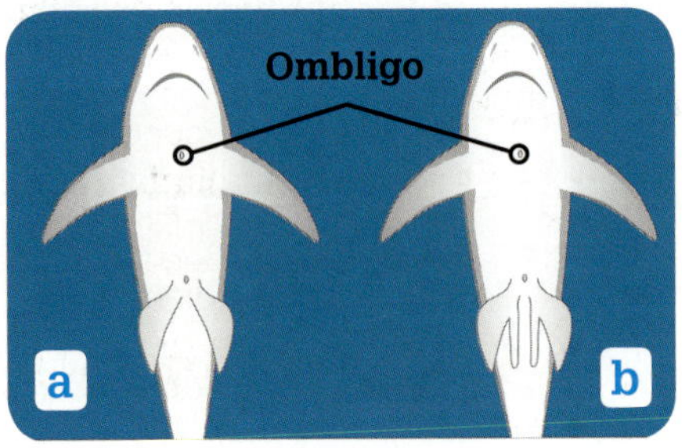

— Indica qué individuo es el macho y cuál es la hembra.
— ¿Qué tipo de desarrollo embrionario presenta la tintorera?

Justifica tu respuesta en ambos casos.

1.3. La forma de los huevos depende del entorno en el que suelen ponerlo. Fíjate en la forma de los huevos de las fotografías e indica a cuál de las siguientes descripciones corresponde cada uno:

I) La hembra del tiburón gato pone los huevos enredados entre las hojas de plantas marinas como la posidonia.

II) El tiburón de Port Jackson vive en fondos mixtos de rocas y arena en los que la hembra encaja los huevos entre la arena y alguna roca.

III) La raya común pone los huevos en fondos arenosos donde las corrientes podrían arrastrarlos.

1.4. ¿Por qué los animales que tienen pocos descendientes y no cuidan de estos suelen vivir en entornos estables?

2. Lee el siguiente texto sobre la hidroponía y contesta las preguntas:

La hidroponía es una técnica de cultivo que en lugar de suelo agrícola utiliza soluciones acuosas ricas en nutrientes. Existen numerosas modalidades de hidroponía. Uno de los vegetales más cultivados según esta técnica es la lechuga. Se producen de manera intensiva en inmensos invernaderos que contienen grandes piscinas de 30 cm de profundidad. Sobre estas piscinas se van colocando, de manera sucesiva, planchas flotantes con las plantas en los diferentes estadios de desarrollo. La secuencia que se sigue es:

1.º Sobre una placa de espuma, agujereada por un lado, se reparten 276 semillas, a razón de una semilla por agujero. Se tapa cada agujero con arcilla.

2.º Se dejan flotar las placas de espuma con las semillas sobre una de las piscinas. Se van regando con aspersores cada cierto tiempo.
El volumen de agua en las piscinas se mantiene constante y nunca se desecha, teniendo en cuenta las pérdidas por evaporación y la absorbida por las plantas.

3.º Después de 7 días en verano y 11 en invierno aparecen brotes aparentes. Se trasplantan los brotes a placas de poliestireno. En estas placas hay pozuelos para 288 brotes de lechuga. Las raíces ya sobresalen por la parte inferior de las placas. Se depositan sobre una de las piscinas.

4.º Transcurridos 6 días en verano y 9 en invierno se realiza el segundo trasplante. Esta vez a una placa para 72 plantas.

5.º El tercer trasplante se hace después de 13 días en verano y 25 en invierno. Las nuevas placas tienen lugar para 18 plantas de las que pasados 19 días en verano y 30 en invierno, se obtienen las lechugas listas para comercializar.

La productividad de estos cultivos es hasta cinco veces mayor que la de los cultivos tradicionales. En esta técnica no se utilizan ni pesticidas ni fungicidas; además, como en las piscinas solo hay flujo de agua de entrada, los fertilizantes utilizados no entran en contacto con el entorno. Por todo ello, esta técnica tiene un impacto menor sobre el medio ambiente.

2.1. En la naturaleza, las plantas obtienen del suelo sujeción y nutrientes. En la técnica hidropónica explicada, di qué elementos desempeñan estas funciones.

2.2. En esta técnica se utilizan fertilizantes. ¿Dónde crees que se añaden?

2.3. ¿Por crees que se deben tapar las semillas?

— ¿Por qué se utiliza arcilla? Ten en cuenta que la arcilla es un material frágil y poco resistente.

2.4. ¿Por qué las placas de espuma con las semillas no están agujereadas por debajo y las de poliestireno sí?

2.5. ¿Por qué varía el tiempo entre trasplantes según sea verano o invierno?

2.6. Además de la evaporación directa desde la superficie del agua, las plantas también pierden agua por transpiración. ¿A través de qué estructuras?

— ¿En qué época del año se deberá hacer un mayor aporte de agua a las piscinas?

2.7. Calcula cuántos días se tarda desde que se «planta» la semilla hasta que se obtiene una lechuga para comercializar.

2.8. ¿Por qué esta técnica tiene un impacto medioambiental menor que un cultivo tradicional de las mismas características?

— ¿De qué modo se minimizan las pérdidas de agua?

Reflexiona

Diario de aprendizaje

— En las actividades de grupo, ¿hay alguna dinámica que podrías cambiar para agilizar el trabajo del equipo?

— ¿Qué contenido de la unidad te ha merecido más la pena aprender?

10 Moneras, protoctistas y hongos

En los reinos Monera, Protoctista y de los Hongos encontramos gran diversidad de organismos. Suelen ser los reinos menos conocidos, aunque se hallan en casi todos los ambientes habitables. Y, a veces, pueden adoptar formas, características y tamaños muy atractivos.

CONTENIDOS

1. El reino Monera
2. El reino Protoctista
3. El reino de los Hongos

Ciencia a tu alcance:
Seres microscópicos

Rutina de pensamiento

MIRAR: 10 VECES 2

- Observa todas las imágenes durante aproximadamente 30 segundos.
- Haz una lista de diez palabras o frases sobre cualquier aspecto de las imágenes.
- Comentad los resultados con el resto de la clase.
- Ahora, ampliad la lista añadiendo diez palabras o frases más y volved a comentarlo con los compañeros y compañeras.

1. El reino Monera

El reino **Monera,** que está formado por organismos unicelulares, es el único que presenta células procariotas. Por tanto, los moneras carecen de núcleo en sus células.

Son los seres vivos más pequeños que existen, ya que miden, normalmente, unas pocas micras; es decir, unas milésimas de milímetro.

- Son organismos unicelulares que en ciertos casos pueden agruparse formando colonias.
- Son organismos procariotas; esto es, no presentan núcleo celular ni tienen orgánulos en su citoplasma.
- Pueden tener nutrición autótrofa o heterótrofa.
- Presentan pared celular, normalmente de mureína.

Los moneras están formados por un grupo de especies muy heterogéneo. Pertenecen a este grupo las bacterias.

Bacterias

Es el grupo más abundante dentro de los moneras. Viven en todo tipo de medios: en la tierra, en el agua, en el aire... Incluso habitan en ambientes extremos donde no pueden vivir otros seres vivos, tales como las fuentes termales, donde crecen moneras a más de 80 °C, o la nieve de la Antártida, a varios grados bajo cero.

Otras bacterias, como *Escherichia coli,* viven en el intestino del ser humano. Estas bacterias nos ayudan a digerir los alimentos que comemos.

Sin embargo, también existen bacterias que, al desarrollarse en el interior de otro organismo, causan enfermedades, como el tétanos, la gastroenteritis o la tuberculosis en el ser humano.

Las personas también utilizamos las bacterias para la producción de alimentos. Así, por ejemplo, las bacterias del grupo *Lactobacillus* se añaden a la leche y, mediante un proceso de fermentación, la transforman en yogur o en queso.

Dentro de las bacterias encontramos un grupo peculiar: **las cianobacterias,** que son organismos fotosintéticos que utilizan la clorofila para realizar la fotosíntesis y liberan oxígeno en este proceso.

Estructura de los moneras

La **membrana plasmática** posee unos repliegues internos denominados mesosomas. Estos solo se dan en las células procariotas y sirven para aumentar la superficie de la membrana celular.

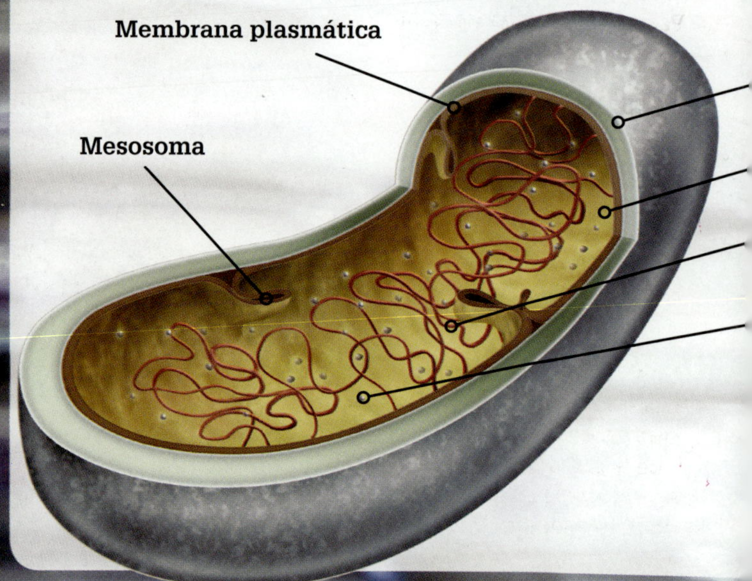

Formas de los moneras

Los organismos que forman parte del reino Monera pueden presentar diferentes morfologías:

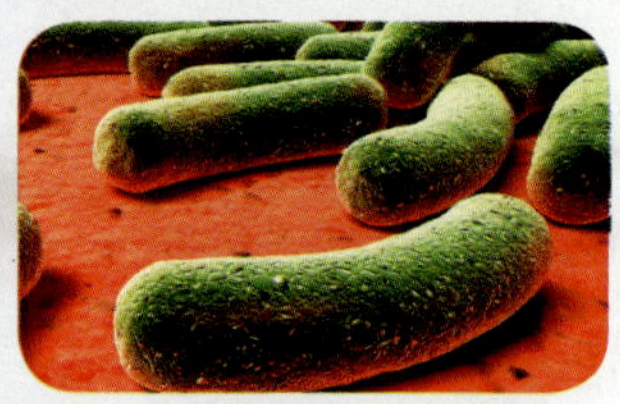

Los **bacilos** tienen forma de bastón.

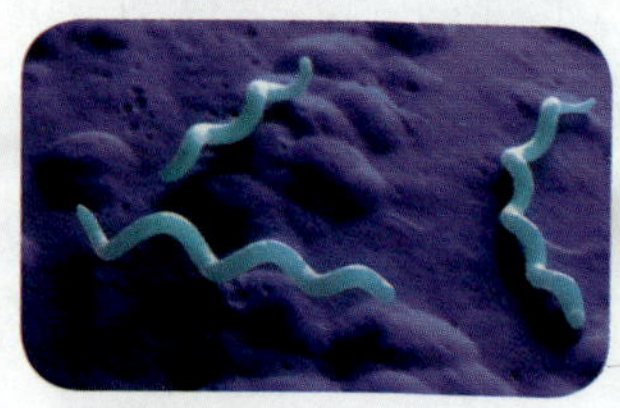

Los **espirilos** tienen forma de tirabuzón.

Las cianobacterias pueden vivir solas o en colonias filamentosas. Su tamaño celular es grande, de 5 a 50 micras. Presentan una vaina gelatinosa en torno a la pared celular.

Alrededor de la membrana plasmática poseen una estructura rígida llamada **pared celular bacteriana.** Normalmente, está constituida por mureína.

Pared celular bacteriana

Citoplasma

Molécula de ADN

Ribosomas

Las células procariotas no poseen una envoltura nuclear que constituya un núcleo, sino que el **ADN** se encuentra libre en el citoplasma formando un único cromosoma.

Ejemplos de organismos moneras

El reino Monera es altamente diverso y podemos encontrar representantes en casi todos los hábitats conocidos. Señalemos algunos ejemplos:

Streptococcus thermophilus es una de las bacterias responsables de la fermentación de la leche en la obtención de yogur.

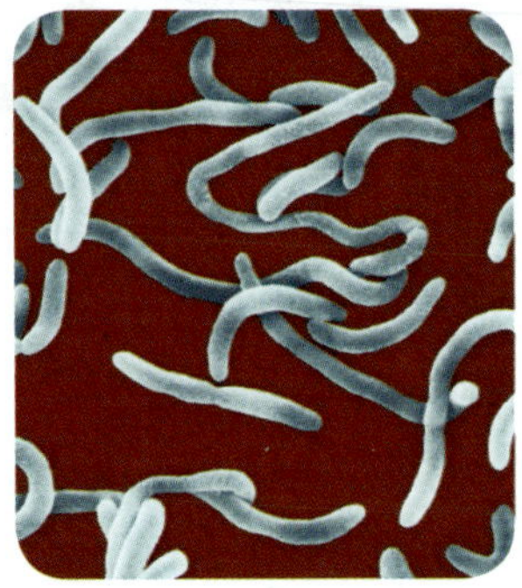

Vibrio cholerae es una bacteria de vida acuática y el microorganismo responsable del cólera. Esta enfermedad se contrae al consumir agua u otros alimentos infectados.

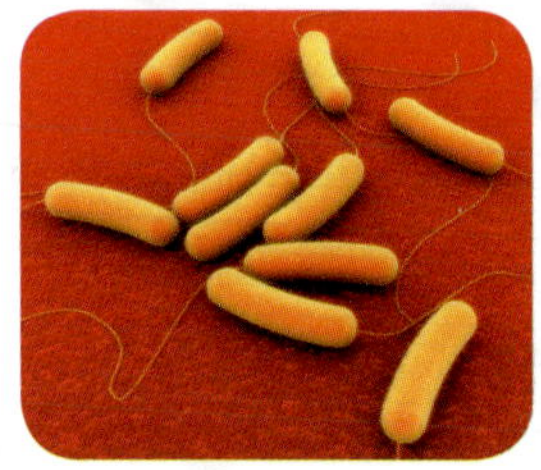

Escherichia coli es una bacteria que puebla el intestino humano cuya presencia es imprescindible para un buen funcionamiento digestivo. No obstante, cierta variación de esta bacteria puede secretar sustancias nocivas para nuestro organismo.

Los **cocos** tienen forma esférica.

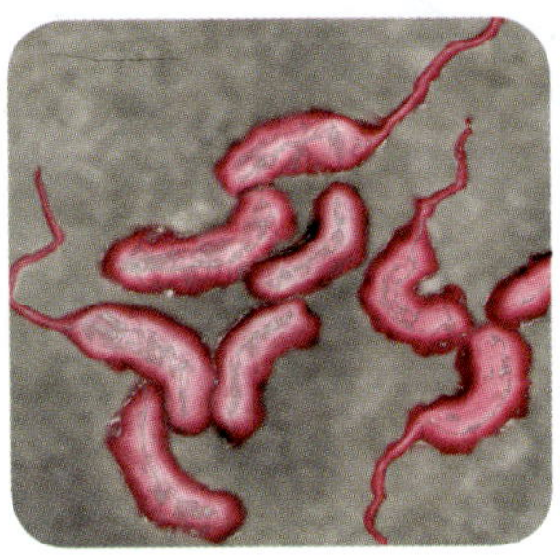

Los **vibrios** tienen forma de coma o de judía.

Las cianobacterias presentan forma **filamentosa.** Se organizan formando filamentos.

Actividades

1. Compara las características de las células de los moneras con las de la célula eucariota, e identifica qué semejanzas y diferencias presentan.
2. Justifica cuál de los siguientes conceptos no pertenece a la misma categoría.

   bacilo - coco - bacteria - espirilo

3. Fíjate en los ejemplos de bacterias que aparecen en esta página y di qué forma presentan.
4. Busca información en Internet sobre los diferentes tipos de bacterias utilizadas en la industria alimentaria y haz una lista con los alimentos que gracias a ellas podemos consumir.

Reino Protoctista

- Unicelulares o pluricelulares.
- Células con núcleo, eucariotas.
- Nutrición autótrofa o heterótrofa.
- Algunos tienen pared celular.

2. El reino Protoctista

Este reino es uno de los más diversos. Los seres vivos que lo integran están formados por células eucariotas y pueden ser unicelulares o pluricelulares. Presentan diferentes tipos de nutrición y, en algunos casos, pared celular.

Dentro de este grupo tan dispar destacan los *protozoos* y las *algas*.

2.1. Los protozoos

Los protozoos son un grupo de organismos unicelulares heterótrofos de vida acuática. Todos ellos son de tamaño microscópico. En general, se encuentran en todo tipo de aguas e incluso en suelos lo suficientemente húmedos.

Los protozoos se alimentan de materia orgánica que se encuentra en el medio. Para conseguirla, pueden capturar a otros seres vivos, como bacterias o algas unicelulares. Otros son parásitos y viven en el interior de seres vivos a los que provocan enfermedades. Los protozoos pueden incorporar los alimentos de diferentes formas. Vamos a conocer algunas de ellas:

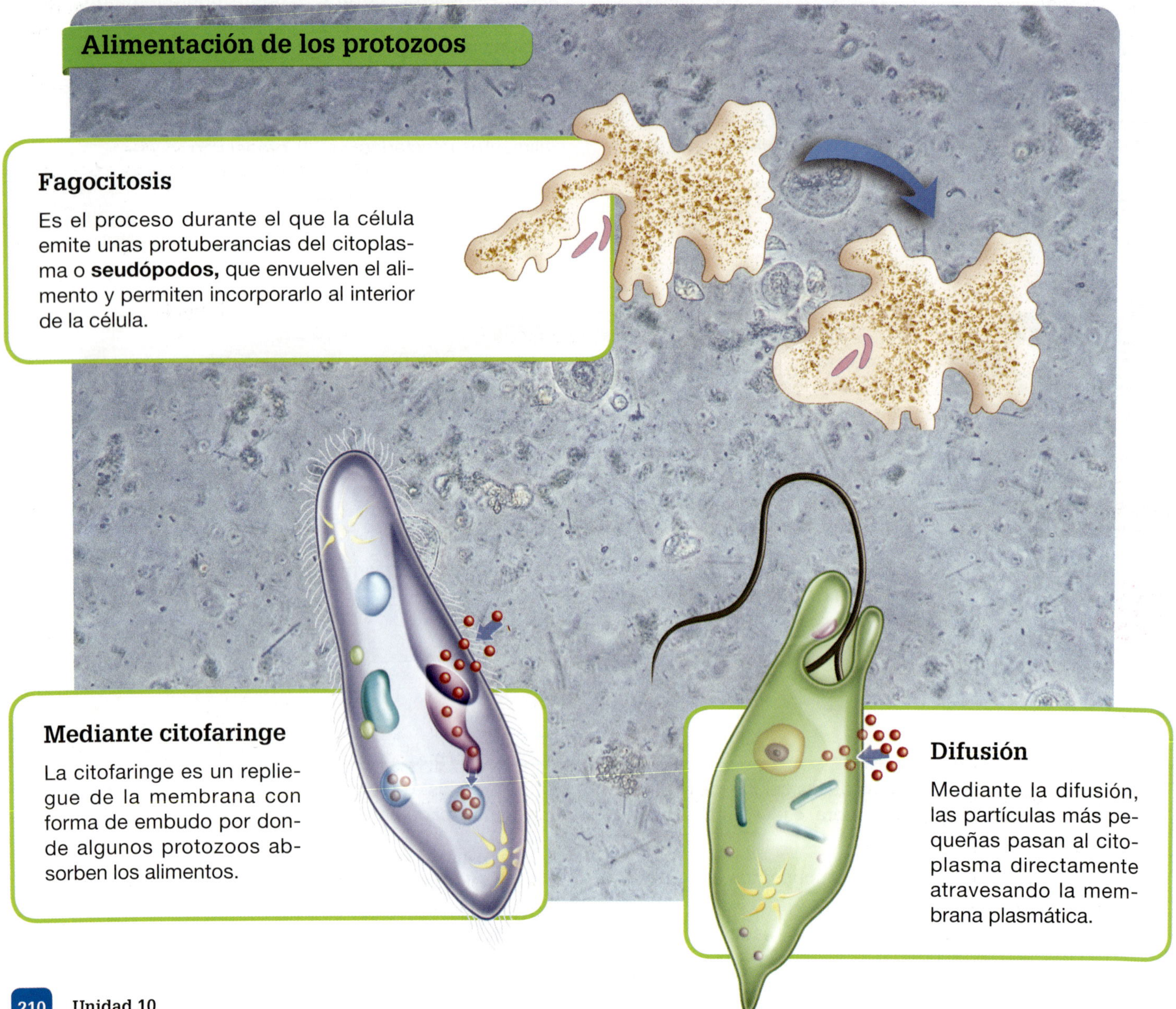

Los protozoos también poseen estructuras y mecanismos que les permiten desplazarse. Los principales son los *cilios,* los *flagelos* y los *seudópodos:*

Locomoción de los protozoos

Cilios

Los **ciliados** disponen de **cilios,** unos filamentos cortos y muy numerosos que con su movimiento dan lugar al desplazamiento de la célula.

Los paramecios (género *Paramecium*) son un grupo de ciliados que habitan en aguas estancadas ricas en materia orgánica.

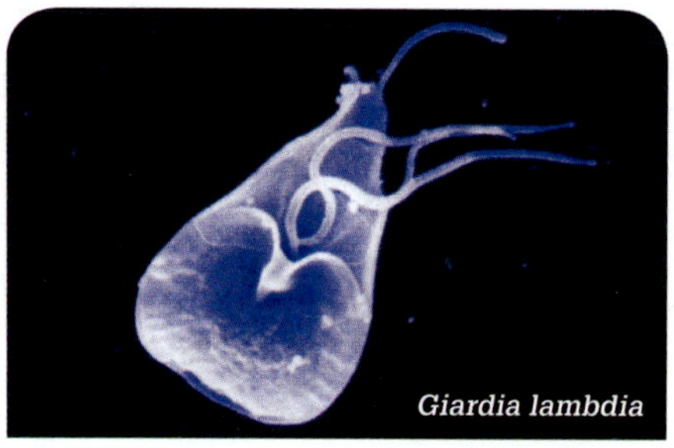

Flagelos

Los **flagelados** se desplazan gracias a los **flagelos,** que son filamentos más largos que los cilios y menos numerosos. Con su movimiento impulsan a la célula.

Giardia lamblia es un parásito intestinal.

Seudópodos

Los **rizópodos** se desplazan mediante los **seudópodos,** que son deformaciones del citoplasma que se producen en la dirección del desplazamiento y que arrastran tras de sí al resto de la célula.

Las amebas son rizópodos que pueden vivir en agua, en tierra o ser parásitos.

2.2. Las algas

Las algas son un conjunto de seres vivos autótrofos de vida acuática. Presentan una gran variedad de tamaños, ya que existen algas unicelulares de tamaño microscópico y otras pluricelulares que llegan a alcanzar 60 metros de longitud.

Las algas viven tanto en aguas oceánicas como en aguas continentales, pero en ambos casos siempre se encuentran en las zonas superficiales. Esto es debido a que las algas necesitan luz para realizar la fotosíntesis y, por tanto, no podrían vivir a grandes profundidades. Para poder llevar a cabo esta fotosíntesis, las algas cuentan con numerosos **cloroplastos** en el interior de sus células.

La mayor parte de las **algas unicelulares** presentan una **pared celular,** como la que podemos observar en la ilustración de la derecha, de una alga unicelular flagelada.

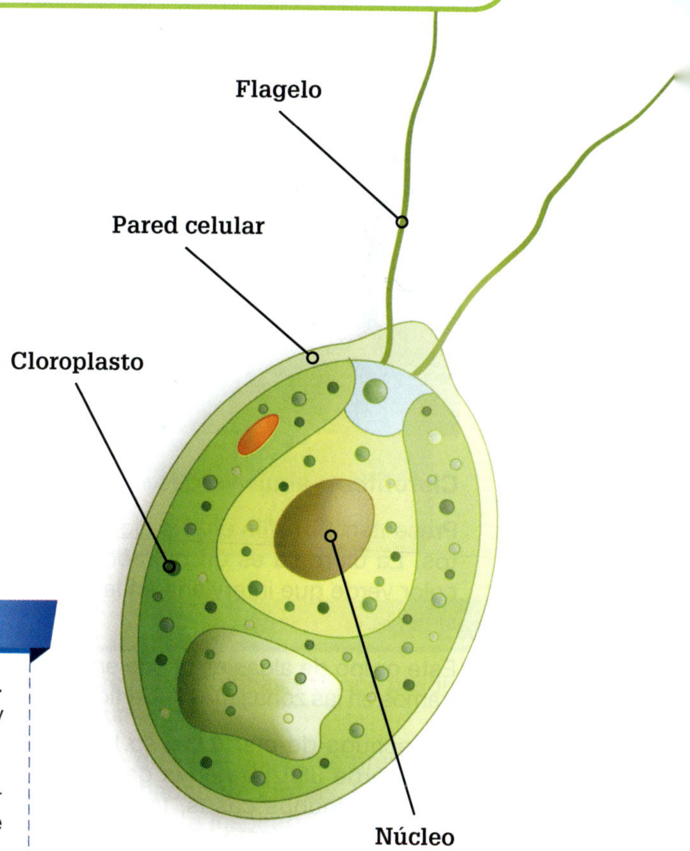

Actividades

5. En grupos, buscad fotografías de diferentes tipos de protozoos unicelulares. Pegadlos en un esquema e indicad las características que tienen en común y aquellas que los diferencian.

@ **6.** Busca en la web **http://es.wikipedia.org/** el nombre del protozoo responsable de la malaria. Di a qué grupo de protozoos pertenece y explica cómo se alimenta y cómo se desplaza.

Reino Hongos

- Unicelulares o pluricelulares.
- Células con núcleo, eucariotas.
- Nutrición heterótrofa.
- Pared celular de quitina.

Ágora

En una relación simbiótica, todos los individuos que participan obtienen un beneficio.

Más allá de su significado biológico lo utilizamos metafóricamente para referirnos a las relaciones humanas fructíferas para todas las partes que participan.

Por grupos, buscad posibles ejemplos de simbiosis que se han dado y se dan en la sociedad

Exponedlas, después, ante el resto de la clase.

3. El reino de los Hongos

El reino de los **Hongos** está formado por organismos eucariotas, unicelulares o pluricelulares, de nutrición heterótrofa y con pared celular de quitina.

Así pues, existen tres características comunes a todos los hongos:

- Las células de los hongos son **eucariotas;** es decir, presentan envoltura nuclear.
- Las células poseen una pared celular compuesta por moléculas de **quitina.** La pared celular de quitina aporta rigidez y consistencia a la célula, y permite que los hongos puedan vivir en ambientes más adversos y con poca humedad. Así, existen hongos que viven en ambientes tan dispares como el suelo de los bosques, las zonas desérticas, las rocas y las aguas dulces y saladas; también los hay que viven en la superficie e incluso en el interior de numerosos seres vivos.
- Todos los hongos son **heterótrofos,** y la gran mayoría de ellos se alimenta de materia orgánica en descomposición; es decir, de restos de seres vivos. Este tipo de nutrición heterótrofa se denomina *saprofitismo.*

  Aun así, algunos hongos pueden actuar como parásitos. Esto significa que se alimentan directamente de otros seres vivos a los que perjudican, aunque no los llegan a matar.

  Existe un modelo de asociación muy característico de algunos hongos que se denomina **simbiosis:**

Los líquenes

Algunos hongos se asocian con algas unicelulares de forma que el hongo protege al alga de la desecación, y el alga, mediante la fotosíntesis, proporciona materia orgánica como alimento para el hongo. Esta asociación se denomina líquen.

Este tipo de relación estable entre dos organismos en la que ambos obtienen un beneficio se denomina *simbiosis.*

Existen más de 80 000 especies de hongos diferentes. En función de su organización celular, diferenciamos dos grandes grupos: los *hongos unicelulares* y los *hongos pluricelulares.*

Actividades

10. Visiona el vídeo del *link* **http://links.edebe.com/6a** y contesta a las siguientes preguntas:

— ¿En qué tipo de hábitats podemos detectar líquenes?

— ¿Sobre qué tipo de soportes se suelen encontrar?

— Nombra y explica dos utilidades que tienen los líquenes para el ser humano.

11. Define y explica los tres tipos de relación alimentaria que pueden presentar los hongos: saprofitismo, simbiosis y parasitismo.

12. Señala en qué se parece y en qué se diferencia una célula de un hongo con respecto a una célula vegetal. ¿Y a una célula animal?

— Desarrolla tu respuesta en una tabla comparativa.

3.1. Los hongos unicelulares

Existe una gran variedad de hongos unicelulares capaces de vivir en ambientes muy distintos. Los más comunes son las **levaduras.** Estos organismos presentan unas células con forma ovalada y, en ocasiones, pueden aparecer unidas formando cadenas cortas.

Las levaduras realizan un proceso muy peculiar en su nutrición, la **fermentación,** que consiste en la transformación de azúcares para la obtención de energía. Durante este proceso, la levadura libera gases y otros residuos que modifican las características del medio en que se encuentra.

El ser humano utiliza los hongos que producen la fermentación para su propio beneficio. Así, a partir de una mezcla de harina, agua y levaduras, se produce una fermentación que acaba transformando esta mezcla en pan.

Otros productos muy habituales en nuestro entorno y que derivan de una fermentación son las bebidas alcohólicas como el vino y la cerveza.

Saccharomyces cerevisiae es la levadura que fermenta el pan y la cerveza.

3.2. Los hongos pluricelulares

Los hongos pluricelulares están formados por largos y delgados filamentos llamados **hifas.** El conjunto de todas las hifas recibe el nombre de **micelio.** Estos filamentos son, en general, muy difíciles de observar si no es mediante el uso de un microscopio. A partir del micelio, se desarrollan hacia el exterior unas estructuras reproductoras llamadas **esporangios,** en las que se forman las esporas.

Las **esporas** son células reproductoras capaces de desarrollar un nuevo organismo sin necesidad de fusionarse con otra célula.

Destacamos dos tipos principales de hongos pluricelulares: los *mohos* y las *setas.*

Los mohos

Los mohos están formados por un micelio muy ramificado que se desarrolla en el interior del medio en el que vive, principalmente alimentos en mal estado.

Es habitual observar mohos sobre alimentos mal conservados o que han permanecido demasiado tiempo a temperatura ambiente. Un moho fácil de observar es el que se desarrolla sobre las frutas. Se trata de un hongo llamado *Penicillium,* cuyo nombre viene de la forma de pincel que presentan sus hifas.

Sir Alexander Fleming

Fleming (1881-1955) fue un importante médico microbiólogo.

Durante uno de sus experimentos observó que en un cultivo bacteriano se había desarrollado un moho y que a su alrededor los microorganismos no crecían. Así, descubrió el *Penicillium,* un moho que produce una sustancia natural con efectos antibacterianos: la **penicilina.** Recibió el Premio Nobel de Medicina en el año 1945.

> **http://www.asturnatura.com**
> Esta página web dispone de una amplia galeria fotográfica de setas, así como una buena representación de sus características.

Las setas

Las setas son unas estructuras reproductoras que producen algunos hongos pluricelulares. Muchas setas son comestibles.

Algunos hongos terrestres forman grandes micelios que se desarrollan por la parte más superficial del suelo. Estos micelios crecen formando una red difusa, pero cuando se dan las condiciones naturales necesarias, las hifas se agrupan y crecen hacia el exterior dando lugar a la seta.

Aunque cada tipo de seta necesita unas condiciones ambientales específicas para su formación, sobre todo es importante la presencia de una gran cantidad de materia orgánica en el suelo, así como una elevada humedad.

En nuestro territorio, las setas abundan durante el otoño, época generalmente lluviosa y en la que las plantas caducifolias aportan al suelo mucha materia orgánica. Aun así, también podemos hallarlas en otras épocas del año. Por ejemplo, en primavera encontramos la colmenilla cónica, y en invierno, la angula del monte.

En general, en una seta se pueden distinguir diferentes estructuras.

Partes de una seta

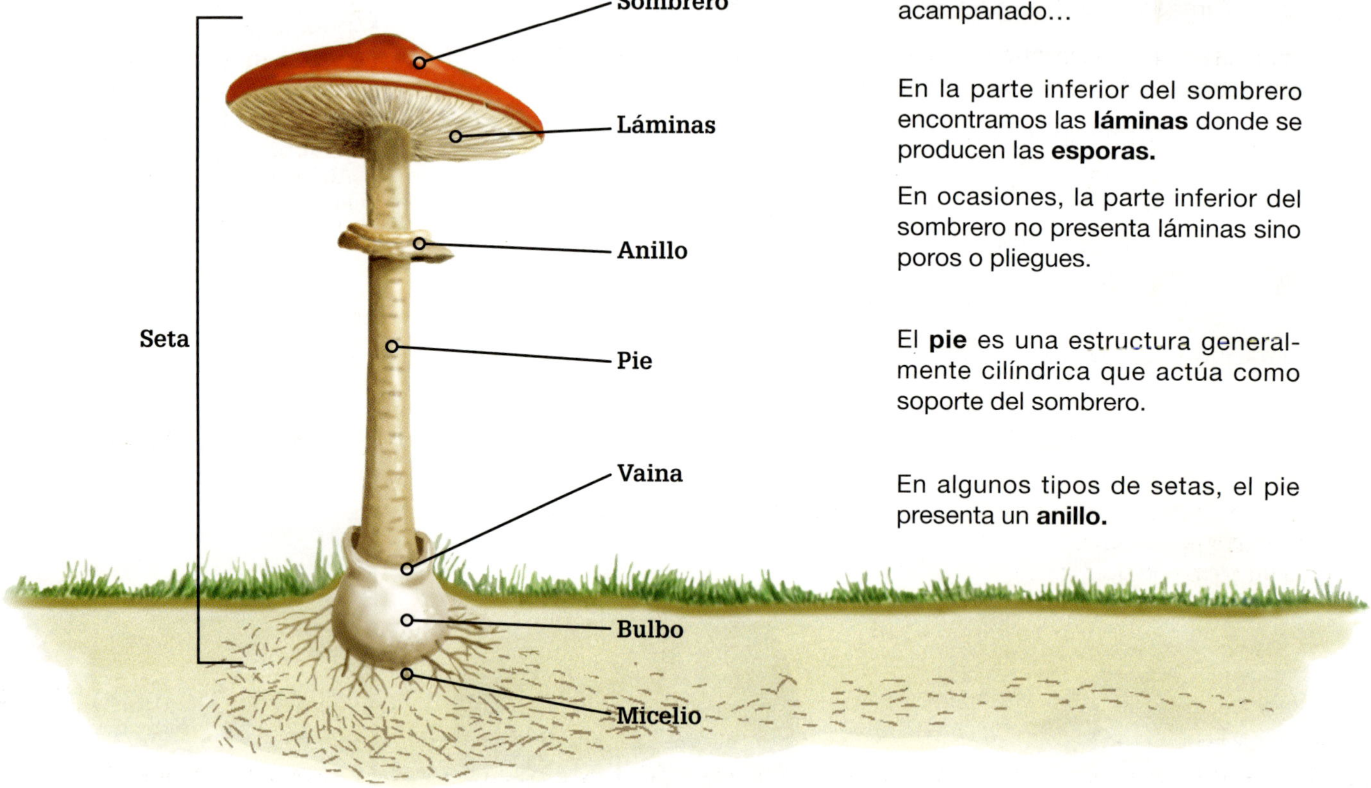

El **sombrero** constituye la parte superior de la seta y puede presentar diferentes formas: convexo, plano, acampanado…

En la parte inferior del sombrero encontramos las **láminas** donde se producen las **esporas.**

En ocasiones, la parte inferior del sombrero no presenta láminas sino poros o pliegues.

El **pie** es una estructura generalmente cilíndrica que actúa como soporte del sombrero.

En algunos tipos de setas, el pie presenta un **anillo.**

El **bulbo** es la base del pie y comunica la estructura reproductora con el resto del micelio.

Algunas veces, el bulbo se encuentra envuelto en una membrana llamada **vaina.**

Las setas pueden presentar diferentes tipos de formas:

Morfología externa de las setas

La imagen más común que tenemos de las setas son aquellas que presentan sombrero en forma de paraguas. Algunos ejemplos de ellas son el champiñón, el níscalo o la trompeta amarilla.

Además de esta morfología, existen otros tipos de setas de formas muy diversas.

Algunas ofrecen aspecto de coral ramificado como, por ejemplo, las manitas; otras tienen forma globular o de pera, como los bejines. Incluso, existen algunas setas que crecen directamente sobre los árboles, formando una especie de cornisa en el tronco como las gírgolas.

La coliflor rosa tiene forma de coliflor o coral ramificado.

El pedo de lobo tiene una forma globular o de pera.

La gírgola o seta de ostra crece sobre los troncos de los árboles formando una especie de cornisa.

Rebozuelo o chantarela tiene forma de copa.

El hongo yesquero

Son muchas las utilidades que de los representantes del reino de los Hongos ha hecho el ser humano: gastronómica (setas comestibles), industrial (espesantes), fármaco-médica (penicilina)...

Quizás una de las utilidades más curiosas es una de las más antiguas: la obtención y el transporte del fuego en las sociedades primitivas. Para tal tarea, era imprescindible disponer de los llamados hongos yesqueros previamente desecados.

En **http://links.edebe.com/na,** podrás saber cómo se realizaba el fuego y de qué modo intervenía el hongo yesquero.

Actividades

13. Elabora una tabla comparativa en la que aparezcan los distintos tipos de hongos y la siguiente información: organización celular y características morfológicas específicas.

14. Explica qué es el micelio y de qué está compuesto.

15. Hay un gran número de setas comestibles. Pregunta a familiares y amigos qué setas conocen y han degustado alguna vez. Busca el nombre científico y una fotografía ilustrativa.

— Exponed vuestros resultados en clase.

CIENCIA A TU ALCANCE: Seres microscópicos

INVESTIGA: Las algas microscópicas y los protozoos

Material

- Microscopio
- Portaobjetos
- Cubreobjetos
- Cuentagotas
- Probeta
- Formol
- Rotulador
- Etiquetas
- Recipiente de cristal con boca ancha y tapa
- Vaso de precipitados de 200 mm^3
- Tubo de ensayo con tapón

Introducción

En las charcas o en los estanques pueden vivir organismos que no se observan a simple vista. Entre estos se encuentran algas microscópicas y protozoos.

A continuación, utlizando el microscopio, observaremos estos microorganismos.

Procedimiento

— Antes de desplazarte para recoger la muestra de agua, mide con la probeta 10 mm^3 de formol. Viértelos en un tubo de ensayo y tápalo. Busca una charca o un estanque donde haya algas y protozoos. Lo sabrás por el color verde que adquiere el agua. Coge una muestra de 200 mm^3 con el vaso de precipitados.

— Después, vierte la muestra de agua en el recipiente de cristal con boca ancha, añade los 10 mm^3 de formol y tápalo.

> El formol permite conservar intactas las estructuras de los organismos aunque estos no estén vivos. Si no dispones de formol, sitúa el recipiente abierto cerca de una ventana que reciba luz solar; así las algas podrán continuar viviendo por un tiempo.

— Una vez en el laboratorio, toma una muestra de agua del recipiente con un cuentagotas y deposita una gota en el centro de un portaobjetos.

— Coloca el cubreobjetos encima de la muestra evitando que se formen burbujas de aire, que dificultarían la visión.

— Pon la preparación en la platina del microscopio. Obsérvala con el objetivo de menor aumento.

— Localiza los diferentes tipos de organismos que puedes ver.

— Ahora, obsérvalos con los objetivos de mayor aumento.

— Fíjate en la presencia de algas, como la *Euglena sp.* y el *Volvox sp.*, y de protozoos, como la ameba y el paramecio.

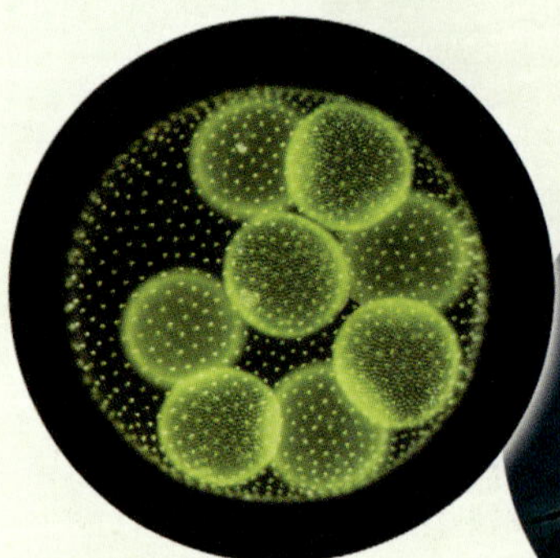

Volvox sp.

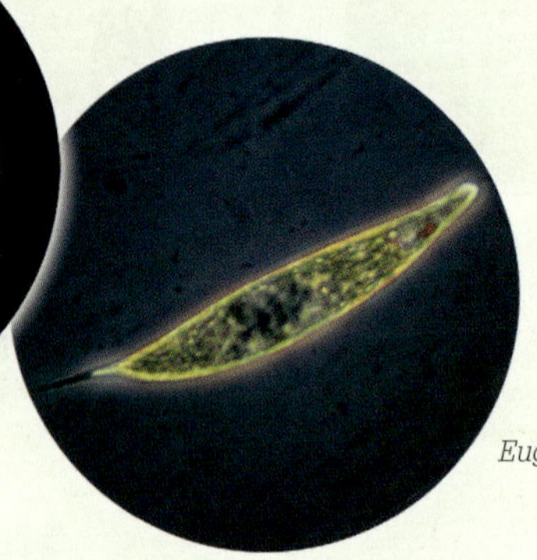

Euglena sp.

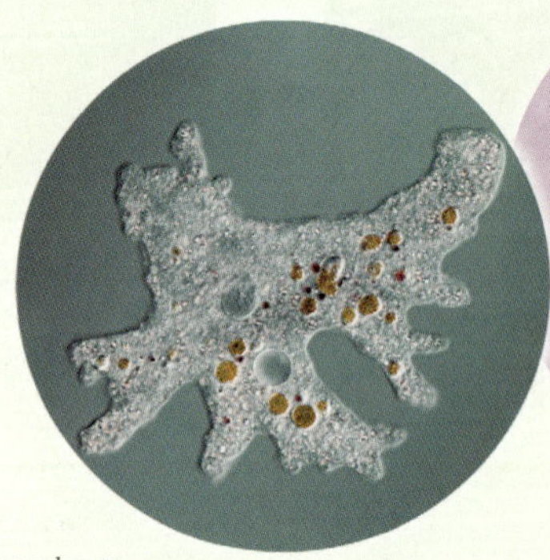

Amoeba sp.

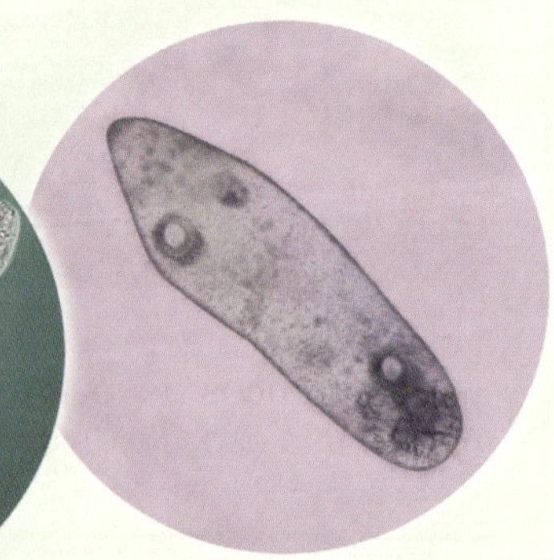

Paramecium sp.

Actividades

a. Haz un dibujo detallado de los distintos organismos que has observado en la muestra. Identifica algunos de ellos y reconoce sus características. Si no disponéis de una guía de microorganismos, podéis consultar la web http://links.edebe.com/7k4.

b. ¿Por qué las algas necesitan estar en un lugar luminoso para seguir viviendo?

c. ¿Qué características te ayudan a diferenciar las algas microscópicas de los protozoos?

PROFUNDIZA

Como ya sabes, los hongos utilizan las esporas para su reproducción.

Las esporas son pequeñas estructuras que contienen una célula con la capacidad de originar un nuevo organismo. Hablamos de estructuras, ya que esta célula se encuentra a menudo protegida por una envoltura con abundantes relieves y ornamentaciones.

Observa la siguiente fotografía de una espora realizada con un microscopio electrónico, más potente que el microscopio óptico que ya conocemos.

a) **Fíjate en la columna de datos que aparece a la derecha de la imagen y trata de deducir con qué aumento está obtenida esta fotografía.**

b) **Describe lo que observas en la fotografía y calcula su tamaño en milímetros a partir de la escala en micras que aparece a la derecha de la imagen.**

c) **¿Por qué tiene la espora este tamaño? ¿Crees que tiene algo que ver con su función?**

Cre@ctividad: Edición de imágenes

Los programas de edición de imágenes nos permiten modificar las imágenes digitales de una forma rápida y sencilla. No obstante, algunos de estos programas requieren un largo período de aprendizaje antes de poderlos utilizar convenientemente. Son los casos de Adobe Photoshop, que además es de pago, y de Gimp.

Sin embargo, existen programas en línea como BeFunky, PicMonkey o Pixlr Express que permiten modificar las imágenes a nuestra conveniencia, aunque de forma limitada. Además se trata de aplicaciones en línea que no requieren que se instalen en el ordenador y que ni siquiera precisan que nos registremos.

En esta actividad deberás localizar tres ilustraciones: una de una bacteria, otra de un alga pluricelular y la última de una seta. Una vez que hayas descargado las imágenes, deberás modificarlas con algún editor en el que introduzcas una etiqueta con el nombre de cada una de las partes de los tres organismos.

Obviamente, las imágenes que utilices deberán haber sido publicadas con una licencia que te permita usarlas y modificarlas.

SÍNTESIS

- Para resumir la unidad, completa el siguiente esquema en tu cuaderno:

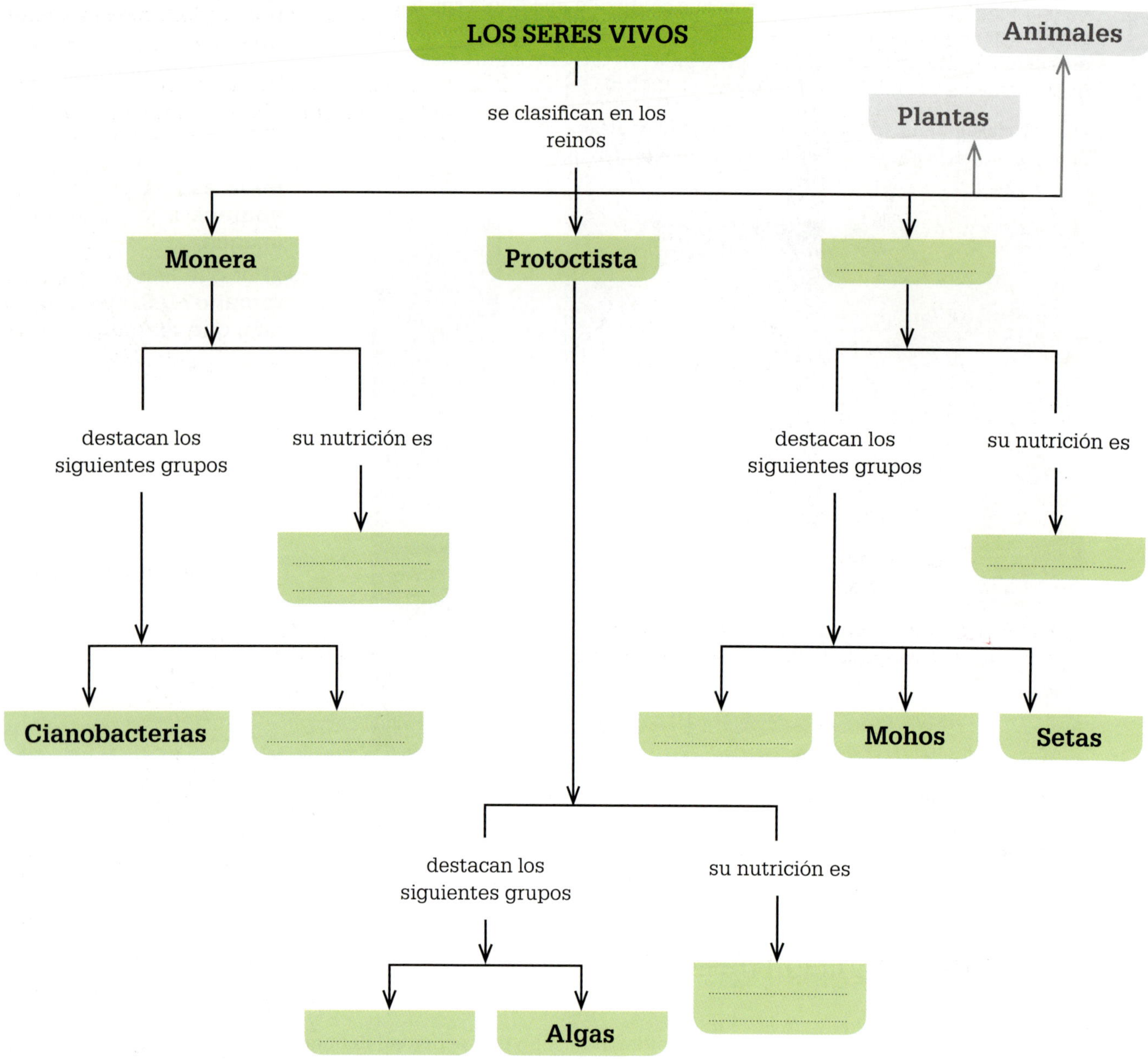

— Amplía la parte del esquema con respecto a los protoctistas, relacionando los grupos y los subgrupos de este reino.

— Elabora una tabla sobre los distintos grupos y subgrupos estudiados en esta unidad. En ella, se debe mostrar los siguientes rasgos: clase de nutrición, estructura celular, tipo de organización celular, principal hábitat.

— ¿Dónde añadirías los líquenes en este esquema?

Actividades finales

16. ★★☆ Observa las siguientes fotografías e indica cuál de los dos organismos es procariota y cuál es eucariota. Razona tu respuesta.

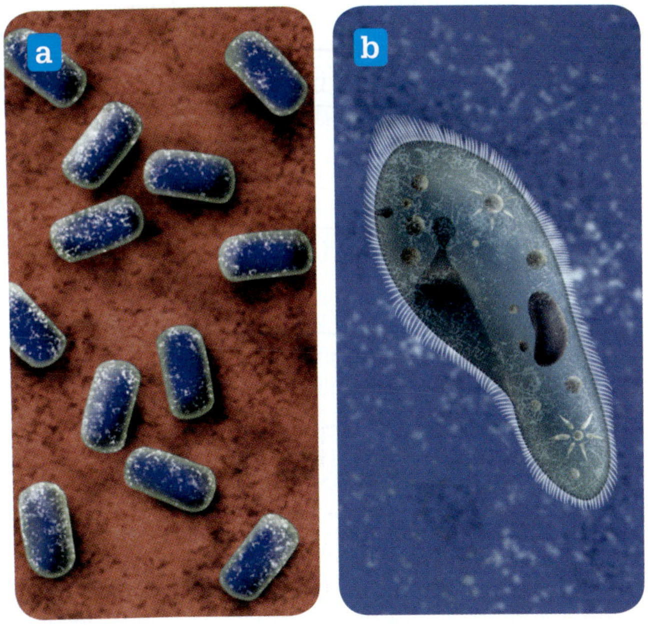

— Explica qué partes de la célula eucariota puedes identificar en la fotografía.

— ¿A qué reino pertenece el organismo procariota? Dentro del reino, ¿puedes clasificarlo según su forma?

17. ★★☆ De las siguientes afirmaciones sobre el reino Monera, señala las incorrectas. Justifica tus respuestas.

— Todos los moneras son unicelulares.

— Todos los moneras realizan la fotosíntesis.

— Los moneras que realizan la fotosíntesis son autótrofos.

— Los moneras no soportan temperaturas inferiores a 10ºC.

— Todos los organismos monera son patógenos.

18. ★★★ Dibuja una célula procariota y una eucariota indicando las partes de cada una de ellas.

— Explica las diferencias morfológicas que existen entre ambas.

— ¿Una célula procariota puede ser autótrofa? ¿Y una eucariota? Si las respuestas son afirmativas, pon ejemplos de cada caso.

19. ★★☆ ¿Podrías determinar el reino de una especie de la que solo sabes que presenta nutrición autótrofa? ¿Y de otra de la que sabes que no tiene núcleo? Razona tus respuestas.

20. ★★☆ Identifica aquellas características que sean específicas de un único reino de los que hemos estudiado en esta unidad.

21. ★☆☆ Cita dos semejanzas y dos diferencias entre las algas unicelulares y los protozoos.

22. ★☆☆ Explica las principales formas que pueden presentar los integrantes del reino Monera completando una tabla esta:

Forma	Fotografía	Ejemplo
Coco	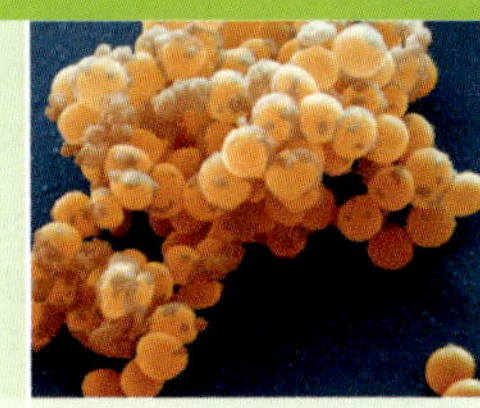	*Streptococcus termophilus*
....		

23. ★★☆ Observa estas dos imágenes y responde a las preguntas:

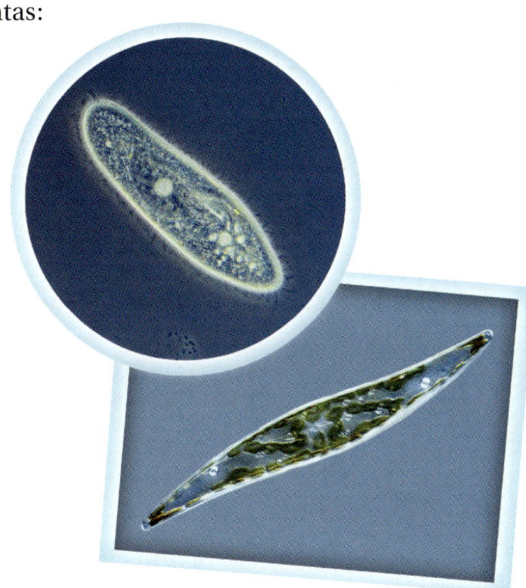

— Identifica estos dos organismos. ¿A qué reino los asocias?

— ¿A qué grupo pertenecen dentro del reino? Justifica la respuesta.

— Di qué orgánulos se aprecian en las imágenes. ¿Se trata de células procariotas o eucariotas? Justifica la respuesta.

— Estos organismos, ¿presentan medio de locomoción? En caso afirmativo, ¿ de qué tipo?

Actividades finales

24. ★☆☆ Elige las palabras que creas conveniente para construir una frase que defina las características de las algas rojas y de los protozoos.

unicelular - pluricelular - eucariota - procariota
nutrición autótrofa - nutrición heterótrofa

25. ★★☆ En cada uno de estos textos se describe un mecanismo de un tipo de célula humana concreta. Indica en cada caso una estructura equivalente que pueden presentar los protozoos.

— Los espermatozoides humanos presentan una especie de larga cola que les permite su desplazamiento.

— Los macrófagos sanguíneos se encargan de eliminar partículas nocivas emitiendo prolongaciones del citoplasma que las rodean y digiriéndolas después.

— Las células epiteliales respiratorias, en el extremo orientado al espacio por donde pasa el aire, presentan una especie de apéndices en forma de púas de cepillo. Estas estructuras, con su movimiento, permiten evitar la entrada de cuerpos extraños.

26. ★★☆ Busca ejemplos de especies de algas unicelulares. Elabora una tabla en la que aparezcan el nombre, una fotografía representativa y en qué tipo de hábitat podemos encontrarlas.

27. ★★★ Explica si los términos *alga* y *planta acuática* son sinónimos. Busca la información que consideres necesaria para justificar tus argumentos.

28. ★★☆ Indica si las siguientes frases sobre las algas son verdaderas o falsas, justificando tu respuesta:

— Todas las algas son estructuras pluricelulares.

— Todas als algas son autótrofas.

— Las algas pluricelulares absorben los nutrientes mediante el rizoide.

— Las algas pluricelulares pueden ser verdes, rojas, pardas y moradas.

— Todas las algas son estructuras inmóviles que, en caso de desplazarse, lo hacen arrastradas por las corrientes acuáticas.

— Ningún tipo de alga forma parte del plancton.

29. ★★☆ Señala tres usos diferentes de los hongos.

— Explica para qué se utilizaba el hongo yesquero antiguamente.

30. ★☆☆ Describe el proceso que se lleva a cabo en la fermentación. Razona por qué la masa de pan, a la que se le ha añadido levadura, no crece si la metemos en el congelador.

31. ★☆☆ Explica cuál es la función de las setas en el conjunto del organismo del que forman parte. Cuando recolectamos la seta, ¿puede volver a crecer o bien se produce la muerte del hongo? Razona la respuesta.

32. ★★☆ Teniendo en cuenta los componentes del suelo, ¿por qué crees que las hifas de los hongos no llegan hasta las capas inferiores del suelo?

PBL

Un menú especial

En vuestro centro escolar se convoca un concurso de menús de gastronomía creativa. Se valorará especialmente la originalidad de la receta, así como los ingredientes utilizados.

Vuestro equipo decide preparar el «Menú protoctista-fungi», para el que utilizaréis, entre otros, ingredientes de los reinos indicados.

Conseguid información sobre algas y hongos que sean comestibles. Podéis buscar las recetas que queréis elaborar o bien inventarlas de nuevo teniendo en cuenta las características de los ingredientes empleados:

http://links.edebe.com/vubu

http://links.edebe.com/u52u

A continuación, diseñad un menú que cumpla los requisitos. Cread una presentación de vuestra propuesta al resto de la clase, indicando:

— Los nombres y las características de los protoctistas y los hongos utilizados.

— Las propiedades beneficiosas que aporta su consumo.

— La forma en que se debe cocinar cada plato.

33. ★☆☆ Explica en qué consiste la simbiosis de los líquenes. ¿Qué ventajas consigue el alga al asociarse con un hongo? ¿Y el hongo?

Actividades finales

34. ★☆☆ ¿Es correcto hablar del micelio de las levaduras? Razona tu respuesta.

35. ★★☆ Busca información sobre la morfología, la época de crecimiento y la toxicidad del champiñón y de la oronja verde.

— Redacta un breve informe con la información obtenida.

— Dibuja un esquema de cada seta y señala en ellos las diferentes partes de cada una de ellas.

36. ★★★ Algunos hongos nos pueden provocar afecciones, como la infección de hongos en los pies. Sabemos que los hongos proliferan en unas condiciones determinadas, sobre todo en ambientes de humedad.

— ¿Qué condiciones se dan para que los hongos proliferen en los pies?

— ¿En qué lugares es más común cogerlos? ¿Qué medidas se deben adoptar para evitar que salgan?

— ¿Alguna vez has cogido esta infección o conoces a alguien al que le haya pasado? ¿Qué efectos o síntomas se padecen?

— Las personas que han sufrido esta infección, ¿cómo la han curado?

Visión 360º: Los hongos mágicos

Los cuentos de hadas suelen estar ambientados en bosques misteriosos habitados por criaturas fantásticas como duendes, gnomos, faunos… y otros seres mágicos y diminutos.

Busca ilustraciones de este tipo de cuentos y fíjate en que suelen aparecer setas en las ambientaciones.

— ¿Qué seta aparece dibujada un mayor número de veces? Busca su nombre científico e indica sus partes principales.

— Consigue información sobre esta seta: ¿qué efectos tóxicos puede provocar su consumo?

— ¿Por qué crees que se suele dibujar junto a seres imaginarios y mágicos?

37. ★★☆ Responde a las preguntas sobre este texto acerca de las trufas, una clase de hongo:

Las trufas son un tipo de setas muy peculiares, ya que, a diferencia de las que hemos estudiado hasta ahora, tienen un crecimiento subterráneo por completo. Es decir, la estructura reproductiva permanece como el micelio, bajo tierra. Este hongo crece asociado a unos determinados árboles, que son las encinas, los robles y los avellanos. El micelio de las trufas empieza a formarse en primavera. Al llegar el otoño, las estructuras reproductivas que contienen las esporas empiezan a desarrollarse. Estas estructuras son las comúnmente llamadas trufas.

Las trufas pueden alcanzar diferentes tamaños, desde el de una nuez al de una patata. Se trata de un manjar muy apreciado en el mundo de la gastronomía. ¡En una ocasión se llegaron a pagar más de 39000 euros por una trufa!

Para dispersar sus esporas, la trufa emite un olor muy penetrante que atrae a jabalíes, ratones y conejos, animales que se encargan de desterrar y comer la trufa y, luego, dispersar sus esporas.

Para la recolección de la trufa se utilizan perros adiestrados. El perro indica al buscador el lugar en el que el olor es más intenso y este, cavando con cuidado, extrae la trufa del suelo.

— Busca información sobre los bosques de tu localidad y su clima. ¿Crees que en ellos podrían crecer trufas?

— Consigue una receta culinaria en la que se utilice la trufa. ¿Qué cantidad de hongo se necesita? ¿Te parece razonable llegar a pagar varios miles de euros por una seta?

— ¿Qué impacto crees que tiene sobre el medio ambiente el método de recolección de la trufa? ¿Cómo se podría reducir?

38. ★★☆ Lee las siguientes descripciones de organismos e indica a qué reino y posible/s grupo/s de los estudiados pertenecerá cada uno de ellos:

a. Organismo pluricelular cuyas células presentan una pared de quitina que les confiere resistencia.

b. Organismo autótrofo unicelular que presenta pared bacteriana y se organiza en colonias filamentosas.

c. Organismo pluricelular autótrofo cuyas células se organizan dando lugar a estructuras como el rizoide, el cauloide y el filoide.

d. Organismo unicelular heterótrofo que se desplaza gracias a seudópodos.

e. Organismo unicelular con pared celular de quitina que se nutren mediante un proceso llamado fermentación.

Pon a prueba tus competencias

1. Lee atentamente este texto sobre las superbacterias y responde a las preguntas:

Nuestro sistema inmunológico nos ayuda a eliminar las bacterias patógenas y, cuando este necesita ayuda, el médico suele administrarnos antibióticos (penicilina, amoxicilina…). Los antibióticos solo pueden curar enfermedades provocadas por bacterias.

Ante la exposición continuada de las bacterias a los antibióticos, algunas de ellas están «aprendiendo» a evitar sus efectos. Estas bacterias son conocidas como «superbacterias», bacterias patógenas que han desarrollado resistencia ante los antibióticos que se utilizan habitualmente. Estas bacterias dificultan el tratamiento de enfermedades que hasta hace poco tenían cura con antibióticos. Vamos a conocer tres mecanismos que usan las superbacterias:

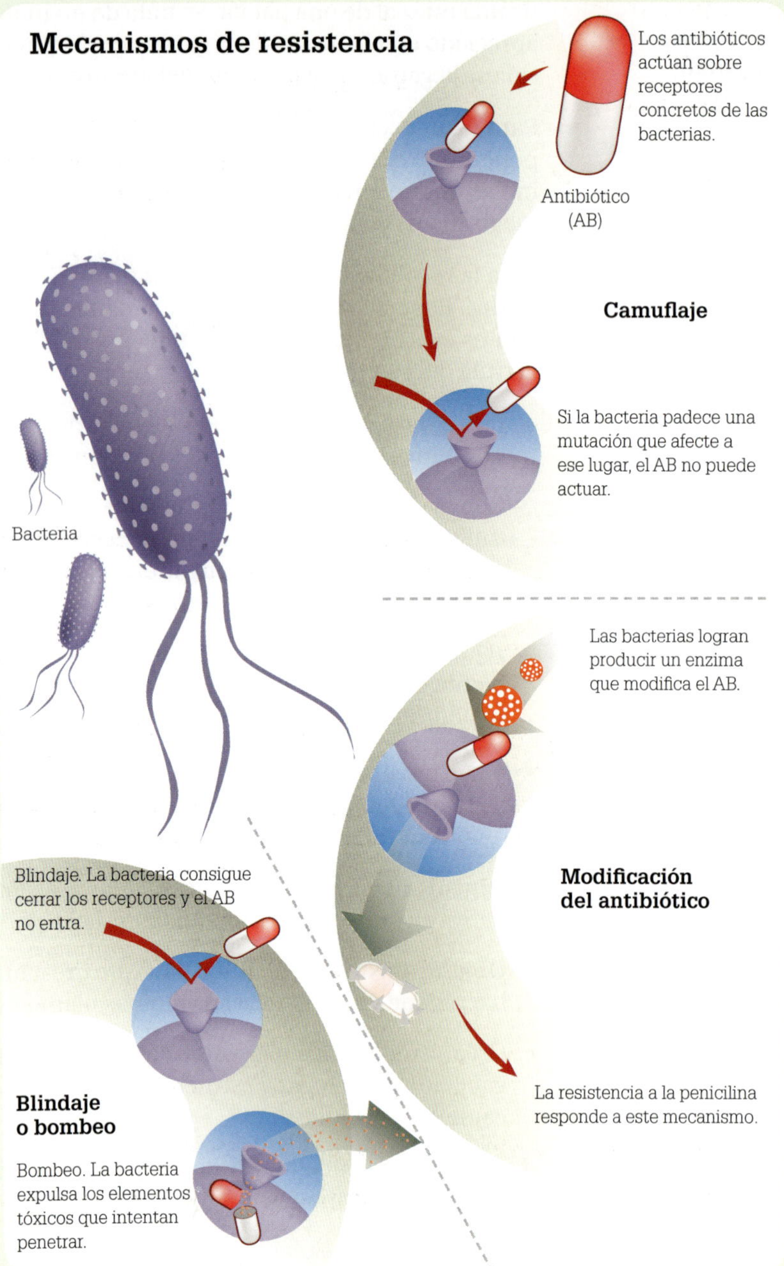

1.1. ¿Qué significa patógena?

a. Que no hace daño.
b. Que es contagiosa.
c. Que provoca enfermedades.

1.2. ¿Por qué crees que los científicos llaman «superbacterias» a estas bacterias resistentes a los antibióticos?

a. Porque pueden salvar vidas.
b. Porque no mueren fácilmente ante los ataques de los antibióticos y son más fuertes.
c. Porque tienen superpoderes.

1.3. ¿En qué estrategias de las superbacterias el antibiótico no llega a entrar dentro de la bacteria?

1.4. En la segunda estrategia, la bacteria produce un enzima que modifica el antibiótico inutilizándolo. ¿Qué deduces que debe ser un enzima?

a. Una proteína que ayuda a formar la estructura de la célula.
b. Una proteína que desarrolla reacciones químicas dentro de la célula.
c. Una proteína con información genética como el ADN.

1.5. La comunidad científica está de acuerdo de que estas superbacterias han aparecido como consecuencia de un uso irresponsable de los antibióticos. ¿Cuáles de las siguientes situaciones consideras que representan un uso inadecuado de los antibióticos?

a. Automedicarse con antibióticos.
b. Tomar antibióticos cuando nos afecta el virus de la gripe.
c. Seguir todo el tratamiento de antibiótico recetado por el doctor.
d. Abandonar el tratamiento de antibiótico cuando hay sensación de mejora.

1.6. Diseña un díptico para promocionar el buen uso de los antibióticos con el fin de evitar la aparición de superbacterias.

2. Lee este texto y contesta las preguntas planteadas a continuación:

Las infecciones por hongos en la piel son bastante comunes y molestas en casi todos los casos. Conocidos como dermatofitos (del griego *dermatos,* 'piel' y el sufijo *phyto,* 'vegetal'), son hongos que parasitan los tejidos ricos en queratina.

La queratina (del griego *queratin,* 'córneo') es una proteína de estructura fibrosa, que forman las capas más externas de la piel de los vertebrados. También se encuentra en el pelo, las uñas, las plumas, los cuernos y las pezuñas. Cuanta más queratina haya en la piel, más endurecida resulta esta.

El pie de atleta o tiña podal es el tipo de hongo de la piel más común. Este tipo de hongo de los pies, a pesar de lo que indica su nombre, no solo afecta a personas que practican ejercicio, pero lo cierto es que es muy común en los vestidores de gimnasios y piscinas. Provoca enrojecimiento e incluso mal olor. Es más común entre los varones, se cree que porque suelen utilizar calzado más cerrado.

En la infografía de la derecha podemos conocer más sobre sus características.

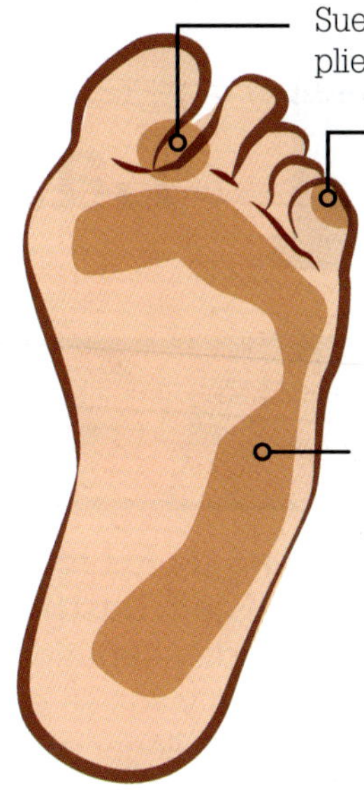

Recomendaciones

Consejos para evitar el pie de atleta

- Lavarse los pies todos los días y matenerlos secos.
- Usar calcetines y calzado limpios.
- No caminar descalzo en las áreas públicas.
- Utilizar chancletas en las duchas y los vestuarios.

2.1. Los científicos que dieron nombre a los dermatofitos por primera vez cometieron un error. Lee atentamente la etimología de la palabra «dermatofito» e intenta localizar qué error cometieron.

2.2. Los hongos necesitan unas condiciones de vida determinadas: humedad elevada, poca exposición al sol, calor y materia orgánica para nutrirse. Según esto, ¿dónde es más fácil que encontremos hongos en la superficie de nuestro cuerpo?

a. Pies, axilas e ingles.
b. Pies, manos y cara.
c. Brazos, rodillas y orejas.

2.3. ¿Qué condiciones ayudan a la proliferación de los hongos de los pies en los gimnasios y las piscinas?

2.4. Según las recomendaciones sobre cómo evitar el contagio del pie de atleta, vestir calzado muy cerrado y medias muy ajustadas puede:

a. Favorecer su aparición.
b. Dificultar su aparición

2.5. ¿Qué característica tiene la planta del pie que la hace tan favorable para que el hongo aparezca?

2.6. Explica cuál de los siguientes calzados es el más adecuado para evitar los hongos en los pies: unas botas de agua, unas sandalias, unas zapatillas de lona.

Diario de aprendizaje

Reflexiona

— ¿Alguno de los contenidos de la unidad te ha servido para reemplazar creencias erróneas?

— ¿Te gustaría saber más sobre algunos de los campos profesionales relacionados con el contenido de esta unidad?

— ¿De qué modo crees que puedes utilizar los conocimientos adquiridos en esta unidad?

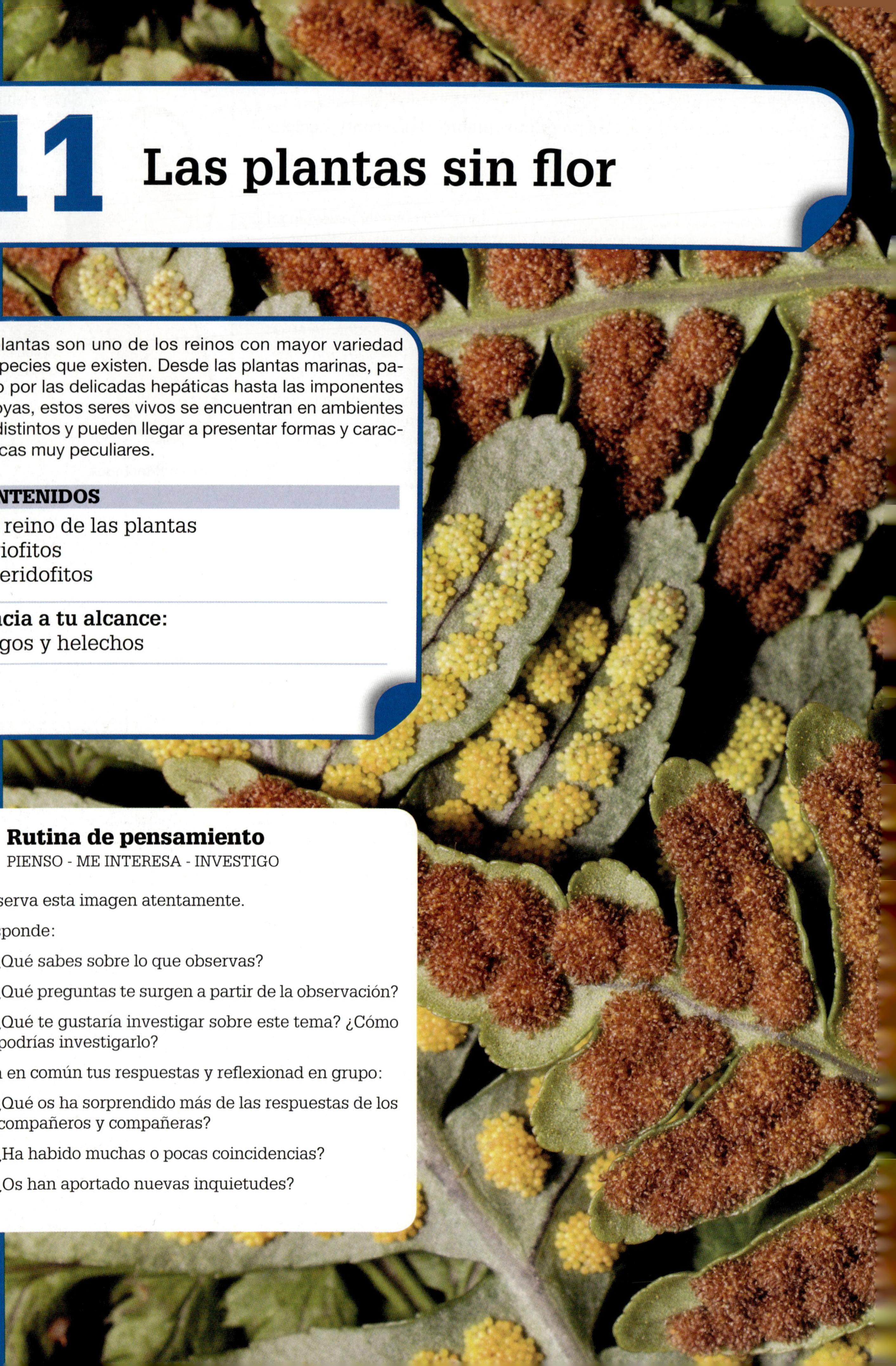

11 Las plantas sin flor

Las plantas son uno de los reinos con mayor variedad de especies que existen. Desde las plantas marinas, pasando por las delicadas hepáticas hasta las imponentes secuoyas, estos seres vivos se encuentran en ambientes muy distintos y pueden llegar a presentar formas y características muy peculiares.

CONTENIDOS

Rutina de pensamiento

PIENSO - ME INTERESA - INVESTIGO

—Observa esta imagen atentamente.

—Responde:

- ¿Qué sabes sobre lo que observas?
- ¿Qué preguntas te surgen a partir de la observación?
- ¿Qué te gustaría investigar sobre este tema? ¿Cómo podrías investigarlo?

—Pon en común tus respuestas y reflexionad en grupo:

- ¿Qué os ha sorprendido más de las respuestas de los compañeros y compañeras?
- ¿Ha habido muchas o pocas coincidencias?
- ¿Os han aportado nuevas inquietudes?

1. El reino de las plantas

El reino de las plantas está formado por organismos pluricelulares de nutrición autótrofa. Las células de las plantas son eucariotas y se hallan envueltas por una pared celular de celulosa.

Las plantas viven principalmente fuera del agua, y su gran diversidad les ha permitido estar presentes en la mayoría de los ambientes terrestres. Esto hace posible que las plantas constituyan la principal fuente de alimento de los demás seres vivos.

- Pluricelulares.
- Células con núcleo, eucariotas.
- Nutrición autótrofa.
- Pared celular de celulosa.

Recordemos que las plantas, como seres vivos que son, llevan a cabo las tres funcionas vitales:

- **Reproducción:** tiene como objetivo la creación de nuevos organismos de características similares a los que los han originado.
- **Nutrición:** es la incorporación de la materia y la energía que necesita un organismo para sobrevivir y desarrollarse.
- **Relación:** comprende la obtención de información del entorno y la utilización de esta en la elaboración de una respuesta que permita la supervivencia del organismo.

En el cuadro de la derecha veremos, a modo de ejemplo, cómo una planta con flor como el girasol lleva a cabo cada una de estas funciones.

Reproducción

Las principales características de la reproducción del girasol son:

- Lo que comúnmente llamamos flor del girasol son en realidad multitud de pequeñas flores. El conjunto es en realidad una **inlorescencia.**
- Presentan **polinización cruzada** por abejas y el transporte de polen entre plantas se da principalmente por **zoogamia.**
- El fruto es la pipa, incluyendo la cáscara. La semilla es la parte comestible de la pipa.

La semilla del girasol presenta dispersión pasiva por anemocoria.

- El girasol es una planta anual que muere una vez producidas las semillas de las que nacerá una nueva generación de girasoles.

Edward Strasburger

Edward Strasburger (Varsovia, 1844 - Bonn, 1912) fue un científico especializado en el estudio de las plantas.

Durante sus estudios en diversas universidades, definió el concepto de citoplasma, describió la división del núcleo en las plantas y determinó la causa física del flujo ascendente de la savia.

A finales del siglo XIX, redactó un tratado de botánica que, actualizado y revisado, aún se utiliza en las universidades.

En 2002 se publicó la 35.ª edición del *Tratado de Botánica* de Strasburger.

Nutrición

El girasol, como planta que es, presenta nutrición **autótrofa.**

- Obtiene los nutrientes inorgánicos y el agua por absorción en la raíz, que es **axonomorfa.** Esta puede llegar a 1,5 metros de profundidad, aunque detiene su crecimiento vertical al encontrar cualquier tipo de obstáculo.
- El tallo es único, no ramificado. Puede medir desde 50 cm hasta 4 m dependiendo de las variedades.
- Las hojas son las principales zonas verdes donde se lleva a cabo la fotosíntesis. Se disponen en espiral alrededor del tallo.

El girasol es una planta de crecimiento rápido, pudiéndose apreciar dicho crecimiento de un día para el otro.

Relación

Vamos a conocer las peculiaridades del girasol en la obtención de la información del entorno y la elaboración de las respuestas:

Obtención de la información

- La raíz presenta sensibilidad química al agua y una marcada sensibilidad mecánica a obstáculos como rocas u otras raíces.
- El tallo y las hojas presentan sensibilidad lumínica.

La respuesta

- En cuanto a su crecimiento, el girasol se caracteriza por un marcado fototropismo positivo del tallo y unos geotropismo y higrotropismo positivo de la raíz.
- Además, el girasol tiene una de las nastias más conocidas del reino de las plantas: es una planta heliotrópica; es decir, su inflorescencia gira siguiendo el movimiento del Sol por el firmamento. Solo los girasoles jóvenes presentan esta nastia.

Los girasoles disponen de unas células motoras bajo la inflorescencia que se alargan o se encogen, dejando entrar agua o expulsándola, permitiendo así la orientación de la planta hacia el Sol.

Actividades

1. Indica a qué función vital responde cada una de las siguientes acciones:

- Las raíces de un árbol de ribera crecen hacia el río.
- Las semillas del arce se dispersan empujadas por el viento.
- El tronco de un árbol crece torcido debido al fuerte viento de la zona.

2. Busca información y explica qué tipo de reproducción pueden presentar las siguientes plantas:

geranio - piña - tulipán - rosal - trébol blanco

3. ¿Qué reinos estudiados en la unidad anterior presentan organismos con el mismo tipo de nutrición que las plantas?

1.2. La clasificación de las plantas

Las plantas son uno de los reinos con más abundancia de especies. En la actualidad se conocen más de 300 000 plantas diferentes.

Para poder clasificarlas, utilizamos principalmente dos criterios:

- La **presencia** de estructura de **talo** o de estructura de **cormo:**

Estructura de talo

Las plantas con este tipo de estructura no tienen tejidos diferenciados. Podemos distinguir las siguientes partes:

Filoide
Su forma recuerda a una hoja pero no tiene la estructura interna de estas.

Cauloide
Su función es la de sostén de los filoides.

Rizoide
Su única función es la sujeción al sustrato.

Estructura de cormo

Cada una de las partes que forman las plantas con este tipo de estructura está constituida por tejidos diferenciados que llevan a cabo diversas funciones:

Hojas
Tienen forma laminar y son de color verde. Su estructura interna es compleja.

Tallo
Sostiene la estructura de la planta y contiene los vasos conductores de las sustancias.

Raíces
Fijan la planta al sustrato y absorben el agua y los nutrientes que serán transportados al resto de la planta.

- La **presencia de flores.** Las flores son estructuras reproductivas encargadas de producir semillas. No todas las plantas las presentan.
  En las que no tienen flores se pueden apreciar unas estructuras mucho más sencillas llamadas esporangios en los que se producen las esporas.

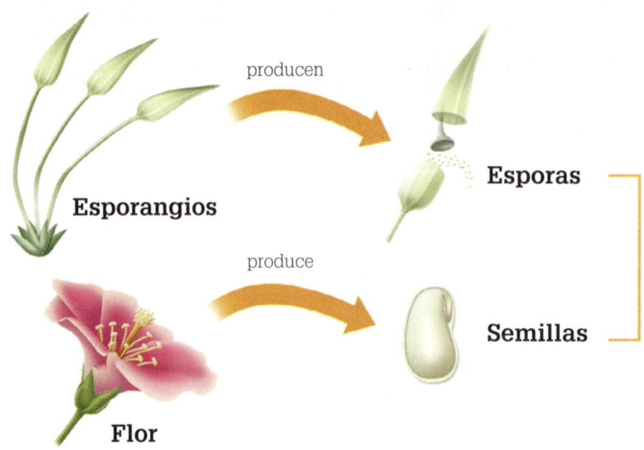

En las plantas más complejas podemos distinguir estructura de cormo y flores, mientras que en las más sencillas no.

Plantas y agua

Las plantas son seres vivos que no se pueden desplazar en busca de agua y, por ello, esta es un factor limitante.

Las plantas con estructura de cormo presentan una mayor protección a la desecación y, por regla general, están mejor adaptadas a ambientes secos que las plantas con estructura de talo.

Según estos criterios de clasificación, distinguimos los *briofitos,* los *pteridofitos* y los *espermatofitos.*

Briofitos

Los **briofitos** son el grupo de plantas más sencillas. Se trata de plantas de pequeño tamaño con estructura de talo y sin flores. Forman parte de este grupo los musgos y las hepáticas.

Pteridofitos

Los **pteridofitos** son un grupo de plantas con estructura de cormo pero sin flores. En este grupo encontramos los equisetos y los helechos.

Espermatofitos

Los **espermatofitos** son el grupo de plantas más complejo. Presentan estructura de cormo y flores. La mayor parte de las plantas que conocemos son espermatofitos.

A continuación, vamos a conocer las que comúnmente son llamadas plantas sin flor, que incluyen a los *briofitos* y los *pteridofitos.*

El grupo de los espermatofitos se tratará en la siguiente unidad.

Actividades

4. Compara las estructuras de talo y de cormo, indicando en qué se parecen y en qué se diferencian.
5. Di en qué otros reinos de los estudiados existen organismos que se reproducen por esporas. Busca imágenes de ellos y de sus esporas, y dibújalas en tu cuaderno.
6. Copia y completa una tabla como la siguiente:

	Estructura	Flores
Briofitos		
Pteridofitos		
Espermatofitos		

2. Los briofitos

¿Qué es el talo?

El talo es la estructura propia de las algas y de algunos tipos de plantas. Está formado por células poco diferenciadas que no dan lugar a los tejidos vegetales característicos de las verdaderas raíces, tallo y hojas.

Los briofitos son un grupo de plantas de pequeño tamaño abundantes en áreas húmedas y poco soleadas, como las ciénagas o las zonas umbrías de los bosques. Aunque viven mayoritariamente en tierra firme, existen algunas especies de vida acuática y otras adaptadas a vivir en lugares bastante secos.

Los **briofitos** son plantas sencillas sin vasos conductores ni flores, que se reproducen mediante esporas.

Los briofitos presentan una estructura de **talo;** es decir, tienen filoides, cauloide y rizoides. Algunas veces, esta estructura puede estar poco desarrollada y solo se diferencian claramente los rizoides.

En los briofitos, el rizoide fija el organismo al sustrato y, junto con el resto de la planta, cumple la función de incorporar agua y nutrientes al organismo.

El agua y los nutrientes se absorben directamente de la atmósfera y del suelo a través de la fina **cutícula,** o capa externa, que envuelve la planta.

Dentro de los briofitos encontramos unas 24 000 especies, entre las que distinguimos dos grandes grupos según su morfología: las *hepáticas* y los *musgos.*

Ágora

Los musgos desempeñan un importante papel en los ecosistemas en que se encuentran: retienen la humedad del suelo y evitan su degradación. Además, constituyen un importante refugio de pequeños invertebrados.

Reflexionad en grupo:

- ¿Qué posibles consecuencias tiene su recolección masiva?
- ¿Qué uso hacemos del musgo?
- Llevad a cabo una lluvia de ideas sobre alternativas a su uso.

Las hepáticas

La mayoría de las hepáticas tiene aspecto de lámina lobulada y verde que se dispone sobre la superficie del sustrato en el que crece.

Se trata de plantas con un color verde muy intenso en todo el conjunto del organismo, a excepción de los esporangios, que suelen ser de tonalidad ocre o amarronada.

En el mayor número de casos, los esporangios son una estructura en forma de filamento que se eleva por encima del resto de la hepática; así, se facilita la dispersión de las esporas.

Las hepáticas habitan en lugares sombreados y húmedos.

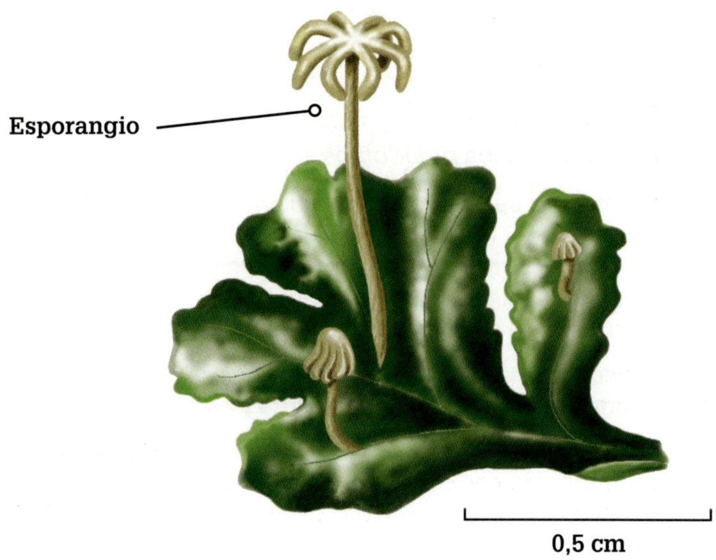

Los musgos

Los musgos son el grupo de briofitos más abundante. Las especies de este grupo de plantas tienen una estructura completa de talo con todos sus componentes bien diferenciados.

Los filoides de los musgos son abundantes y crecen alrededor de todo el cauloide. En algunos casos es tal su cantidad, que resulta difícil distinguir el cauloide, de modo que el musgo aparece como una masa compacta. Estos filoides están formados por una única capa de células, de modo que se trata de unas hojas extremadamente finas.

Los esporangios son unas estructuras en forma de filamento en cuyo extremo superior encontramos la **cápsula.** En estas cápsulas, de color pardo y elevadas sobre el resto del musgo, es donde se forman y se dispersan las esporas.

La mayoría de los musgos se encuentra en lugares húmedos y umbríos.

Existen musgos que viven en zonas secas que solo disponen de agua durante cortas temporadas. Para soportar la desecación, algunos musgos, como los *Grimmia,* adoptan formas redondeadas y compactas, y así disminuyen las pérdidas de agua.

Por el contrario, se localizan otros musgos en áreas inundadas de forma temporal o permanente; tal es el caso de los *Sphagnum,* que viven en las turberas de alta montaña.

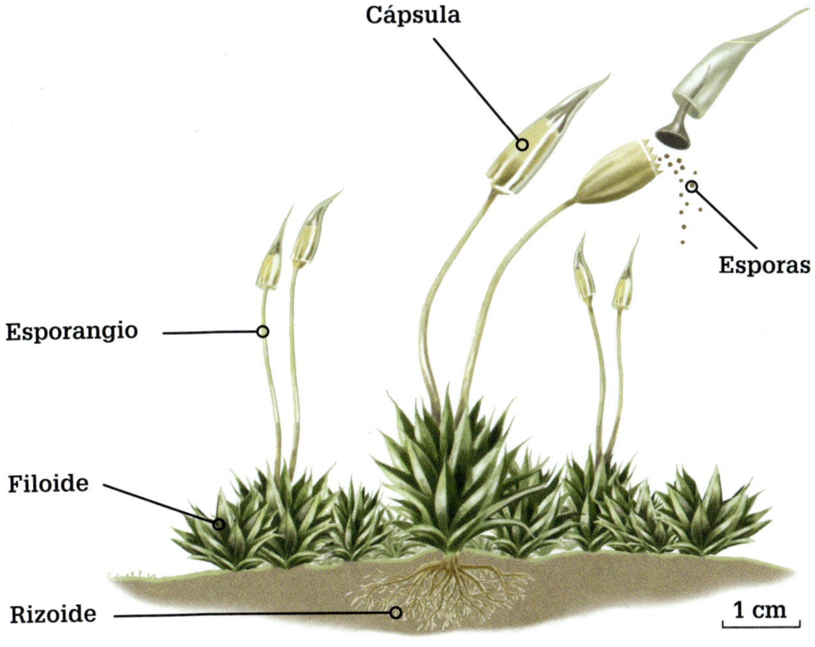

Esporangios de musgo y de hepática: la estructura de los esporangios sobresale del vegetal y, cuando llegan a la madurez, las esporas son liberadas para que crezcan nuevos individuos.

Actividades

7. Explica una semejanza y una diferencia entre las hepáticas y los musgos.
8. ¿Cuál de los dos grupos de briofitos crees que abunda más en nuestro entorno geográfico? Razona tu respuesta.
9. Explica y dibuja las partes del talo de un musgo.
10. Lee la siguiente frase y corrige los errores:

    Los cauloides de los musgos sujetan la planta al sustrato y absorben de este el agua y los nutrientes necesarios para la planta.

Bruta y elaborada

La savia bruta es una mezcla de agua y sales minerales que en las plantas circula preferentemente desde la raíz hacia las hojas.

Por otro lado, la savia elaborada está formada por agua y por compuestos orgánicos, y circula desde las hojas hacia toda la planta.

3. Los pteridofitos

Los pteridofitos son un grupo de plantas con características intermedias entre los briofitos y los espermatofitos. Se reproducen mediante esporas como los briofitos y presentan vasos conductores como los espermatofitos.

> Los **pteridofitos** son plantas con vasos conductores y sin flores que se reproducen por medio de esporas.

Los vasos conductores de los pteridofitos transportan por toda la planta la savia bruta, compuesta por agua y sales minerales, y la savia elaborada, formada por los compuestos orgánicos resultantes de la fotosíntesis.

Los pteridofitos, a diferencia de los briofitos, tienen una estructura denominada **cormo,** que es la formada por la raíz, el tallo y las hojas. Cada parte del cormo presenta células y tejidos especializados en llevar a cabo funciones específicas.

Así pues, las **raíces** de los pteridofitos fijan la planta al sustrato y son capaces de absorber agua y sales minerales. El resto del organismo está recubierto de una **cutícula** gruesa e impermeable que evita tanto la absorción como la evaporación. Por este motivo, se distinguen unos orificios denominados **estomas.** Los estomas están delimitados por un grupo de células que regulan su abertura; de este modo, permiten el intercambio de gases y agua entre la planta y la atmósfera, e impiden la desecación del organismo.

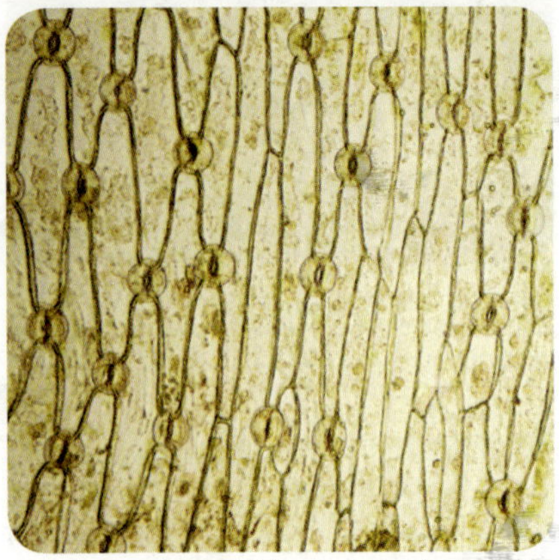

Los estomas son orificios en la cutícula de las plantas que pueden regular su abertura.

La cutícula permite que los pteridofitos resistan la sequedad ambiental; por esta razón, podemos encontrar algunas especies en lugares relativamente secos, como es el caso del helecho común.

Aun así, la mayoría de los pteridofitos vive en ambientes húmedos, y en las zonas tropicales es donde se localiza la mayor diversidad.

Existen más de 13 000 especies distintas de pteridofitos, clasificadas en varios grupos de formas muy diferentes. Los más destacados son los helechos y los *equisetos.*

Los helechos

Son el grupo de pteridofitos más numeroso y cuentan con las especies más grandes, que en algunos casos llegan a formar plantas de pocos metros de altura.

La mayoría de los helechos presenta un **rizoma,** o tallo subterráneo, a partir del cual crecen las raíces y también diversos tallos que salen a la superficie. Del rizoma del helecho surgen unas hojas grandes y muy divididas que se denominan **frondes.**

Los esporangios encargados de la reproducción aparecen agrupados en la superficie posterior de los frondes formando unos pequeños abultamientos o **soros.** Cuando están preparados para la reproducción, su coloración es marrón o rojiza.

Los helechos son los pteridofitos más resistentes a la desecación.

Los equisetos

Los equisetos son unas plantas herbáceas muy fáciles de distinguir debido a la peculiar forma y disposición de sus tallos. Reciben el nombre común de cola de caballo.

Presentan un rizoma con raíces como los helechos. A diferencia de los demás pteridofitos, las hojas son muy pequeñas y apenas perceptibles. Se disponen alrededor del tallo en las zonas de ramificación.

Los esporangios de los equisetos se agrupan en el ápice de unos tallos denominados tallos reproductores.

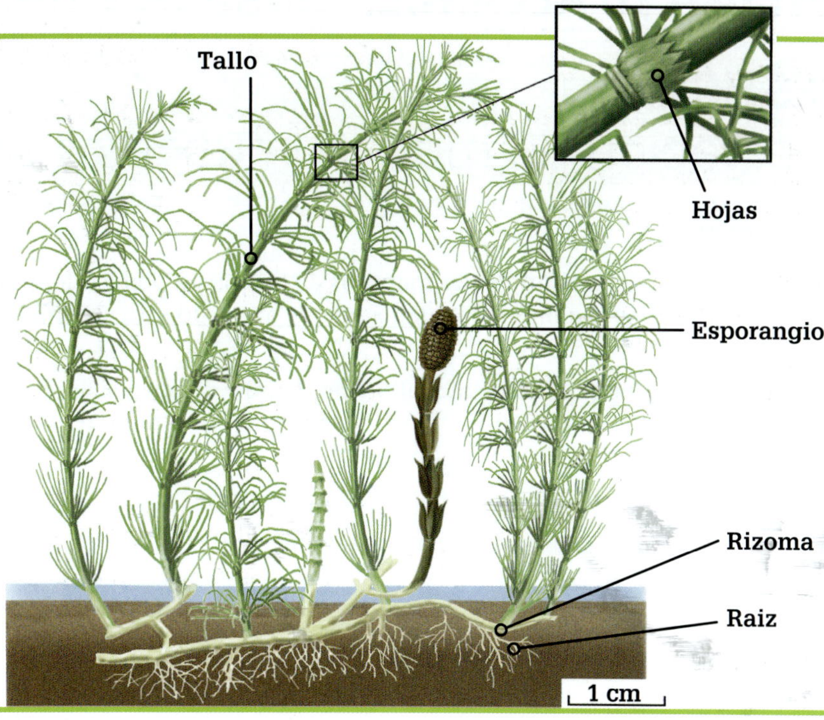

La lupa binocular

Para estudiar con detalle algunas estructuras de los organismos macroscópicos, aquellos que pueden percibirse a simple vista, debemos utilizar la lupa binocular.

La **lupa binocular** es una herramienta de laboratorio que nos proporciona una visión de un objeto entre 5 y 50 veces mayor que su tamaño real.

Para llevar a cabo una observación con lupa binocular, debemos seguir estos pasos:

- Situar la parte óptica en su altura máxima mediante el tornillo de enfoque.
- Colocar la muestra sobre la platina y encender la fuente de luz.
- Mirar a través del ocular y girar el tornillo de enfoque hasta que la muestra quede enfocada.

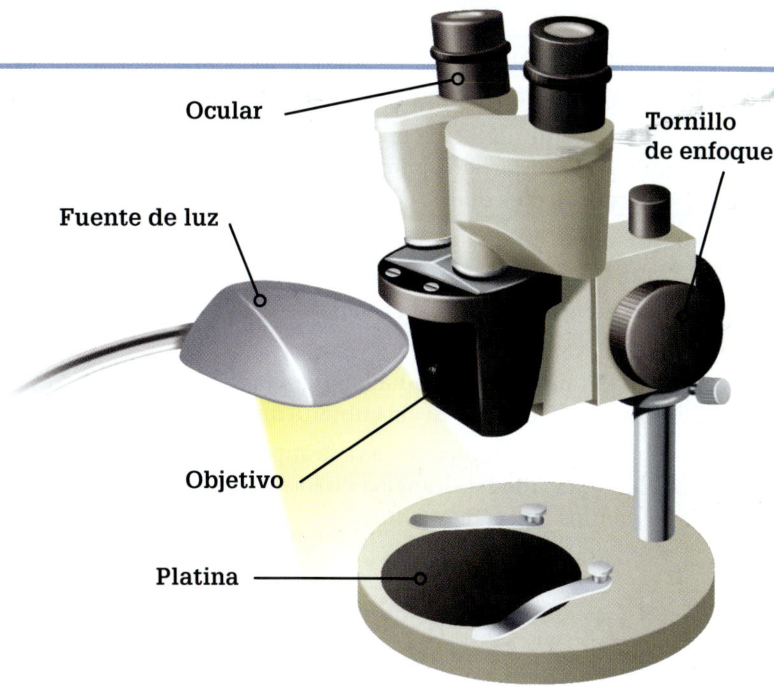

Actividades

11. Cita las partes que componen la estructura de talo y la de cormo.

- Relaciona cada parte del talo con su equivalente en el cormo. Compara las funciones de cada pareja de partes.

12. Explica cuál es la función de los estomas.

13. ¿Qué pteridofito presentará más estomas: uno que crezca en los pantanos o bien, uno que lo haga en ambientes más secos? Razona tu respuesta.

CIENCIA A TU ALCANCE: Musgos y helechos

INVESTIGA: Observación de mohos, musgos y helechos

Material

- Muestras de musgo y de helecho con esporangios
- Rebanada de pan
- Pinzas
- Lupa binocular
- Placa de Petri

Introducción

Vamos a observar con la lupa binocular muestras de tres organismos diferentes: mohos, musgos y helechos. Con la lupa los veremos aumentados, lo que nos ayudará a observar mejor sus estructuras básicas.

¿Te has fijado que muchas veces a algunos alimentos les sale una pelusilla verde cuando se estropean? Estas vellosidades son mohos que, como ya sabemos, pertenecen al reino de los hongos. Por otra parte, al ir de excursión podrás observar musgos y helechos en los lugares más sombreados y húmedos del bosque.

Recuerda que no debes tocar los mohos directamente con las manos y que te las tienes que lavar al comenzar y al terminar la práctica.

Procedimiento

Al realizar esta práctica has de tener en cuenta que necesitas un mínimo de diez días para tener a punto la muestra de los mohos.

Observación de mohos

— Toma una rebanada de pan y humedécela con agua.

— Déjala al aire libre durante una hora.

— Deposita la rebanada humedecida en una placa de Petri o en un recipiente que esté cerrado, pero no de forma hermética. Déjala allí durante diez días.

— Tiene que permanecer en un lugar donde no haga frío y, a ser posible, húmedo.

— Vigila que no se seque durante los diez días. Si es necesario, vuelve a humedecerla.

— Observa cada día la placa de Petri hasta que la rebanada empiece a estar enmohecida; es decir, cubierta de pelusilla.

— Una vez la pelusilla sea evidente, observa la superficie con la lupa binocular. Verás los esporangios en forma de cabezuelas en los extremos de los filamentos.

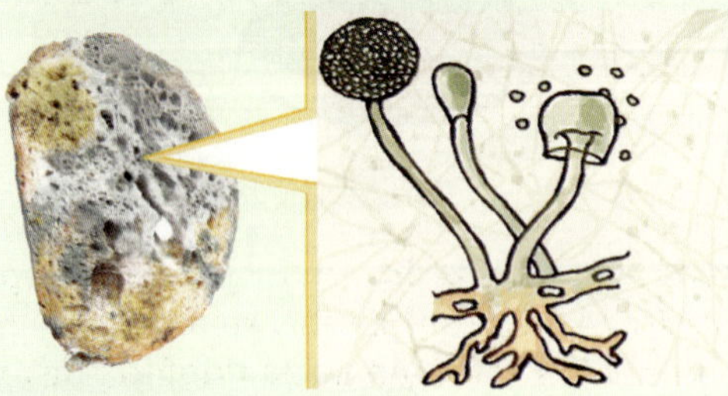

Observación de musgos y helechos

— Con ayuda de las pinzas, toma un fragmento de musgo y un fronde de helecho.

— Coloca cada muestra en una placa de Petri.

— Observa con atención los esporangios del musgo.

— Ahora observa con atención los soros en el envés de una hoja del helecho.

— Una vez finalizada la práctica, recoge las muestras y tíralas a la basura orgánica.

— Al acabar, limpia el material utilizado durante la práctica.

Actividades

a. **Haz un dibujo de lo que has observado con la lupa e indica los aumentos. Señala también las partes del musgo y del helecho que hayas podido diferenciar.**

b. **Compara la posición, el color, el tamaño, la forma... de los esporangios de los tres organismos y explica qué función cumplen.**

c. **Explica por qué has tenido que remojar la rebanada de pan para completar la práctica. ¿Qué hubiese ocurrido si no la hubieras remojado?**

PROFUNDIZA

La importancia de los musgos

Los musgos tienen un papel importante en la naturaleza, dado que su función es la de proteger el suelo ante los procesos de erosión. El mantillo verde que forman y que se aprecia sobre el suelo (musgo) en zonas forestales favorece los procesos de filtración del agua, a la vez que modifica los valores de acidez del suelo que influyen en los procesos de nutrición vegetal.

En zonas templadas y frías, los musgos siempre han desempeñado un papel importante en la formación del suelo. El musgo de los pantanos, que pertenece al género *Sphaqnum*, es un ejemplo característico que se da ampliamente en lugares húmedos o planicies inundables de montañas. Incluso se encuentran cerca de lagos y estanques, a los cuales transforman lentamente en pantanos, y bajo determinadas condiciones ambientales, en turberas. Este proceso, que llega a durar cientos de años, dio lugar en el pasado a la formación de la turba, un carbón vegetal, material que es empleado en algunos países como combustible. La turba también se utiliza para mejorar los suelos debido a su capacidad para absorber agua, además de que su pH ácido favorece los mecanismos de nutrición vegetal.

http://cienciasdelosalimentos.wordpress.com/ (2013)

a) **Explica en qué procesos interviene el musgo en el medio natural.**

b) **¿Conoces algún otro proceso, que no se indique en el texto, en el que esté implicado el musgo? ¿Cuál?**

c) **¿Por qué es tan importante su preservación?**

d) **Comenta las condiciones necesarias para que se forme el carbón vegetal (la turba).**

Cre@ctividad: Imágenes y sonido

Fotobabble es una aplicación que nos permite crear, de una forma muy sencilla, imágenes con audio; es decir, llevar a cabo grabaciones de audio e insertarlas en una imagen. Simplemente tienes que acceder a la página web **(http://www.fotobabble.com),** identificarte con las credenciales de la cuenta de la clase que te haya proporcionado tu profesor o profesora, subir una imagen desde el ordenador o enlazarla desde Internet, y empezar a grabar con el micrófono del ordenador.

En esta actividad deberéis crear, por parejas, un par de imágenes narradas sobre las plantas sin flor. Cada pareja buscará en Internet una imagen de un briofito y de un pteridofito que tengan una licencia que permita su uso. A continuación, tendréis que redactar una descripción completa de cada uno de estos grupos de vegetales.

Cuando dispongáis de las imágenes y de sus descripciones, cada uno de los miembros de la pareja efectuará la grabación de una de las imágenes con la aplicación Fotobabble.

SÍNTESIS

• Para resumir la unidad, completa el siguiente esquema en tu cuaderno:

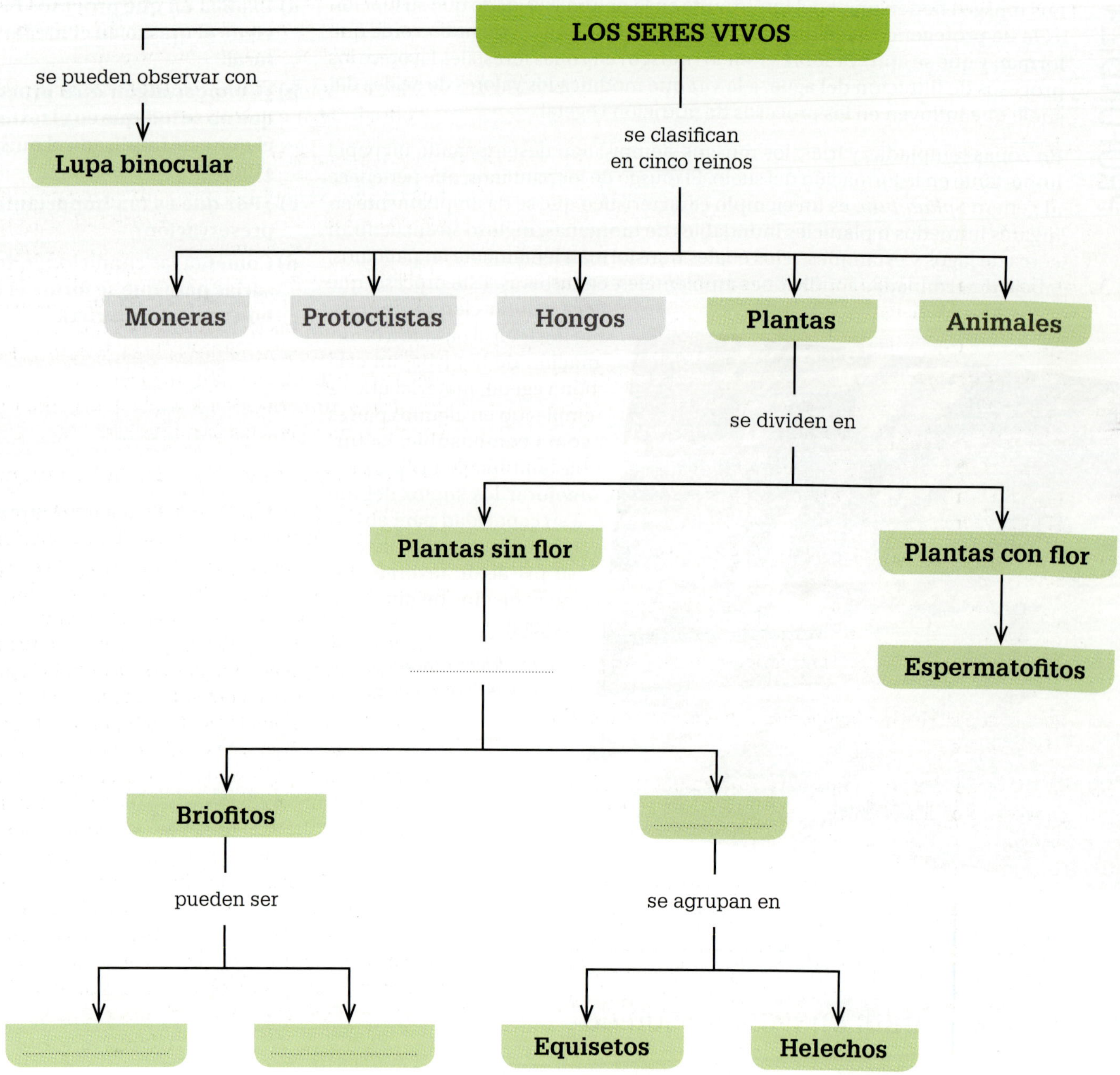

— Amplía el esquema añadiendo las funciones vitales de las plantas.

— Elabora una tabla sobre los distintos grupos y subgrupos estudiados en esta unidad, y explica las principales características de cada uno de ellos.

Actividades finales

14. ★☆☆ Antes se creía que los hongos eran un tipo de plantas. En la actualidad pertenecen a dos reinos distintos. ¿Qué diferencia los hongos de las plantas? Completa una tabla como esta:

	Plantas	Hongos
Nutrición		
Pared celular		
Procariota o eucariota		
Pluricelular		

15. ★★☆ Las plantas presentan dos tipos de movimientos: las nastias y los tropismos.

— ¿Qué los diferencia?

— Teniendo esto en cuenta, indica si los siguientes ejemplos son nastias o tropismos, y explica por qué motivo la planta lo realiza:

- El girasol se mueve siguiendo el movimiento del Sol.
- La planta carnívora cierra sus hojas rápidamente cuando la roza un insecto.
- Las hojas de mimosa se cierran cuando las roza un insecto.
- Una planta situada a la izquierda de una ventana se inclina hacia la derecha a medida que va creciendo.
- Flores que se abren por la mañana y se cierran por la noche.
- Raíces que crecen inclinadas hacia una zona del subsuelo rica en agua.

16. ★★☆ En este dibujo vemos la respuesta de una planta cuando colocamos el tiesto en horizontal y la dejamos crecer:

— Describe los cambios en la respuesta de la planta al tumbarla.

— ¿A qué estímulo crees que responde cada una de estas respuestas?

Dividid la clase en grupos de cuatro y resolved esta actividad aplicando la técnica de **trabajo cooperativo** *El número.*

— Cada alumno, en su equipo base, deberá llevar a cabo la actividad y tendrá que asegurarse de que todos los miembros la realicen correctamente.

— Cada estudiante de la clase tiene asignado un número. Una vez transcurrido el tiempo indicado por el/la profesor/a, se elige un número al azar.

— El alumno o la alumna elegido deberá explicar ante todos la tarea que ha desarrollado.

17. ★☆☆ Completa este texto:

Los musgos son un tipo de plantas que pertenecen al grupo de los .... Presentan estructura de ...., con unos .... que los sujetan al sustrato, unos .... que realizan una función similar a un tallo y sostienen los .... Asimismo, los musgos no tienen tejidos .... y, debido a esto, son muy sensibles a la desecación y solo crecen en lugares con presencia de .... En cuanto a su reproducción, son plantas sin flor y los nuevos individuos crecen a partir de una ....

18. ★★★ Lee el siguiente texto y responde a las preguntas:

La polinización es fundamental para que las plantas en flor produzcan semilla y fruto. Muchas especies de insectos visitan las flores para buscar el néctar o el polen; y mientras lo hacen contribuyen a la polinización. Las abejas melíferas son insectos polinizadores eficaces: tienen el cuerpo cubierto de pelos que recogen fácilmente miles de gránulos de polen y en un solo día una abeja puede visitar miles de flores recogiendo el néctar y el polen, y esparciendo interminablemente los gránulos de polen por todas las flores. Algunas cosechas, tales como los frijoles y los mangos, se polinizan autónomamente, pero tienen una mejor productividad si son polinizados por insectos. Muchas de ellas, como la granadilla, el espárrago, el ajonjolí, el lichi, la mostaza y el anacardo, incrementan su producción cuando son polinizadas por insectos. Otras, como el girasol, el trébol, las judías, el almendro y los melones, dependen completamente de la polinización por insectos. Es de interés general mantener grandes poblaciones de abejas y demás insectos polinizadores y la eliminación del uso innecesario de pesticidas.

http://www.fao.org/

— ¿Cuál es uno de los insectos polinizadores más importantes? ¿Qué características lo hace tan eficaz? ¿Por qué?

— ¿Qué cultivos se reproducen exclusivamente por acción de los insectos?

— ¿Por qué se recomienda evitar el uso de insecticidas?

— Después de leer el texto, ¿qué consecuencias crees que puede tener para el medio ambiente y las personas el uso continuado de insecticidas?

Actividades finales

19. ★★☆ Lee atentamente estas afirmaciones. A partir de cada una de ellas, redacta **dos** nuevas frases utilizando los términos en cursiva correctos en cada caso:

- Las plantas con estructura de *talo/cormo* tienen *más/menos* mecanismos para adaptarse a ambientes con pocos recursos hídricos.
- Las *raíces/rizoides/rizomas se encargan/no se encargan* de la absorción de nutrientes del suelo.
- Las *flores/esporangios* producen las *esporas/semillas* que son las estructuras encargadas de la *dispersión/acumulación* de las nuevas plantas.
- El *filoide/tallo/talo* sostiene la planta y *tiene/no tiene* un complejo interior de vasos conductores.

20. ★★☆ Explica qué característica podrías utilizar para diferenciar un briofito de un pteridofito. ¿Y para distinguir un pteridofito de un espermatofito?

21. ★★☆ Si el color verde de los musgos indica la presencia de cloroplastos, observa con atención el dibujo de la página 233 y responde:

— ¿Qué parte de las hepáticas no realiza la fotosíntesis?

— ¿Cuál es la función de esta parte?

22. ★★☆ Fíjate en las siguientes fotografías e indica de forma justificada cuál corresponde a un alga y cuál a un briofito.

— Señala las diferencias y las semejanzas entre las algas y los briofitos.

23. ★★☆ Dibuja el esquema de una hepática y un musgo, y señala sus partes. ¿En cuáles coinciden? ¿A qué parte del musgo corresponde la parte verde de la hepática?

Visión 360º: Orientación en el bosque

Viajas en el autobús y oyes este comentario:

«Pues el año pasado me perdí en un bosque con una densa niebla. Afortunadamente, pude orientarme y saber dónde estaba el norte fijándome en qué parte de los árboles crecía el musgo».

— ¿Cómo supo el excursionista dónde estaba el norte? ¿Es un método fiable? Razónalo.

— ¿Conocéis otros métodos para orientarse en la naturaleza?

24. ★★☆ Explica por qué normalmente la estructura de los esporangios sobresale del resto de la planta.

25. ★★☆ Explica cuáles son las características de los pteridofitos que les ayudan a vivir en el medio terrestre sin deshidratarse.

26. ★★☆ Clasifica en una tabla las siguientes propiedades según correspondan a los briofitos, a los pteridofitos, a ambos grupos de plantas, o bien, a ninguno.

pluricelulares - flores - estructura de cormo
nutrición heterótrofa - nutrición autótrofa - unicelulares
estructura de talo - sistema de vasos conductores
absorción del agua por toda la planta

	Briofitos	Pteridofitos
Pluricelulares	X	X
Flores		
....		

Actividades finales

27. ★★☆ Visita la **página http://www.ecured.cu/index.php/Estoma** y, junto con lo que has aprendido en la unidad, responde:

— ¿Qué funciones principales llevan a cabo los estomas?

— Indica en un esquema los gases que entran y salen de los estomas durante la fotosíntesis y la respiración.

— Identifica las plantas de estas fotografías y di en qué tipo de hábitat crecen. ¿Cuál crees que tendrá los estomas más pequeños y en menor número? ¿Cuál tendra los estomas más grandes y en mayor número? Justifica tus respuestas.

28. ★★☆ Busca fotografías de tres tipos de helechos distintos en la siguiente página web: **http://links.edebe.com/wbux**

— Copia las imágenes en un documento de texto e indica el nombre científico y el nombre común de las diferentes especies que hayas encontrado.

— Busca en la galería si en alguno de ellos se identifican los soros. Añádela al documento, señala estas estructuras y explica para qué sirven.

29. ★★☆ Lee este texto sobre los helechos y responde a las preguntas:

Son nada menos que 6 000 las especies de helechos que hoy crecen en todas las partes del mundo, sobre todo en las zonas ecuatoriales. Pero hace millones de años estas plantas proliferaban en número muy superior, y además alcanzaban dimensiones gigantescas. Durante el período carbonífero los bosques estaban especialmente dominados por los helechos arbóreos, cuyos gruesos troncos se transformaron con el tiempo en carbón fósil. En efecto, en el carbón, al igual que en muchas piedras arcillosas, se encuentran hoy todavía muchos vestigios de helechos fósiles.

En la actualidad, las dimensiones de los helechos son mucho más modestas. En las selvas tropicales se encuentran ejemplares de helechos de hasta 2 m de altura, pero en las regiones y los valles mediterráneos donde suelen desarrollarse, estas plantas no acostumbran a rebasar los 60 cm. Uno de nuestros helechos más hermosos es el culantrillo, planta de diseño foliar muy delicado, que crece en los lugares frescos y sombreados, por lo general entre las paredes rocosas donde fluye algún riachuelo.

http://lasmilrespuestas.blogspot.com.es/2012/06/cuando-median-los-helechos-gigantes-50.html

— ¿Por qué crees que en épocas antiguas abundaban más los pteridofitos en detrimento de los espermatofitos? ¿Por qué los helechos presentaban un tamaño mayor?

— ¿Piensas que existían todas las especies de espermatofitos actuales?

— ¿Qué significa que en el carbón actual existen vestigios de helechos fósiles?

— Busca imágenes del culantrillo en las que puedas identificar las frondes y los soros. Busca información acerca de las condiciones ambientales en las que puede vivir.

30. ★★☆ Explica las ventajas que presenta la observación de muestras en la lupa binocular respecto al microscopio óptico.

— ¿Qué diferencia principal encontramos entre la imagen que nos proporciona la lupa y la del microscopio óptico?

31. ★★☆ Imagina que estamos observando una muestra con lupa binocular, calcula los aumentos en caso de que el ocular fuera de 10 aumentos y el objetivo, de 2. ¿Y si el objetivo es 4x?

32. ★★☆ Además de la lupa binocular, seguro que conoces algún otro tipo de lupa. Descríbela y explica para qué tipo de observaciones se utiliza.

33. ★★☆ De estas muestras biológicas de plantas, di cuáles observarías con microscopio y cuáles con lupa binocular:

— Estomas
— Soros
— Cloroplastos
— Esporangios
— Pelos absorbentes de las raíces
— Semilla
— Filoide
— Célula vegetal

Pon a prueba tus competencias

1. ¿Es la región de Belén como habitualmente se representa en el pesebre? ¿Son necesarios los musgos y la nieve? Lee el siguiente texto sobre el tema y contesta las preguntas que se plantean a continuación:

Es una costumbre en Navidad montar el belén. El belén debe su nombre a la región en donde la Biblia sitúa el nacimiento de Jesús. Los belenes, tal como los conocemos hoy, comenzaron en el siglo XVI. Se trata de reproducir escénicamente el nacimiento de Jesús a través de la incorporación de figuras en las que se representan habitualmente el nacimiento en una cueva, la Anunciación a los pastores, la Adoración de los Reyes Magos, así como actividades de la vida cotidiana. La expresión, el colorido y las formas de las figuras son claves en esta representación y pueden tener un gran valor artístico. Para el paisaje, se utilizan elementos naturales como serrín, corcho y musgo, los cuales también toman una gran relevancia en recrear el escenario rural que representa el pesebre. Incluso hay quien simula nieve con corcho blanco y crea cascadas de agua y ríos caudalosos con papel de aluminio o similares.

Ahora, observa los climogramas de una región de montaña y de la región de Belén:

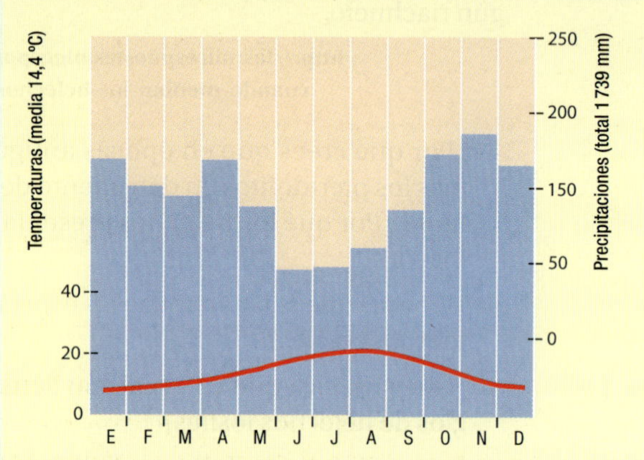

Climograma genérico de una región de montaña.

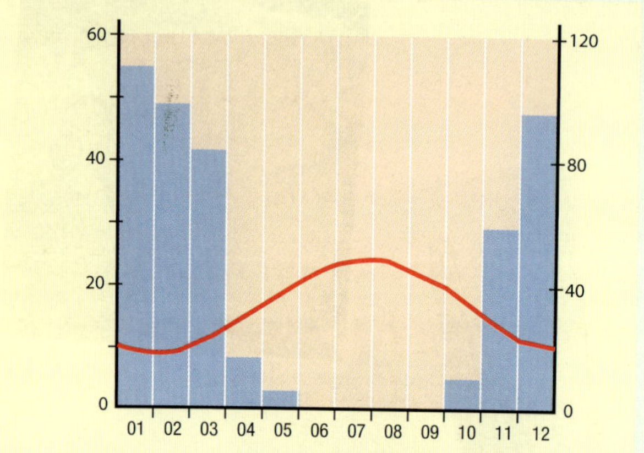

Climograma de la región de Belén.

1.1. ¿Cuáles son las temperaturas en la zona de montaña en el mes de diciembre? ¿Y en la región de Belén?

1.2. ¿Cuántos milímetros llueven como promedio en la zona de montaña en diciembre? ¿Y en la zona de Belén?

1.3. Si los musgos necesitan condiciones de elevada humedad para poder reproducirse, y por lo tanto crecer, ¿en cuál de estos dos ambientes será más fácil que podamos encontrar musgo?

1.4. Según la respuesta anterior, razona si utilizando musgo se recrea con fiabilidad el ambiente en el cual tuvo lugar el nacimiento de Jesús de Nazaret.

1.5. Di cuál de los siguientes climas crees que hay en la zona de Belén, teniendo en cuenta su climograma: tropical, mediterráneo o desértico.

1.6. Según la respuesta anterior, ¿crees que tiene sentido que se decore el portal de Belén con copos de nieve?

1.7. A consecuencia de su lento crecimiento y su importancia ecológica, algunas Administraciones de comunidades autónomas han considerado que existe la necesidad de regular la recolección del musgo en el entorno natural. Además, el musgo es el hábitat de pequeños invertebrados y ayuda a evitar la erosión del terreno.

Una de las normas que se han implantado en algunas comunidades es que la recolección solo se puede realizar desde el 15 de septiembre hasta el 15 de mayo. Teniendo en cuenta la información del climograma de montaña, ¿cuál crees que debe ser la causa de esta normativa?

1.8. Las normativas respecto a la recolección de musgo varían según las comunidades. Conociendo cómo se desarrollan los musgos y su importancia ecológica, valora cuáles deben ser los motivos de cada una de las siguientes normativas reguladoras de la recolección de musgo en la montaña:

a. No se puede recolectar musgo en zonas protegidas por la Administración.

b. No se puede recolectar musgo de un bosque en el que se haya producido un incendio hace menos de 10 años.

c. Una familia como máximo puede recolectar hasta 4 m^2 en fragmentos de tamaño inferior a 1 m^2.

2. En este texto conoceremos algunas de las propiedades medicinales de los equisetos. Completa las actividades posteriores.

La planta conocida como cola de caballo recibe el nombre científico de *Equisetum arvenses.* El nombre científico del género *Equisetum* proviene de los términos latinos *equus* ('caballo') y *setum* ('pelo de caballo'). *Arvenses significa* 'vive en el campo'.

Estas plantas crecen cerca de zonas con elevada humedad, como fuentes, arroyos, acequias, ríos, y en el borde de paredes con humedad. Pueden alcanzar hasta 60 cm de altura. Pero esto no siempre fue así, en el registro fósil de equisetos se han encontrado evidencias de que llegaron a alcanzar los 20 metros de altura.

A la cola de caballo se le atribuyen muchas cualidades medicinales: diurética, antiinflamatoria, antihemorrágica, fijadora del calcio..., propiedades que se utilizan en tratamientos de medicina natural.

La cola de caballo es una de las especies más diuréticas conocidas; es decir, promueve que el organismo elimine más agua, pudiendo aumentar hasta un 30 % dicha eliminación mediante la producción de orina.

Por su alto contenido en silicio, que ayuda a fijar el calcio, se recomienda en caso de fracturas de hueso y de osteoporosis. El equiseto también es un buen remedio para detener las hemorragias.

2.1. Observa la imagen del *Equisetum arvenses.* ¿A qué crees que se debe su nombre científico?

a. Los caballos comen habitualmente esta planta.
b. Esta planta se utiliza para peinar la cola de los caballos.
c. Su forma recuerda la cola de los caballos.

2.2. Si una persona orina 1,5 litros diarios, ¿qué volumen máximo esperaríamos obtener si tomara cola de caballo?

2.3. Según sus propiedades, indica en cuáles de las siguientes situaciones se podría utilizar cola de caballo:

a) Reglas demasiado abundantes (metrorragia).
b) Insomnio.
c) Sangrados frecuentes de nariz.
d) Miopía.

2.4. Lo que para algunas personas puede resultar beneficioso para otras, con ciertas patologías, podría no ser bueno. ¿Cuáles de los siguientes pacientes no deberían tomar cola de caballo?

a. Un paciente con problemas de corazón.
b. Un paciente con problemas de riñón.
c. Un paciente con un resfriado.

2.5. ¿Cómo crees que se puede saber si la planta tiene una elevada concentración de sales minerales como los derivados del silicio?

a) Se pesa la planta en el momento de cortarla.
b) Se seca la planta y se pesa entonces.
c) Se quema la planta y se pesan sus cenizas.

2.6. De las siguientes épocas que a continuación se explican en cuál crees que se pudieron encontrar estos equisetos:

a) A principios del **Eoceno,** período en el que las altas temperaturas calentaron los océanos y crearon un ambiente húmedo y caluroso, donde se podían encontrar bosques que se extendían de polo a polo. Excepto las regiones desérticas más secas y extremas, la Tierra se encontraba completamente cubierta de bosques.
b) Durante el **Plioceno,** momento en que el clima se volvió más frío, seco y estacional, similar a los climas modernos.
c) En el **Holoceno,** cuando el clima mundial era muy probablemente entre 0,5-3 °C más cálido de lo que es actualmente.

Reflexiona

Diario de aprendizaje

— ¿Sobre qué contenidos de los estudiados en la unidad te gustaría profundizar tu conocimiento?

— ¿Hay algún contenido de la unidad que te haya costado especialmente entender? En caso afirmativo, ¿qué tipo de actividades te ayudarían a comprenderlo mejor?

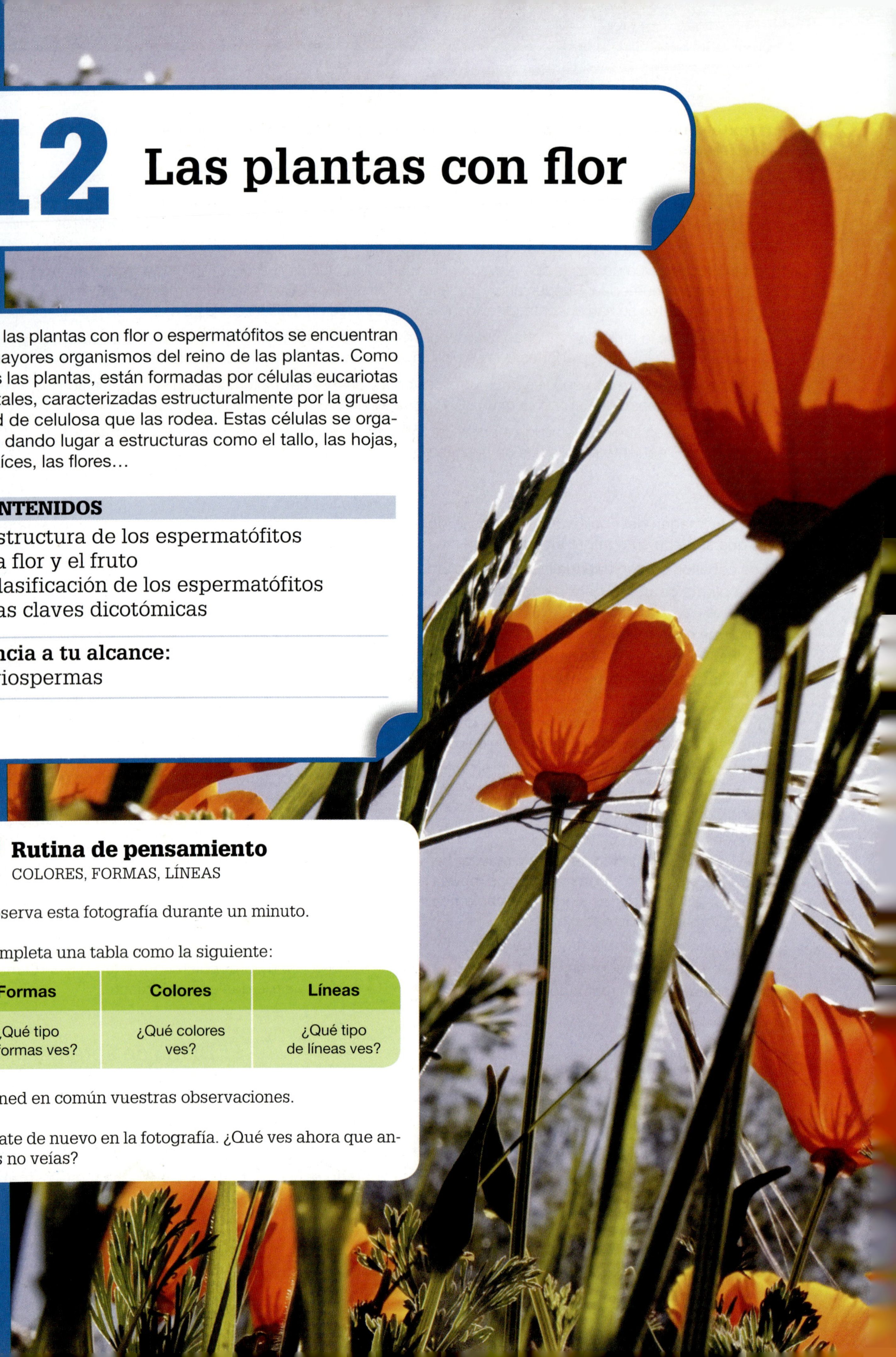

12 Las plantas con flor

Entre las plantas con flor o espermatófitos se encuentran los mayores organismos del reino de las plantas. Como todas las plantas, están formadas por células eucariotas vegetales, caracterizadas estructuralmente por la gruesa pared de celulosa que las rodea. Estas células se organizan dando lugar a estructuras como el tallo, las hojas, las raíces, las flores…

CONTENIDOS

Rutina de pensamiento

COLORES, FORMAS, LÍNEAS

- Observa esta fotografía durante un minuto.
- Completa una tabla como la siguiente:

Formas	Colores	Líneas
¿Qué tipo de formas ves?	¿Qué colores ves?	¿Qué tipo de líneas ves?

- Poned en común vuestras observaciones.
- Fíjate de nuevo en la fotografía. ¿Qué ves ahora que antes no veías?

@ **www.botanical-online.com**

Para poder observar la diversidad de formas que presentan los espermatófitos puedes consultar esta web especializada en botánica.

1. Estructura de los espermatófitos

Los espermatófitos son el grupo de plantas mejor adaptado al medio terrestre. De hecho, del reino de las plantas, son el grupo que mejor toleran la falta de humedad. Están formados por raíz, tallo y hojas; es decir, tienen estructura de **cormo.**

> Los **espermatófitos** son plantas con estructura de cormo que se reproducen mediante semillas.

La estructura de cormo permite la adaptación de los espermatófitos al medio terrestre gracias a la existencia de **raíces,** la presencia de una **cutícula impermeable** y de un sistema de **vasos conductores.** Además, el sistema reproductor de los espermatófitos también está adaptado a la escasez de agua.

1.1. La raíz

La raíz es la parte de la planta que crece hacia el interior de la tierra, y tiene las siguientes funciones:

- Fijar el organismo al suelo.
- Absorber agua y sales minerales para la nutrición de la planta.

Si estudiamos la raíz con atención, podemos distinguir estas partes:

Región suberosa

Es la zona donde se producen las ramificaciones laterales de la raíz.

Región lisa

En esta zona, las células se dividen constantemente; así, la raíz crece en longitud, penetrando en el suelo.

Región pilífera

En esta zona de la raíz, las células externas presentan prolongaciones hacia el exterior, también llamadas **pelos absorbentes,** que sirven para absorber agua y sales minerales.

Cofia

Es el ápice de la raíz y también su zona más dura. Permite que la raíz se abra paso en el suelo sin que se dañen los tejidos.

Raíz axonomorfa

Raíz fasciculada

Raíz napiforme

El conjunto de las raíces de una planta puede tener diferentes formas. Las más habituales son:

Axonomorfas. La raíz principal está muy desarrollada y constituye el eje a partir del cual salen las ramificaciones. La presenta, por ejemplo, el rosal. Un caso especial de raíces axonomorfas son las denominadas **raíces napiformes,** en las que la raíz principal es muy gruesa porque acumula sustancias de reserva. Podemos observarla en los nabos y las zanahorias.

Fasciculadas. No existe raíz principal, sino que todas las ramificaciones están igual de desarrolladas.

1.2. El tallo

El tallo sostiene las hojas y constituye, con ellas, la parte aérea de la planta. El tallo aporta firmeza y solidez a la planta, y posibilita el transporte hacia todo el organismo de diferentes sustancias gracias a los vasos conductores. Estos vasos se encuentran a lo largo del tallo, y también se extienden por la raíz y las hojas.

Los vasos conductores

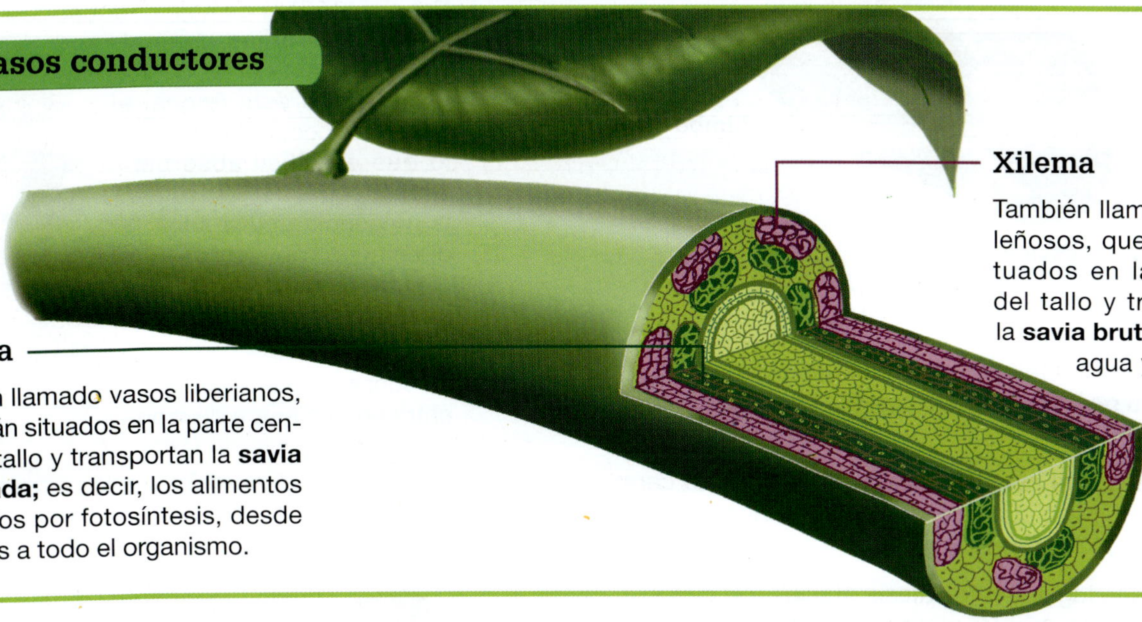

Floema

También llamado vasos liberianos, que están situados en la parte central del tallo y transportan la **savia elaborada;** es decir, los alimentos obtenidos por fotosíntesis, desde las hojas a todo el organismo.

Xilema

También llamado vasos leñosos, que están situados en la periferia del tallo y transportan la **savia bruta,** es decir, agua y sales minerales, desde la raíz hacia las hojas.

En el extremo superior del tallo, o **ápice,** encontramos la **yema terminal,** que es la responsable del crecimiento en longitud del tallo y de la formación de las nuevas hojas.

A lo largo del tallo distinguimos los **nudos.** Se trata de unas zonas más gruesas donde se insertan las hojas. En los nudos también se encuentran las **yemas axilares,** a partir de las cuales se forman los tallos secundarios. El espacio entre dos nudos se llama **entrenudo**.

La longitud y el grosor del tallo son muy variables según la especie de que se trate. Algunos espermatófitos trepadores llegan a tener tallos de más de 200 m de longitud, como las lianas, y existen árboles cuyos troncos superan los 12 m de diámetro, como los baobabs.

Según su consistencia, los tallos pueden ser:

- **Herbáceos,** cuando son tiernos y algo frágiles. Constituyen las hierbas.
- **Leñosos,** cuando son endurecidos y resistentes. Constituyen los árboles y los arbustos.

Actividades

1. Compara las características de los espermatófitos con las de los pteridófitos y señala sus semejanzas y sus diferencias.
2. Explica la función que desempeñan las siguientes partes de la raíz y del tallo de los espermatófitos: yema terminal, cofia, región pilífera, nudo, región lisa.
3. Cita qué tipos principales de raíz y tallo podemos observar en los espermatófitos e indica sus diferencias.
4. Describe en qué se diferencia el xilema del floema de un espermatófito.
   — Dibuja un tallo con algunas hojas y un trozo de raíz, e indica con flechas de distinto color la circulación de la savia elaborada y de la savia bruta.

1.3. La hoja

Las hojas son estructuras de forma laminar y de color verde que crecen en el tallo y en sus ramificaciones.

Externamente, distinguimos en la hoja las siguientes partes:

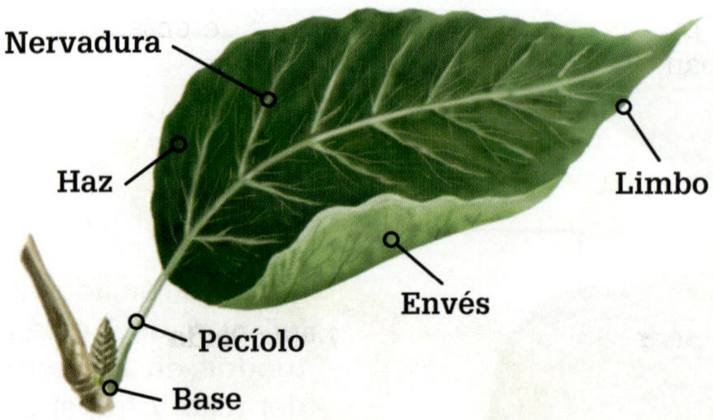

- La hoja se sujeta al tallo mediante una estructura resistente llamada **pecíolo.** Su parte inferior recibe el nombre de **base.**
- El **limbo** es la parte plana y delgada de la hoja. La cara superior, la que tiene contacto directo con la luz solar, se denomina **haz,** y la inferior, **envés.**

En las hojas tiene lugar la fotosíntesis gracias a la clorofila contenida en sus células, un pigmento verde que da a las hojas su color característico.

Para realizar la fotosíntesis, las células de las hojas utilizan la luz procedente del sol, el dióxido de carbono y el agua.

El dióxido de carbono (CO_2) llega a las células con el aire que entra en el interior de la hoja a través de los **estomas.** Estos son unos orificios situados en la superficie de la hoja. Están delimitados por un grupo de células que regulan su abertura y controlan la entrada y la salida de diversas sustancias.

El agua es transportada desde la raíz hasta la hoja a través de los vasos conductores. Estos vasos recorren la hoja formando una red visible a simple vista, la **nervadura.**

Recambio foliar

Dependiendo de si mantienen o no el follaje durante la estación desfavorable, distinguimos dos tipos de espermatófitos:

- **Espermatófitos de hoja caduca.** Pierden las hojas, normalmente, durante el otoño y el invierno. En esta época, el suelo está congelado, por lo que es difícil absorber agua y nutrientes. Además, la presencia de luz solar disminuye, por lo que el ritmo de fotosíntesis se reduce y se produce menos energía.

  En consecuencia, el árbol entra en una etapa de reposo invernal y pierde las hojas para no desperdiciar energía.

- **Espermatófitos de hoja perenne.** Pueden tener hojas durante todo el año, ya que, o bien viven en zonas de clima favorable o bien sus hojas presentan otras adaptaciones para soportar el frío. Por ejemplo, el abeto tiene las hojas cubiertas de cera, así protege los tejidos de las bajas temperaturas.

Experimenta

Los nervios de la hoja

Para observar la estructura de la nervadura de una hoja, podemos seguir estos pasos:

— Situaremos una hoja sobre una superficie plana con el envés hacia arriba y la cubriremos con un folio de papel blanco.

— Con una mano presionaremos ligeramente sobre el papel y con la otra pasaremos un lápiz de poca dureza por encima de la hoja de forma que todo el folio quede pintado. El relieve de la nervadura hará que esta aparezca más contrastada que el resto de la hoja. Si realizamos este proceso con diferentes tipos de hoja, podremos comparar distintos modelos de nervadura.

Clasificación de las hojas

Podemos clasificar las hojas según diferentes características: la forma del limbo, la de su borde y la nervadura:

Nervadura

Existen tres tipos principales de nervadura según exista un nervio principal, varios o ninguno.

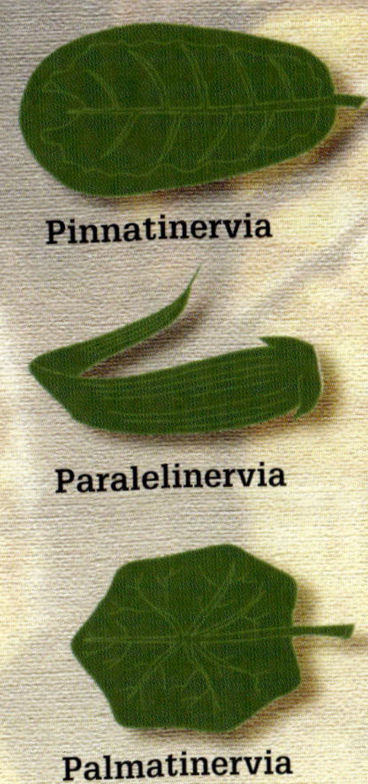

Forma

El limbo puede adoptar muchas formas diferentes, que se agrupan en seis grandes tipos.

Borde

Los márgenes del limbo pueden tener entradas más o menos pronunciadas. Normalmente, el limbo de las hojas está formado por una sola pieza y decimos que se trata de una **hoja simple.** Cuando una entrada del borde de la hoja es tan profunda que llega a tocar el nervio, puede parecer que son varias hojas unidas, aunque en realidad se trata de una única **hoja compuesta.**

Actividades

5. Explica por qué algunos árboles pierden las hojas en las épocas más desfavorables. Busca algún ejemplo de planta de hoja caduca.

6. Busca información sobre los siguientes espermatófitos y describe el tipo de raíz, tallo y hojas que presentan:

tulipán - pino - judía común - olivo - trigo

A diferencia de los espermatófitos, los briófitos y los pteridófitos se reproducen mediante esporas.

2. La flor y el fruto

En el cormo de los espermatófitos se desarrolla la **flor,** el órgano encargado de la reproducción de la planta. En la mayoría de los casos, la flor se transforma en un **fruto** que contiene las **semillas.** A partir de las semillas, se originan los nuevos individuos.

2.1. La flor

Cuando las condiciones meteorológicas son favorables, el espermatófito inicia su floración. En nuestras latitudes, la mayoría de las plantas florece con la llegada de la primavera. Sin embargo, existen plantas que florecen en otras épocas del año.

Partes de la flor

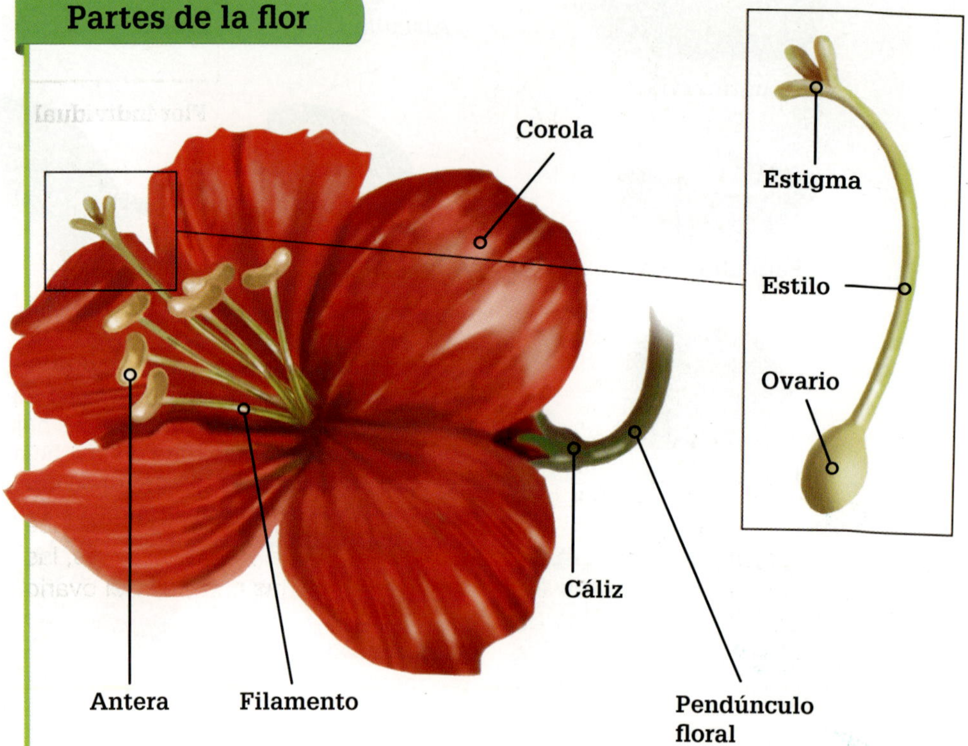

En la flor distinguimos tres partes: el *gineceo*, el *androceo* y el *perianto.*

- El **gineceo** es la parte femenina de la flor y se compone de uno o varios **pistilos.** A su vez, los pistilos se dividen en el **estigma,** el **estilo** y el **ovario.** Este último contiene los óvulos, o células reproductoras femeninas.
- El **androceo** es la parte masculina de la flor. Está compuesto por **estambres** en los que se distinguen el **filamento** y la **antera.** En esta se encuentran los granos de polen, o células reproductoras masculinas.
- El **perianto** consiste en el conjunto de envolturas que protegen y ornamentan la flor. Habitualmente consta de una **corola,** formada por **pétalos** de vivos colores; un **cáliz,** formado por **sépalos** de color verde, y un **pedúnculo floral** que une la flor al tallo.

Las **flores unisexuales,** como las del roble, pueden ser masculinas si solo poseen androceo, o bien, femeninas cuando únicamente presentan gineceo. Las **flores hermafroditas,** como algunas flores del papayo, presentan androceo y gineceo.

La floración

No todas las plantas florecen en primavera. Plantas como la azucena *(Lilium sp.)*, que lo hace en verano, o la mimosa *(Acacia dealbata)*, que florece entre enero y marzo, son algunos ejemplos de ello.

El color intenso que presentan muchas flores sirve para atraer a insectos y otros animales con el fin de que transporten el polen de una flor a otra y así favorecer la reproducción de las plantas.

Muchas veces las flores de los espermatófitos se encuentran formando grupos. Estas agrupaciones son las **inflorescencias,** que en muchos casos adoptan el aspecto de una única flor, como la margarita, en la que, al fijarnos atentamente, vemos que está compuesta por muchas pequeñas flores.

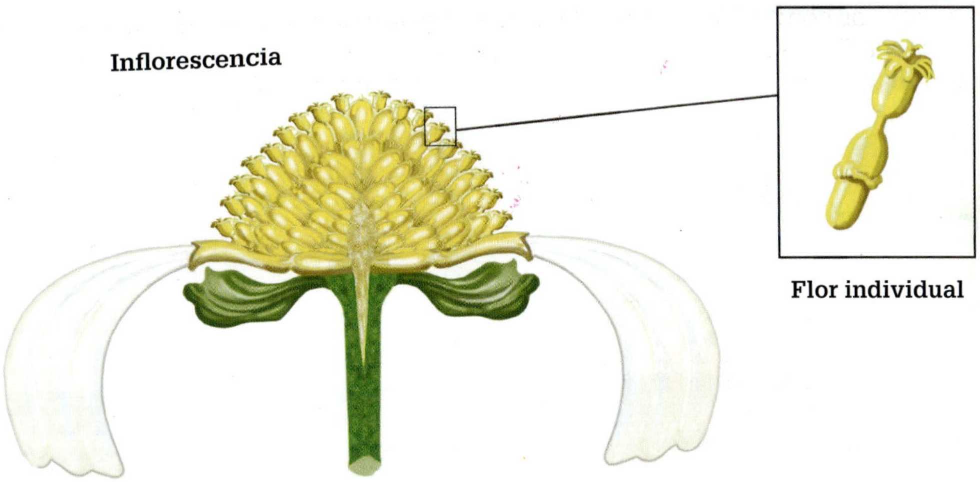

Margarita

2.2. El fruto

El fruto se desarrolla a partir de la polinización de la flor. En este proceso, el polen se desprende de la antera y llega al ovario. A partir de ese momento, se produce la fecundación. En consecuencia, la flor perderá los pétalos y los estambres, las células del interior del ovario darán lugar a las semillas, y las paredes del ovario crecerán alrededor de estas, formando el pericarpio.

Dispersión del polen

Existen diferentes maneras de dispersar el polen para que este llegue a un pistilo. La dispersión puede darse básicamente por el viento o mediante algunos animales. En este caso, el polen se adhiere en alguna parte del cuerpo del animal y se desprende más tarde.

Algunos insectos, como las abejas (súperfamilia *Apoidea*), o algunas aves, como los colibríes (subfamilia *Trochilinae*), se alimentan del néctar de la flor, hecho que favorece el contacto con el polen.

A algunos pequeños mamíferos, como los roedores, el polen se les queda pegado en el pelo.

Partes del fruto

En el fruto diferenciamos dos partes: la **semilla,** que dará lugar a una nueva planta, y el **pericarpio,** que la envuelve. Dentro de la semilla, a su vez, distinguimos el embrión, el albumen y los tegumentos.

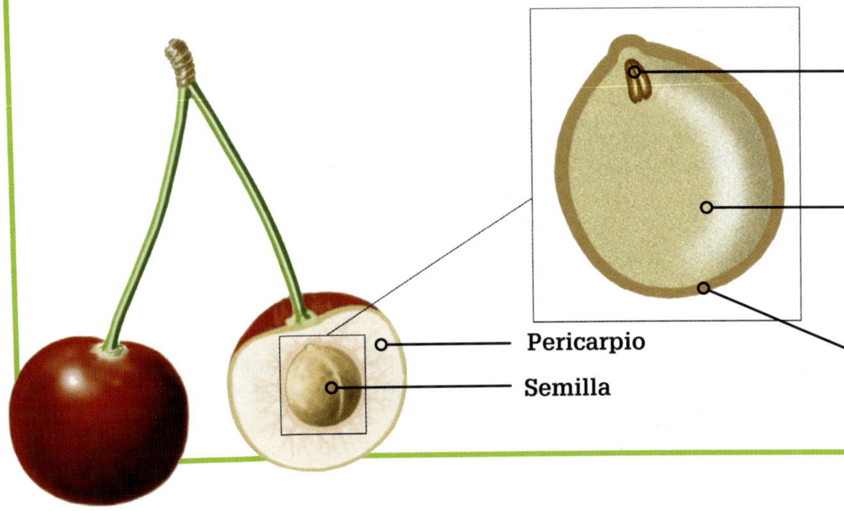

El **embrión** es un conjunto de células que, una vez la semilla ha caído al suelo, se multiplican y dan lugar a la nueva planta.

El **albumen** es un conjunto de sustancias que alimentan al embrión durante los primeros días que la semilla germina.

Los **tegumentos** forman una cubierta que protege la semilla del exterior.

Según las características del pericarpio, existen principalmente dos tipos de frutos:

- Los **frutos secos** son aquellos que presentan un pericarpio seco y duro.
- Los **frutos carnosos** tienen un pericarpio carnoso.

Dentro de estos dos grandes grupos de frutos, encontramos una enorme variedad de formas, de número de semillas en cada fruto... Conozcamos algunos ejemplos:

Actividades

@ **7.** Completa el siguiente esquema sobre las partes de una flor hermafrodita. Puedes hacerlo *online* con la herramienta **https://cacoo.com/**

Flor hermafrodita
- Gineceo: .... { ....; Estilo; .... }
- .... : Estambres { ....; .... }
- Perianto { .... : Pétalos; .... : .... }
- Pedúnculo floral

8. Según la presencia del androceo y el gineceo, ¿cuántos tipos de flores diferentes podemos encontrar?

9. Relaciona las siguientes características de las células con la parte de la semilla a la que hacen referencia:

a) Sus células son muy duras y rígidas.

b) Sus células pueden dividirse y crecer.

c) Sus células contienen sustancias muy nutritivas.

10. Cuando un fruto tiene muchas semillas, ¿quiere decir que proviene de una inflorescencia? Razona tu respuesta.

3. Clasificación de los espermatófitos

A partir del análisis de las características que presentan los espermatófitos, estos se clasifican en dos grandes grupos: las *gimnospermas* y las *angiospermas*.

3.1. Las gimnospermas

Las **gimnospermas** son plantas de tallo leñoso y hojas pequeñas y perennes.

Sus flores son unisexuales, sin perianto y difíciles de distinguir, pero, generalmente, las flores masculinas y las femeninas se encuentran en el mismo organismo.

Las semillas de las gimnospermas no se hallan en el interior del fruto, por lo que se dice que tienen las semillas desnudas. Muchas veces, las semillas están protegidas por una estructura leñosa y con forma de cono denominada *piña.*

Ágora

La madera es un recurso natural cuya utilización representa numerosas ventajas. No obstante, su explotación excesiva puede conllevar la deforestación de bosques.

— Elaborad una lista de aplicaciones de la madera, así como de las ventajas de su uso.

— ¿Cómo podemos asegurarnos de consumir madera que provenga de la tala controlada?

Formación de una piña

Dentro de la inflorescencia masculina se forman los granos de polen que llegarán hasta la inflorescencia femenina empujados por el viento.

La inflorescencia femenina puede estar en el mismo árbol o en otro diferente.

Cuando llega el polen a la inflorescencia femenina, se produce la fecundación, cuyo resultado es la formación del embrión y el posterior desarrollo de la piña.

La piña contiene las semillas que son los piñones.

Este grupo de plantas está compuesto por más de 800 especies distintas, entre las cuales destacan algunas tan comunes como estos ejemplos:

En general, las gimnospermas son plantas adaptadas a vivir en climas moderados o fríos.

El nombre de *gimnospermas* deriva de los vocablos griegos *gymno,* que significa 'desnudo', y *sperma,* que significa 'semilla'; es decir, 'semilla desnuda'.

El nombre de *angiospermas* deriva de los vocablos griegos *angeio,* que significa 'vaso', y sperma, que significa 'semilla'; es decir, 'semilla contenida en un vaso'.

3.2. Las angiospermas

El grupo de las **angiospermas** está formado por plantas que presentan tallos leñosos o herbáceos, entre las que encontramos tanto especies de hoja perenne como de hoja caduca.

Estas plantas pueden tener flores unisexuales o hermafroditas, pero todas se caracterizan por poseer ovario con pared, que encierra y resguarda los óvulos. Por esta razón, en las angiospermas la semilla queda envuelta y protegida por un fruto, mientras que en las gimnospermas la semilla queda libre.

Flor del melocotón

Fruto

Las angiospermas constituyen el grupo de plantas más numeroso, con cerca de 250 000 especies diferentes.

Dentro de las angiospermas, destacan dos grandes grupos de plantas: las *monocotiledóneas* y las *dicotiledóneas*.

- Las **monocotiledóneas** son un grupo de angiospermas caracterizado porque tienen un único cotiledón. Los cotiledones son cada una de las hojas que se observan en el embrión de la planta. Así pues, cuando una semilla de las monocotiledóneas se desarrolla para formar una nueva planta, solamente aparece una primera hoja.

  Este grupo está compuesto por unas 65 000 especies diferentes, de las cuales la mayoría son hierbas.

  La raíz de estas plantas es fasciculada, sus hojas son, habitualmente, paralelinervias y con el limbo entero, y sus flores suelen tener un número de sépalos y pétalos múltiplo de 3.

  Entre las monocotiledóneas, se incluyen algunas muy conocidas, como las gramíneas, el grupo de plantas más importante en la alimentación del ser humano.

- Las **dicotiledóneas** son un grupo de angiospermas que presenta dos cotiledones, de modo que al desarrollarse la nueva planta del embrión aparecen dos hojas.

  Representan la mayoría de los angiospermas, con cerca de 175 000 especies, entre las que encontramos tanto árboles y arbustos, como hierbas.

Monodicotiledóneas

El embrión, durante su germinación, presenta un único cotiledón:

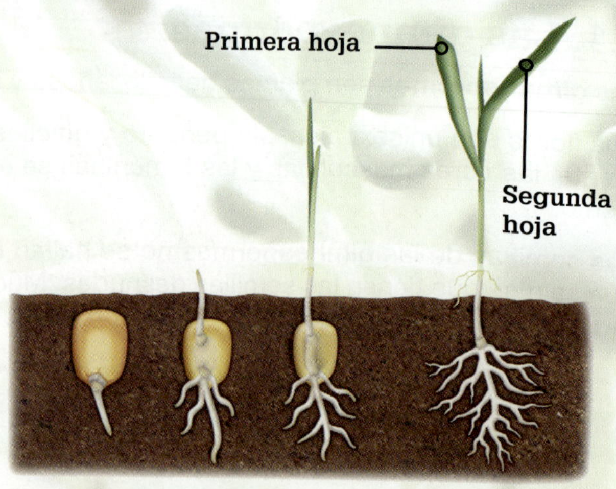

Dicotiledóneas

Durante la germinación del embrión, salen dos hojas que provienen de dos cotiledones previos:

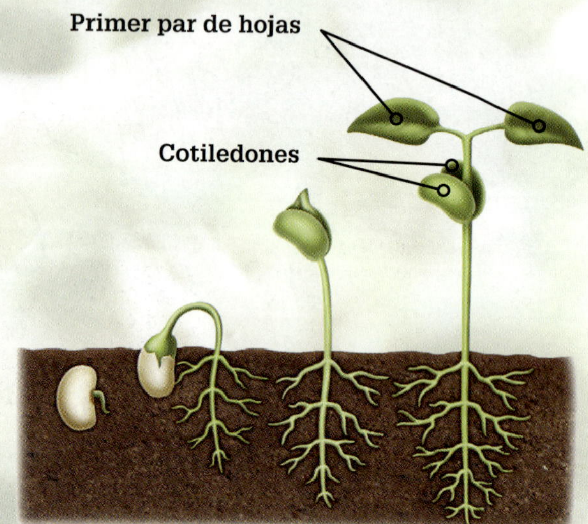

Estas plantas suelen presentar raíces axonomorfas, sus hojas tienen características muy variadas, y, por lo común, la flor posee un número de sépalos y pétalos múltiplo de 4 o de 5.

El estudio de la flor ha permitido agrupar las dicotiledóneas en diferentes grupos. Entre las utilizadas por el ser humano destacan las rosáceas, cultivadas en jardinería y para la producción de frutas como la manzana o la cereza, y las leguminosas, muy empleadas en alimentación.

Gramíneas

Maíz

Liliáceas

Tulipán

Arecáceas

Palmera cocotera

Orquídeas

Orquídea

Rosáceas

Cerezo

Cactáceas

Chumbera

Compuestas

Diente de león

Leguminosas

Soja

Labiadas

Romero

Umbelíferas

Hinojo

Oleáceas

Olivo

Fagáceas

Haya

Actividades

@ **11.** Elabora un mapa mental con las características y los diferentes grupos de las angiospermas. Puedes utilizar la herramienta **http://examtime.com/**

12. Indica a qué grupo de angiospermas pertenecen las legumbres y los cereales, y compara sus características.

13. Explica con tus palabras qué son los cotiledones.

14. Busca información y clasifica las siguientes plantas según sean gimnospermas o angiospermas:

edelweiss - pinsapo - girasol - magnolia - cedro

— ¿Cuál es la principal diferencia entre ambos grupos?

INVESTIGA: La estructura floral

Introducción

En esta práctica conoceremos con más profundidad la estructura de la flor y sus partes principales. Para poder observar el androceo y el gineceo hemos escogido la flor de la azucena porque es una flor hermafrodita fácil de encontrar en una floristería.

Para la identificación de determinadas especies de plantas, a menudo es necesario efectuar un estudio de su estructura o esquema floral, es decir, un análisis de la disposición y el número de los diferentes componentes de la flor.

Aunque en este caso la azucena nos sirva de modelo, debes recordar que cada especie presenta una flor de características diferentes. Para comprobar la diversidad, puedes repetir el mismo proceso con otro tipo de flores ornamentales.

Material

- Flor de azucena *(Lilium sp.)*
- Pinzas
- Tijeras
- Papel de periódico
- Cartulina
- Pegamento
- Prensa o un par de libros gruesos

Procedimiento

La flor es una estructura muy sensible. Cuando la manejes, hazlo siempre de forma cuidadosa y con pinzas.

— Toma la flor y separa los pétalos con las pinzas.

— Coloca los pétalos sobre la cartulina de forma circular.

— Corta con las tijeras todos los estambres y colócalos en un círculo interior al anterior.

— Finalmente, corta el pistilo y disponlo en el centro de la cartulina.

— Coloca papel de periódico sobre el conjunto y prénsalo con la prensa o colocando un par de libros gruesos encima.

— Cuando estén secos los componentes florales, pégalos en la cartulina y señala el nombre y las características de cada una de las partes de la flor.

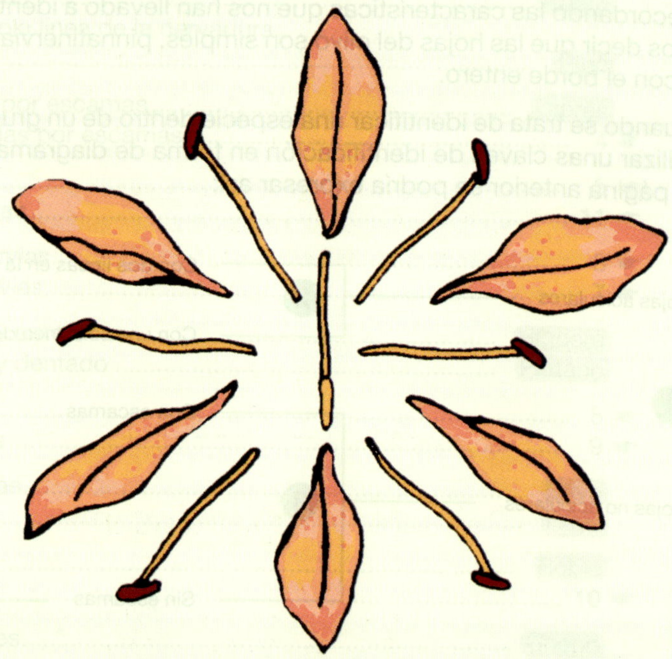

— Observa con atención y describe la simetría que presenta tu esquema floral.

Actividades

a. Mide con una regla la longitud y la anchura de cada componente floral y anota los datos en tu cuaderno.

b. Describe la flor a partir del resultado del esquema floral y explica si se trata de una flor hermafrodita o unisexual.

c. ¿Has tenido algún problema con la manipulación de la flor? ¿Qué parte es la más frágil?

d. Para observar otros tipos de estructura floral, repite esta misma práctica con otras flores, como, por ejemplo, el lirio.

PROFUNDIZA

La posidonia

La oferta turística de las islas Baleares se ha centrado básicamente en la demanda del espacio físico, teniendo hasta el momento un claro dominio litoral [...]. En el caso de la isla de Menorca los espacios litorales, playas y calas, constituyen un importante recurso turístico y económico. La presión turística y recreativa que sobre ellos se da, concentrada en períodos estivales, genera importantes impactos ambientales. Un elevado porcentanje de estos impactos nace de la falta de conocimiento por parte de agentes económicos, sociales y organismos políticos que gestionan estos espacios litorales y desconocen sus características y dinámica natural. [...]

[...] Entre estos impactos destaca la extracción sistemática de restos de hojas muertas de *Posidonia oceanica* acumuladas sobre la playa. Estas extracciones son motivadas por la gran afluencia de usuarios, turistas y residentes, que interpretan la presencia de restos vegetales como suciedad y molestia [...]

[...] El desconocimiento de los valores ambientales y naturales de los espacios litorales frecuentados de Menorca, por parte de los usuarios, residentes y visitantes, se ha convertido a lo largo del tiempo en un problema de transformación del medio litoral con una pérdida de superficie y volumen de playa, así como balances negativos de sedimento por la retirada masiva de las banquetas de posidonia en las playas y calas más frecuentadas.

http://links.edebe.com/qki73n
Web del Observatorio Socioambiental de Menorca

- **Busca información en la página** http://links.edebe.com/chr **y responde:**
  - **a) ¿Qué tipo de planta es la posidonia? ¿En qué zonas está presente?**
  - **b) ¿Qué importancia tiene en los ecosistemas en los que se encuentra? ¿Qué acciones amenazan su superviviencia?**
- **Ahora, lee el texto de la izquierda y responde:**
  - **c) ¿Por qué crees que los espacios litorales son el principal recurso económico turístico?**
  - **d) ¿Por qué son retirados los restos de posidonia de las playas y calas? ¿Es una acción positiva o negativa para el medio ambiente?**
  - **e) Comenta el último párrafo del texto de la izquierda.**
  - **f) ¿Cómo se podría evitar la retirada de restos de posidonia de las playas?**

Cre@ctividad: Captura de imágenes

En Internet no te será difícil encontrar vídeos que hablen de la reproducción de las plantas con flor. Con dichos vídeos podrás complementar la información que te ofrece esta unidad. En esta actividad debes buscar en Internet y seleccionar un vídeo que hable de este tema. A continuación, tendrás que crear un documento de texto con Google Docs y redactar un breve resumen del contenido del vídeo, en un máximo de tres hojas.

Para completar el resumen, tienes que incluir un mínimo de cuatro capturas de pantalla de fotogramas del vídeo que consideres significativas para la explicación expuesta. De cada uno de los fotogramas, debes redactar un breve texto que indique qué representa.

Existen diversos programas y varios modos de efectuar capturas de pantalla. Por ejemplo, puedes utilizar la aplicación LightShot o otra similar, que, previamente habrás instalado en el ordenador.

Una vez introducidas las capturas de pantalla y el texto en el documento de Google Docs, deberás compartir este documento con el usuario de Google que tu profesor o profesora te indique.

SÍNTESIS

- Para resumir la unidad, completa en tu cuaderno el siguiente esquema de la morfología de los espermatófitos.

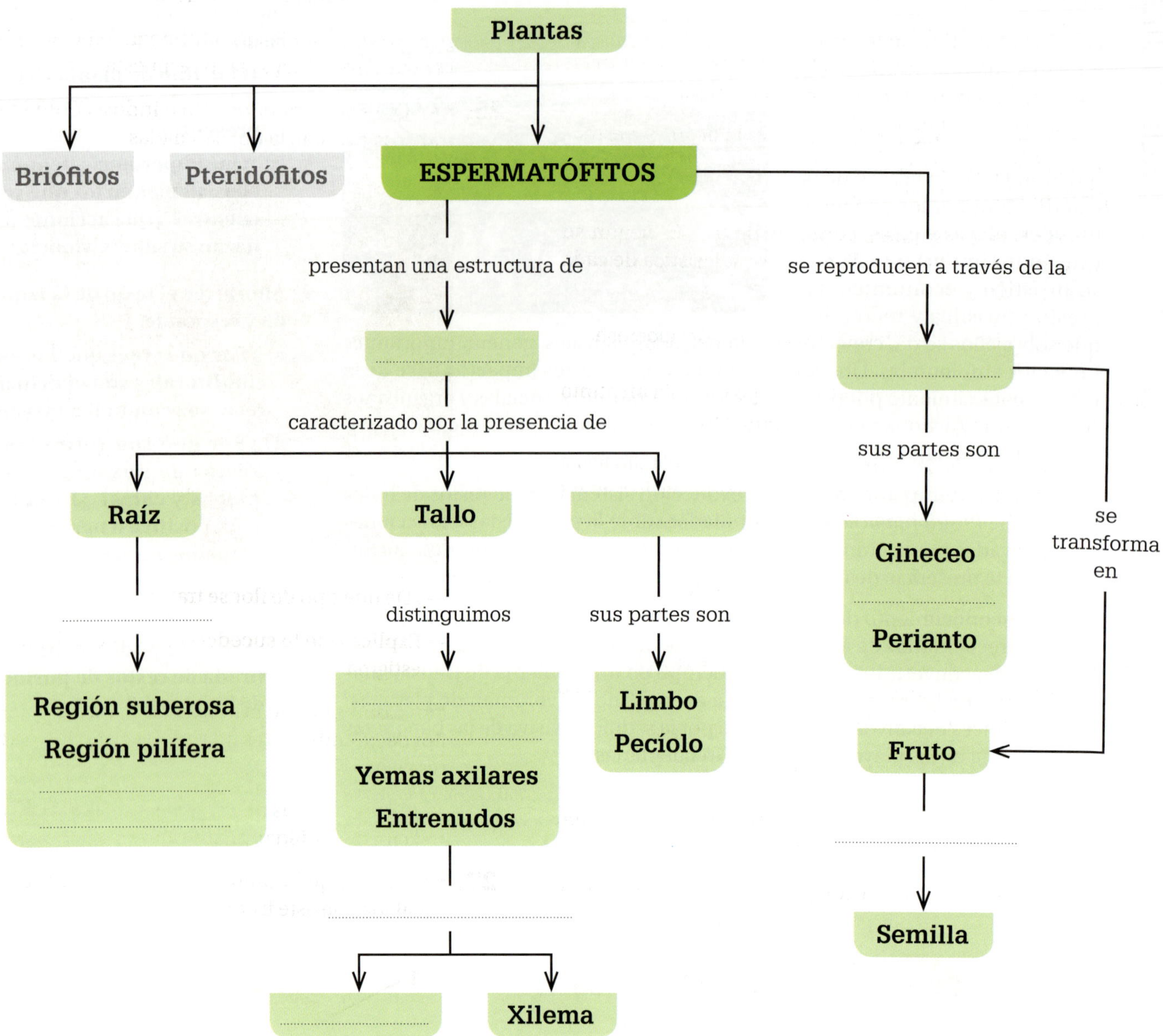

— Amplía en tu cuaderno la parte del esquema referente a la flor para que aparezcan los siguientes conceptos: sépalos, pétalos, estigma, pistilo, polen, antera, ovario, filamento y estilo.

— Confecciona un esquema de llaves en el que aparezca la clasificación de los distintos grupos de plantas que has estudiado en esta unidad y en la anterior. Incluye en él la solución de la actividad 11.

— Añade al esquema los tipos de hojas y pon un ejemplo de planta para cada tipo.

— Amplía la parte del esquema referente al fruto mencionando todos sus componentes.

Actividades finales

17. ★★☆ Compara los siguientes elementos en los briófitos, los pteridófitos y los espermatófitos.

- Cutícula
- Raíz/rizoide
- Órgano reproductor

— ¿Qué grupo de plantas, de los citados en el enunciado, podrá resistir mejor la escasez de agua?

18. ★☆☆ Razona por qué motivo la cutícula de los espermatófitos tiene que presentar estomas y no puede ser completamente impermeable.

19. ★☆☆ Ordena las siguientes partes de la raíz, según su proximidad al tallo, y explica una característica de cada una de ellas:

región lisa - región pilífera - cofia - región suberosa

20. ★☆☆ Dibuja una hoja saliendo del tallo y señala un punto de esta en el que se realice la fotosíntesis.

— Pinta de color azul un vaso leñoso desde el tallo hasta el punto marcado anteriormente y colorea de rojo un vaso liberiano. Indica en qué sentido fluye la savia de cada vaso.

— ¿Qué nombre reciben los vasos conductores que recorren la hoja?

21. ★★☆ Clasifica los siguientes componentes según se encuentren mayoritariamente en el xilema, en el floema o en ambos tipos de vasos.

agua - glúcidos - sales minerales

22. ★☆☆ Explica qué elementos de los espermatófitos pueden crecer a partir de una yema, sea esta terminal o axilar.

23. ★★☆ Observa la siguiente fotografía e indica qué nombre recibe cada una de las partes señaladas:

— Describe el borde, la forma y la nervadura de esta hoja.

— Explica cuál es la función que desempeña la nervadura de las hojas.

24. ★★☆ Una persona observa con tristeza que las hojas de su rosal están siendo comidas por las orugas. Decide forrar todas las hojas con papel transparente y adherente para que las orugas no lleguen a morder las hojas y estas sigan recibiendo los rayos del sol.

¿Crees que ha aplicado una buena solución? ¿Qué le sucederá al rosal? Razona tu respuesta.

25. ★★☆ Observa esta fotografía e indica cómo se denominan las partes de la flor señaladas:

— ¿De qué tipo de flor se trata?

— Explica qué le sucedería a la flor si llegase polen al estigma.

26. ★★☆ Comenta qué utilidad tiene para la planta que la flor desprenda olores fuertes y sus pétalos sean de colores vivos.

— ¿Conoces otros mecanismos de las flores que tengan la misma utilidad? Explícalos.

27. ★★☆ Indica qué nombre recibe cada una de las partes señaladas de este fruto:

— Busca una imagen de la flor del kiwi y razona por qué tiene numerosas semillas en un fruto.

Actividades finales

Visión 360º

Espermatófitos por todas partes

Además de la importancia global de los espermatófitos en la producción de oxígeno, estos también desempeñan un papel muy importante en el desarrollo de la vida humana: como alimento, elemento decorativo, materia prima en tejidos, perfumes, medicinas, etc.

Elaborad una lista de los espermatófitos que forman parte de vuestra vida cotidiana. Acompañad cada uno de ellos de una fotografía, así como de una breve explicación de su uso a partir de sus características.

Mostrad vuestro trabajo al resto de la clase.

28. ★★☆ Busca información y explica qué parte del fruto nos comemos de un melocotón. ¿Y en el caso de una almendra? Haz un esquema indicando las distintas partes del melocotón y de la almendra. Encontrarás información en **http://www.botanical-online.com**

29. ★☆☆ Lee atentamente estos textos y reescríbelos de forma correcta.

- Las gimnospermas son plantas de tallo leñoso, hojas grandes y caducifolias. Sus flores son hermafroditas, de vistosos colores y sus semillas se desarrollan en el interior de frutos secos.
- Las monocotiledóneas son plantas de hojas pequeñas y perennes. Sus semillas se encuentran en el exterior del fruto y dan lugar a dos hojas embrionarias iniciales.
- Las angiospermas son plantas de tallo herbáceo, de hoja pequeña y caducifolia. Sus flores son unisexuales y sus semillas no se desarrollan en el interior del fruto; por lo tanto, tienen las semillas desnudas.

30. ★★☆ Observa estas hojas y utiliza la clave dicotómica de la página 256 para identificar a qué especies pertenecen.

31. ★☆☆ Busca información e identifica a qué grupo de plantas corresponden los siguientes organismos:

algarrobo - arroz - girasol - cedro - zanahoria

— Explica su utilidad para el ser humano.

32. ★★☆ Redacta tu propia clave dicotómica con la información y las claves necesarias para poder clasificar un espermatófito dentro de los siguientes grupos: gimnosperma, angiosperma, monocotiledónea o dicotiledónea.

33. ★★☆ Elige uno de los árboles que aparecen en la clave dicotómica de la página 256. Busca información y confecciona una ficha en la que se describan las siguientes rasgos de ese árbol:

- Hoja: características y tipo.
- Tallo.
- Raíz.
- Flor y fruto.
- Zonas en las que habita.

34. ★★★ Lee este texto y responde a las preguntas:

La polinización es uno de los mutualismos más fascinantes de la naturaleza y es lo que permite la fecundación de las plantas. En este proceso, las abejas melíferas asumen una importancia destacada: son unas de las más eficientes y han sido las principales protagonistas de la apicultura.

Sin embargo, desde hace años las poblaciones de abejas domésticas y de otros insectos polinizadores están sufriendo un declive importante. Son muchas las amenazas a las que se enfrentan estos insectos tan beneficiosos: el cambio climático, pérdida y deterioración de hábitats, cambios en el uso de los suelos, prácticas de la agricultura industrial (monocultivos, plaguicidas, transgénicos...), parásitos y enfermedades (la investigación realizada en España en este campo es puntera), especies invasivas...

Actividades finales

La Comisión Europea (CE) ha dado un primer paso, pero insuficiente, para proteger a las abejas, proponiendo la prohibición parcial de tres plaguicidas neurotóxicos.

http://links.edebe.com/9j3

— Cita qué razones están causando la disminución de las abejas melíferas.

— ¿Existen otras especies polinizadoras? Cita un par de ellas. ¿Por qué son tan importantes las abejas melíferas?

— ¿Por qué los plaguicidas neurotóxicos disminuyen la población de las abejas? ¿Qué sucede cuando los plaguicidas se dispersan en el ambiente?

— ¿Qué otras acciones se podrían llevar a cabo para proteger a las abejas?

35. ★★★ Un herbario es una colección de plantas, o partes de plantas, secas y colocadas en láminas o pliegos para favorecer su mejor observación.

Para elaborarlos, los científicos llevan a cabo un largo proceso de recolección, secado y prensado. Depués, las muestras son etiquetadas con su nombre científico y clasificadas.

— ¿Qué crees que pasaría si cada año los alumnos de tu instituto fueran al bosque más cercano a tomar muestras para un herbario?

— Explica las ventajas y los inconvenientes que conlleva la elaboración de un herbario para el estudio de los espermatófitos.

— Piensa en alternativas al herbario que permitan observar una colección variada de espermatófitos sin alterar la naturaleza.

36. ★★★ Como podemos intuir si leemos el siguiente texto, las angiospermas presentan diversas estrategias para diseminar sus semillas. Contesta las preguntas que encontrarás a continuación:

> Hay frutos que, al llegar a la madurez, se abren de manera diversa y las semillas pueden salir; otros no se abren nunca, como es el caso del tomate y la aceituna, y las semillas se liberan tras la destrucción del pericarpio o se diseminan sin salir del fruto. Los que se abren se denominan dehiscentes, y el resto, indehiscentes.
>
> Pius Font i Quer, *Iniciación a la Botánica.* Editorial Fontalba, 1982.

— Define, a partir de lo que explica el texto, en qué consiste el concepto de dehiscencia. ¿Qué dos tipos de fruto podemos distinguir según este concepto?

— Explica qué son la semilla y el pericarpio.

— Vuelve a leer la primera línea del texto y deduce qué significa la expresión *madurez de un fruto.*

— ¿Qué otros usos de la palabra *madurez* conoces? ¿Crees que están relacionados con el significado atribuido a las plantas? Razona tu respuesta.

— Indica qué tipo de fruto, de los estudiados en la unidad, son el tomate y la aceituna.

— Busca el significado de la palabra *diseminar* y explica por qué razón consideras que las semillas de las plantas deben diseminarse.

37. ★★★ Completa la actividad interactiva que encontrarás en el link **http://links.edebe.com/9b** y fíjate en la explicación del «truco de magia». Comprobarás que se basa en la aplicación de claves dicotómicas sencillas.

— Por grupos, diseñad un truco de magia similar utilizando diferentes especies del reino de las plantas.

— Una posible estrategia es diseñar primero el árbol de preguntas y después añadir las plantas que utilizaréis para el truco.

— Para plantear las preguntas, utilizad las características de los diferentes grupos de plantas que hemos aprendido a lo largo de las unidades 11 y 12 de este libro.

38. ★★☆ Copia en tu cuaderno este texto y complétalo con los términos adecuados:

— Los .... y los pteridófitos se diferencian de los .... en que estos últimos presentan flor y estructura de ...., mientras que los primeros no tienen .... y presentan estructura de ....

— Los pinos y las encinas pertenecen al grupo de los .... Los pinos presentan flores sin .... y difíciles de distinguir y, por tanto, son .... Las encinas tienen flores complejas, con .... y .... con pared. Son ....

Pon a prueba tus competencias

1. Lee el siguiente artículo sobre la «bóveda del fin del mundo» y responde las preguntas planteadas a continuación.

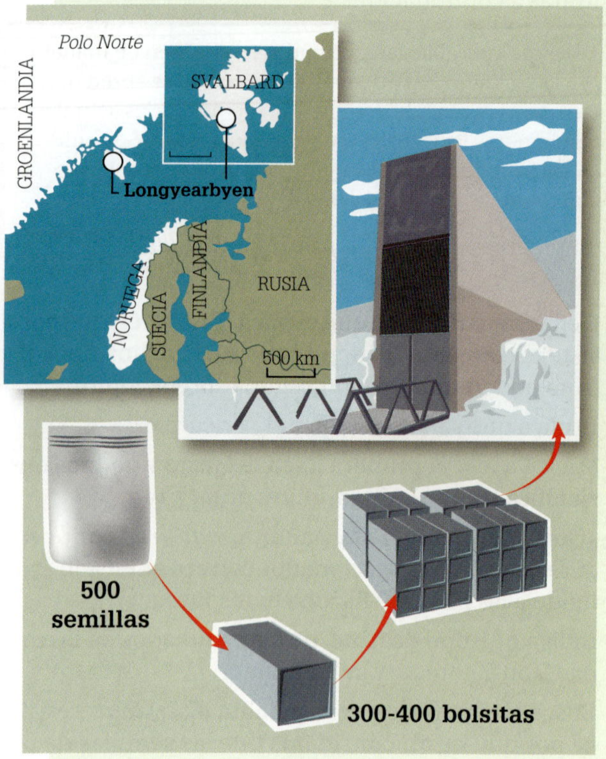

La «bóveda del fin del mundo»

Es el nombre popular con el que se conoce el Banco Mundial de Semillas situado en la isla de Spitsbergen, del archipiélago noruego de Svalbard. Se trata de una enorme despensa de semillas en la que se pretende conservar la máxima biodiversidad de especies vegetales que sirven como alimento al ser humano. Las especies cuya conservación es prioritaria son la banana, el frijol, el garbanzo, el trigo, el arroz y la patata.

El edificio de la bóveda fue construido a 120 m de profundidad, bajo una gruesa capa de hielos permanentes (permafrost) que asegura una temperatura de -6 °C en caso de fallo eléctrico, aunque la temperatura normal de conservación es de -15 °C. La estructura se diseñó resistente a catástrofes naturales (terremotos, erupciones volcánicas, radiación…) y no naturales.

Las muestras se conservan al vacío en bolsitas de aluminio termoselladas que contienen unas 500 semillas y que están identificadas con una etiqueta. En las cajas negras de almacenaje se conservan 300-400 de estas bolsitas. Finalmente, las cajas de almacenaje son archivadas en la bóveda.

En febrero de 2014, el banco ya contaba con más de un millón de muestras de 4000 especies distintas procedentes de 231 países.

1.1. Este banco de semillas mundial también es conocido como el «Arca de Noé de las semillas». ¿A qué es debido este nombre?

1.2. En el mundo hay cientos de bancos de semillas por todo el planeta. La bóveda global de semillas de Svalbard llama especialmente la atención por su localización en el hielo. ¿Por qué se considera que la conservación de las semillas en este banco es más segura que en cualquier otro banco de semillas del mundo?

1.3. Se prioriza la reserva de semillas de banana, arroz, frijol, patata, garbanzo y trigo. ¿Por qué se valoran más estas semillas?

a. Por su alto valor ornamental y florístico.

b. Por su alto valor económico y cultural.

c. Por su alto valor energético y la importancia en la alimentación humana.

d. Por su alto valor ecológico.

1.4. ¿Por qué crees que se ha considerado necesario construir un banco de semillas mundial?

a. Necesidad de conseguir una reserva para abastecer a todos los países del mundo.

b. Necesidad de proteger la biodiversidad de plantas por si alguna de ellas se extingue en el entorno natural.

c. Necesidad de construir una reserva.

1.5. Hace ya 40 años se creó, en la Universidad Politécnica de Madrid (UPM), el primer banco de semillas español. Se le conoce como el Banco de Germoplasma Vegetal de la UPM.

En este banco, las semillas son deshidratadas y depositadas en unos recipientes herméticos de cristal y se mantienen a temperatura ambiente. Casi el 100% de las semillas almacenadas durante 40 años en estos recipientes han germinado con éxito en las pruebas desarrolladas.

Las semillas de la bóveda global de semillas de Svalbard se guardan sin deshidratar en unas bolsas de aluminio herméticamente cerradas. ¿Por qué se deshidratan las de la UPM?

a. Porque con el calor podrían germinar.

b. Porque podrían aparecer hongos y bacterias que echarían a perder las semillas.

c. Porque las semillas necesitan la humedad para soportar el frío.

2. Las producción de flores es un sector económico poco conocido. No obstante, España es uno de los principales productores europeos. Vamos a saber algo más sobre esta actividad económica.

España es el país europeo que más flores produce para cortar y crear ramos. Las flores que más se cultivan son los claveles, las rosas, las orquídeas y los crisantemos.

En los siguientes gráficos encontrarás algunos de los datos sobre el mercado de flor cortada:

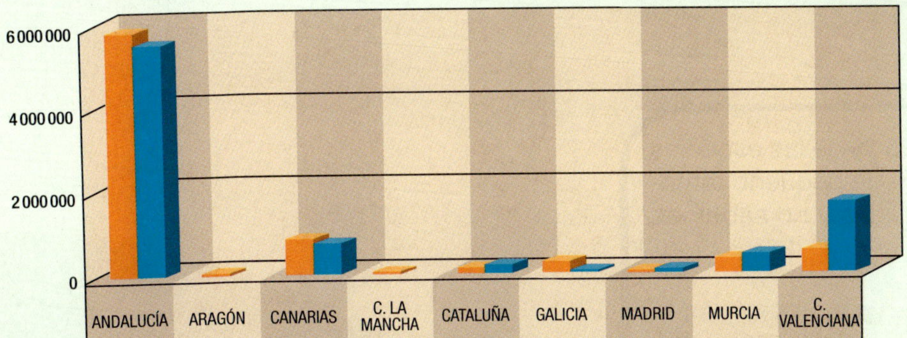

	ANDALUCÍA	ARAGÓN	CANARIAS	C. LA MANCHA	CATALUÑA	GALICIA	MADRID	MURCIA	C. VALENCIANA
2013	5 825 606	800	857 937	2 687	105 349	291 235	9 182	310 539	523 055
2014	5 588 703		747 109		192 344	719	42 022	436 559	1 691 500

Comparación de los totales de flor cortada producida por comunidades autónomas en el primer trimestre de 2013 y 2014.

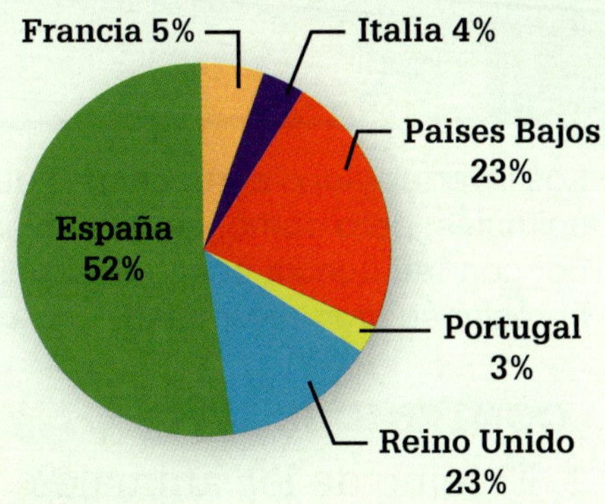

Producción de flor cortada de Europa en 2014.

Las principales flores cultivadas a nivel europeo son las rosas, los claveles y los tulipanes.

2.1. En Andalucía, durante el primer trimestre de 2014, el cultivo de claveles supuso el 63,24 % de su producción total. ¿Qué cantidad de claveles se produjeron?

a. 2.876.965 claveles.

b. 3.198.000 claveles.

c. 3.534.650 claveles.

2.2. ¿En qué posición se encuentra España entre los productores de flor cortada europeos?¿Qué condiciones ambientales favorecen esa clasificación?

— Si nos fijamos en los principales productores europeos, ¿podríamos decir que el clima está relacionado con la producción de flor cortada?

2.3. Según los datos de los que disponemos en 2014:

— ¿Cuánta flor cortada se produjo en total en Europa?

— ¿Cuánta se produjo en Holanda?

2.4. ¿Cuál es la tendencia de la producción de flor en España? ¿Se está produciendo más que años anteriores o menos? ¿En todas las comunidades autónomas por igual?

2.5. La rosa es una de las flores más cultivadas y más apreciadas a nivel mundial, así como de las que más variedades existen.

Hay unas variedades de rosas creadas especialmente para formar ramos. ¿Qué características han de tener las rosas que tienen este fin?

a. Flores olorosas.

b. Colores brillantes.

c. Tallos largos y rectos.

Diario de aprendizaje

Reflexiona

— Si tuvieras la oportunidad, ¿qué tema tratado en la unidad estudiarías en profundidad? ¿Por qué?

— A la hora de completar las actividades, ¿qué errores has cometido? ¿De qué modo puedes aprender de ellos?

— Después de estudiar la unidad, ¿crees que empezarás a aplicar acciones para respetar los espermatofitos y su ciclo de vida? ¿Qué acciones podrían ser?

13 Los animales invertebrados

Los invertebrados agrupan más del 95 % de las especies animales, pero como, en general, son de pequeño tamaño, con frecuencia pasan desapercibidos y no sabemos apreciar su gran diversidad.

CONTENIDOS

Rutina de pensamiento

CSI: COLOR, SÍMBOLO, IMAGEN

- Mira el vídeo del enlace **http://links.edebe.com/ekcn** y anota las ideas más interesantes e importantes.
- Al finalizar, escoge las tres ideas que más destaquen:

  Idea 1: ¿Qué color representaría esta idea?

  Idea 2: ¿Qué símbolo representaría esta idea?

  Idea 3: ¿Qué imagen representaría esta idea?
- Explica a tus compañeros y compañeras por qué has escogido este color, este símbolo y esta imagen.

Reino animal

- Nutrición heterótrofa.
- Pluricelulares.
- Células eucariotas sin pared celular.

1. El reino de los animales

Los animales son organismos formados por células eucariotas que se diferencian de las células eucariotas vegetales en que carecen de pared celular. Los animales, además, son organismos con nutrición heterótrofa; es decir, se alimentan a partir de materia orgánica.

Los animales viven en una gran diversidad de ambientes y ello conlleva a que presenten también unas características muy diversas.

Los animales se clasifican en dos grandes grupos según si presentan o no un esqueleto interno con columna vertebral:

- Los **animales vertebrados** son aquellos que poseen un esqueleto interno con columna vertebral. Pertenecen a este grupo los peces, los anfibios, los reptiles, las aves y los mamíferos.
- Los **animales invertebrados** son aquellos que carecen de columna vertebral. Existen numerosos grupos de invertebrados y en esta unidad vamos a estudiar los poríferos, los cnidarios, los anélidos, los moluscos, los artrópodos y los equinodermos.

2. Los poríferos

Los poríferos son un grupo de invertebrados de vida acuática. Presentan formas irregulares, entre las que destacan las que se asemejan a un saco, a una copa o a un árbol. Entre los poríferos encontramos organismos que miden desde unos pocos milímetros hasta más de 1 metro. Los animales de este grupo reciben el nombre común de **esponjas.**

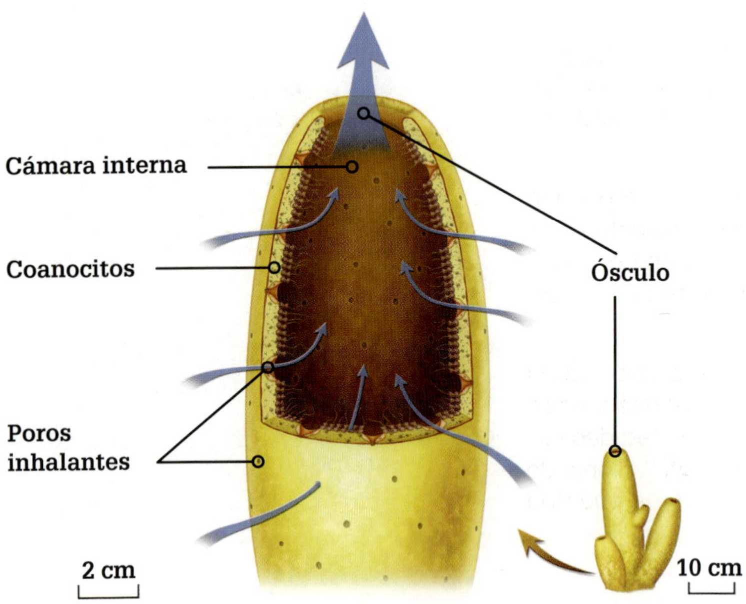

La mayoría de las esponjas presenta una consistencia blanda y elástica; esta propiedad es aprovechada por el ser humano para la confección de esponjas de baño de origen natural.

Los poríferos presentan en la superficie de su cuerpo uno o dos orificios grandes, los **ósculos,** y muchos orificios pequeños, los **poros inhalantes.** El interior de su cuerpo consta de unas cámaras internas en las que encontramos unas células flageladas denominadas **coanocitos,** que permiten la circulación del agua que entra por los poros inhalantes.

Las esponjas son, en su mayoría, propias de ambientes marinos y se encuentran distribuidas por todos los mares de la Tierra. Estos animales están unidos de forma permanente al sustrato sobre el que crecen, por lo general sobre rocas a distintas profundidades.

Existen cerca de 10 000 especies de esponjas diferentes, como, por ejemplo, el nido de mar y la esponja de ermitaño.

Actividades

1. Explica qué dos grandes grupos de animales podemos distinguir y describe en qué se diferencian.
2. Describe cómo se alimentan los poríferos.
   — ¿Qué función desempeñan los coanocitos?

3. Los cnidarios

Los cnidarios son un grupo de invertebrados de vida acuática provistos de células urticantes. Pueden medir desde unos pocos milímetros hasta algunos metros. A lo largo de su vida, la mayoría de los cnidarios presenta dos fases diferentes: la fase de pólipo y la de medusa. En estos casos, los cnidarios se clasifican según si predomina una u otra fase.

Los **pólipos** tienen forma de saco. En la parte superior del animal encontramos la boca y los tentáculos con células urticantes.

Estos cnidarios viven fijos sobre una superficie y en algunos casos se agrupan diferentes individuos formando lo que en apariencia parece un único organismo: las **colonias.**

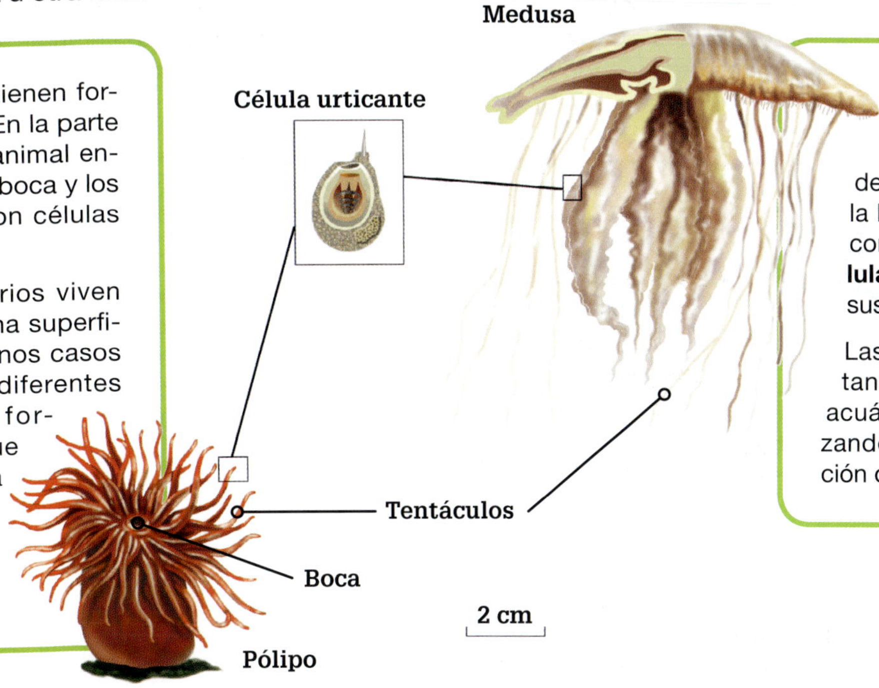

En las **medusas,** habitualmente, el cuerpo tiene forma de paraguas y se denomina **umbrela.** Presentan la boca en la parte inferior, así como unos tentáculos con **células urticantes** que producen sustancias tóxicas.

Las medusas pueden vivir flotando libremente en el medio acuático y también nadar realizando movimientos de contracción de todo su cuerpo.

Todos los cnidarios se alimentan de pequeños animales que capturan con los tentáculos y dirigen hacia su boca. En el interior del animal se encuentra la **cavidad gastrovascular,** una oquedad de estructura sencilla y forma de saco donde se digiere el alimento.

La mayoría de los cnidarios presenta el cuerpo blando y con una gran proporción de agua. Sin embargo, algunos pólipos viven en colonias y crean una estructura calcárea externa que les confiere rigidez. Estas colonias se denominan **corales** y suelen presentar colores intensos. La mayoría de las veces el color se torna blanco al morir el pólipo que ha formado la cobertura.

Los cnidarios son organismos principalmente marinos que están presentes en todos los océanos y mares, aunque la mayoría habita en aguas cálidas y poco profundas. En este tipo de aguas pueden desarrollarse colonias de medidas excepcionales, como el caso de la gran barrera de coral australiana, una colonia de pólipos que ocupa unos 1 000 km^2, una superficie equivalente a unos 100 000 campos de fútbol.

Se conocen más de 10 000 especies de cnidarios diferentes.

Actividades

3. Explica las semejanzas y las diferencias entre los pólipos y las medusas.

4. Explica qué sucede cuando decimos que nos «pica» una medusa.

5. Las comunidades de coral de las aguas cálidas poco profundas suelen estar habitadas por una abundante fauna que destaca sobre todo por sus animados y variados colores. ¿A qué crees que es debida dicha coloración?

Gusanos en otros grupos

La palabra *gusano* hace referencia, únicamente, a una forma determinada del cuerpo de algunos animales.

Así, podemos encontrar animales con forma de «gusano», en grupos de invertebrados diversos.

4. Los anélidos

Los anélidos son invertebrados de vida terrestre y acuática, de pequeño tamaño y de cuerpo alargado y cilíndrico. Esta forma del cuerpo de algunos invertebrados recibe el nombre común de gusano.

El cuerpo de estos invertebrados es blando y está dividido en numerosos segmentos en forma de **anillos.** En los primeros anillos se encuentra la boca y en los últimos, el ano. Junto a la boca, algunos anélidos presentan unos ojos sencillos y otros órganos receptores de olores, tacto, humedad...

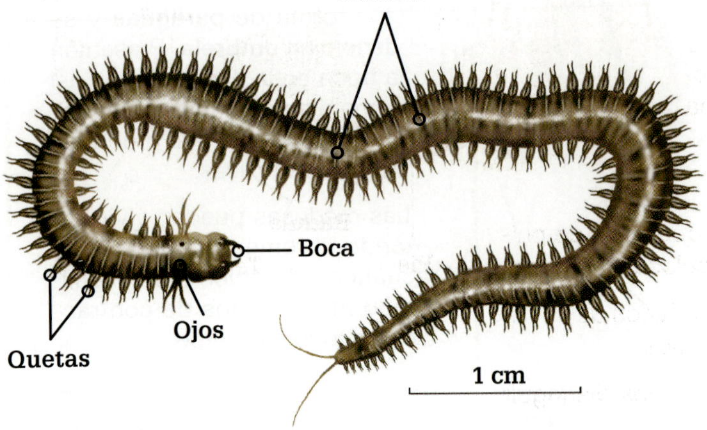

Muchos anélidos presentan en la mayoría de sus anillos unos filamentos rígidos llamados **quetas** que utilizan para desplazarse. Estos invertebrados también se desplazan por medio de movimientos ondulatorios del cuerpo.

En muchos casos, los anélidos viven en tubos y galerías que construyen ellos mismos. La mayoría de los anélidos se alimenta de materia orgánica del suelo, otros lo hacen del plancton marino, y algunos son parásitos de otros animales, de los que llegan a ingerir su sangre.

Encontramos unas 12 000 especies de anélidos, que podemos clasificar en tres grandes grupos:

Poliquetos

Poseen unos segmentos en la parte apical diferenciados del resto del cuerpo y unas quetas variadas y abundantes. Suelen encontrarse en los fondos marinos y lacustres.

Oligoquetos

Presentan las quetas agrupadas y en pequeño número. Muchos son terrestres y se conocen con el nombre de lombrices de tierra.

Hirudíneos

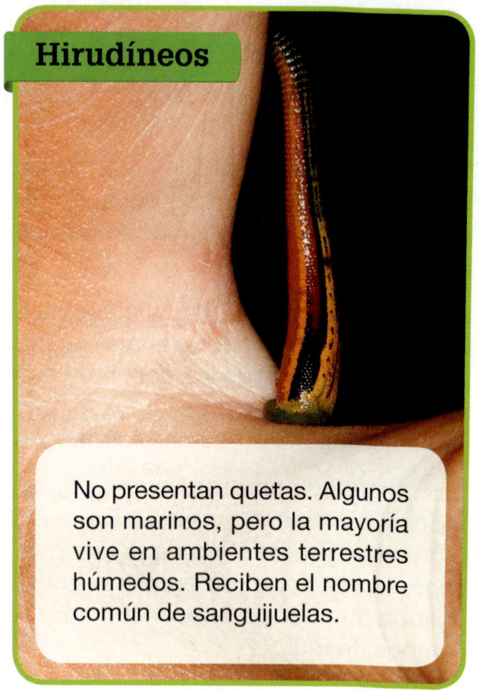

No presentan quetas. Algunos son marinos, pero la mayoría vive en ambientes terrestres húmedos. Reciben el nombre común de sanguijuelas.

Los oligoquetos y los hirudíneos cuentan con un grupo de anillos engrosados denominado **clitelo** que interviene en su reproducción.

Actividades

6. Describe las características principales que presenta el cuerpo de los anélidos.

7. Explica cómo pueden desplazarse los anélidos.

5. Los moluscos

Los moluscos son un grupo de invertebrados, tanto de vida acuática como terrestre, con el cuerpo blando y, generalmente, protegido por una concha. Habitualmente, estos animales tienen el cuerpo dividido en tres regiones: la *cabeza,* la *masa visceral* y el *pie.*

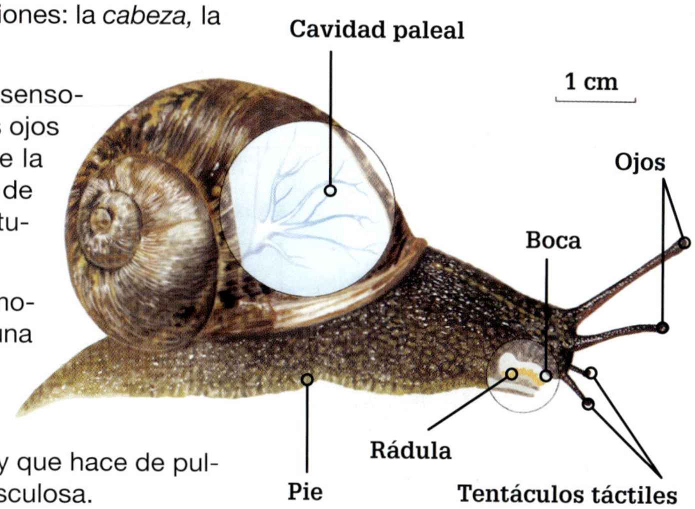

En la **cabeza** de los moluscos se encuentran los receptores sensoriales y la boca. Algunos moluscos, como el pulpo, poseen los ojos más desarrollados y complejos del mundo animal. Dentro de la boca, en muchos casos, encontramos la **rádula,** una especie de lengua dentada muy resistente cuyo movimiento permite la trituración de los alimentos y facilita su ingestión.

La **masa visceral** contiene la mayor parte de los órganos del molusco y está recubierta por una capa, **el manto,** que segrega una sustancia dura, o cutícula. En la mayoría de los moluscos, esta cutícula se desarrolla hasta formar una **concha** con la que el animal se protege. La **cavidad paleal** es un repliegue del manto que contiene las branquias en los moluscos acuáticos y que hace de pulmón en los terrestres. El **pie** de los moluscos es una masa musculosa.

Podemos encontrar moluscos en la mayoría de los ambientes acuáticos del mundo. En algunos casos, pueden habitar en medios terrestres húmedos.

Existen cerca de 100 000 especies de moluscos diferentes. Podemos distinguir tres grandes grupos:

Gasterópodos

Tienen la cabeza próxima a la masa visceral. Poseen una concha muy desarrollada en forma de espiral o cóncava, aunque en algunas especies puede faltar. El pie, muy destacado, lo utilizan para arrastrarse. Hay gasterópodos herbívoros, carnívoros y detritívoros.

Cefalópodos

Tienen la cabeza y el pie muy desarrollados. En la mayoría de especies, la concha es reducida y está situada en el interior del animal. El pie se encuentra dividido en tentáculos provistos de ventosas, imprescindibles en la captura de presas. Son carnívoros.

Bivalvos

La cabeza está indiferenciada del resto del cuerpo. La concha suele estar dividida longitudinalmente, dando lugar a dos partes simétricas, o **valvas,** que se cierran como protección. El pie permite la excavación y la penetración del organismo en los fondos arenosos. Filtran el agua para alimentarse de plancton y materia orgánica.

Actividades

8. Describe las partes del cuerpo de un molusco e indica cómo son en los tres grupos que hemos analizado.

9. ¿Qué funciones puede tener el pie de los moluscos?

10. Piensa en el tipo de alimentación de los cefalópodos y deduce por qué son los moluscos con los ojos más desarrollados.

Artrópodo es una palabra compuesta a partir de las palabras griegas *arthron* ('articulación') y *pous* ('pie').

6. Los artrópodos

Los **artrópodos** son un grupo de invertebrados, tanto terrestres como acuáticos, generalmente de pocos milímetros de tamaño.

Los artrópodos se distinguen por tres características principales: *esqueleto externo,* cuerpo dividido en *segmentos* y *apéndices articulados.*

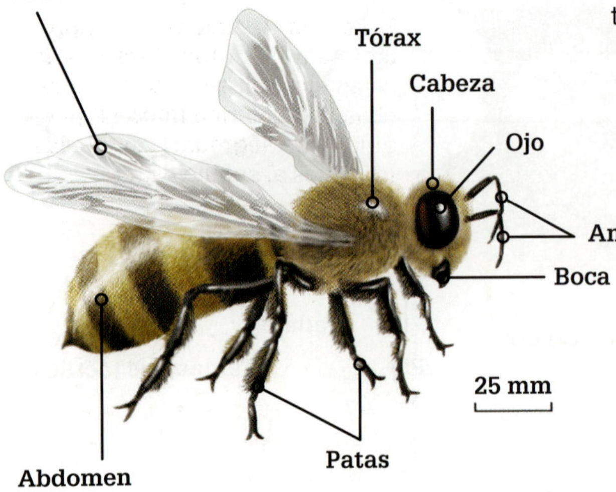

- El **esqueleto externo** es una estructura rígida compuesta por una sustancia llamada *quitina,* que cumple la función de proteger el cuerpo, así como la de aislar los órganos internos de las condiciones ambientales.

  Debido a la presencia del esqueleto externo, para que puedan crecer, se produce la **muda,** que consiste en la sustitución periódica del esqueleto externo por otro de mayor tamaño.

- El cuerpo de los artrópodos está conformado por diferentes **segmentos** articulados entre sí. Por lo general, los segmentos se agrupan en tres regiones: la **cabeza,** el **tórax** y el **abdomen.** En ciertos casos, la cabeza y el tórax están fusionados y dan lugar al cefalotórax.

- Los **apéndices articulados** pueden formarse en cada segmento y presentar una gran variedad de funciones: desmenuzar alimentos, desplazarse, captar estímulos del exterior…

Su alimentación es muy diversa: unos comen plantas, otros ingieren los animales que capturan, y también encontramos algunos que son parásitos de plantas o animales. Entre los más de un millón de especies de artrópodos destacan cuatro grandes grupos: *crustáceos, miriápodos, arácnidos* e *insectos.*

Crustáceos

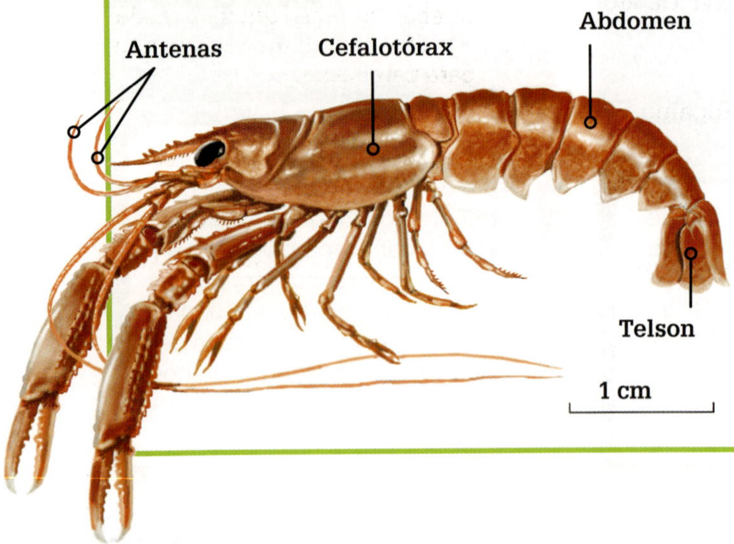

Los crustáceos son un grupo de artrópodos principalmente acuáticos con el cuerpo dividido en dos partes: el **cefalotórax** y el **abdomen.**

El cefalotórax de los crustáceos siempre presenta dos pares de antenas. También poseen un caparazón que muchas veces se prolonga hasta llegar a recubrir el cuerpo del animal. Este caparazón contiene unos pigmentos que, con su coloración, ayudan a ocultar el artrópodo de otros animales.

Los últimos segmentos del abdomen forman una estructura de cola llamada **telson.**

Los crustáceos son, mayoritariamente, organismos de vida acuática aunque algunos pueden vivir en tierra en condiciones de humedad elevada.

Actividades

11. ¿Por qué se dice que «el crecimiento de los artrópodos es discontinuo»?

12. Elabora una presentación *online* (puedes utilizar programas como **https://prezi.com/ o http://www.powtoon.com/**) con las fotografías de crustáceos junto con sus nombres y sus principales características.

Miriápodos

Son un grupo de artrópodos terrestres con el cuerpo compuesto por numerosos segmentos agrupados en **cabeza** y **tronco.**

En la cabeza hay siempre un par de antenas. En el tronco, muchos miriápodos presentan dos pares de patas en cada segmento y pueden enrollarse sobre sí mismos para protegerse. Otros, en cambio, tienen un solo par de patas por segmento y no tienen la capacidad de enrollarse.

Los miriápodos viven en ambientes terrestres con un poco de humedad, como la hojarasca o debajo de piedras y troncos. Si la humedad del ambiente disminuye, suelen esconderse bajo tierra.

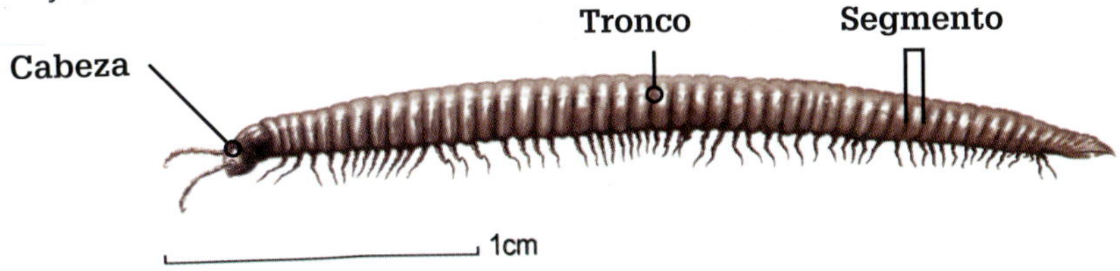

Los **milpiés** son un grupo de miriápodos que tienen un par de patas por segmento.

Viven en bosques y se alimentan de plantas en descomposición. Sus patas les confieren fuerza para excavar en la hojarasca y el suelo.

Si se sienten amenazados, presentan actitudes defensivas como enroscarse. Además, muchos de ellos tienen unas glándulas que segregan sustancias irritantes al ser molestados.

Arácnidos

Son un grupo de artrópodos de vida terrestre y con el cuerpo dividido en **cefalotórax** y **abdomen.**

En la parte anterior del cefalotórax encontramos un par de **quelíceros** por delante de la boca. Se trata de unos apéndices con forma de pinza utilizados para la alimentación. Junto a los quelíceros, la mayoría de los arácnidos presenta otro par de apéndices denominados **pedipalpos,** que normalmente tienen función sensorial. También poseen cuatro pares de patas y, a diferencia del resto de los artrópodos, carecen de antenas.

La mayoría de los arácnidos son depredadores muy activos, adaptados a todo tipo de ambientes terrestres y capaces de segregar un potente veneno. Dentro de este grupo se encuentran los escorpiones y las arañas.

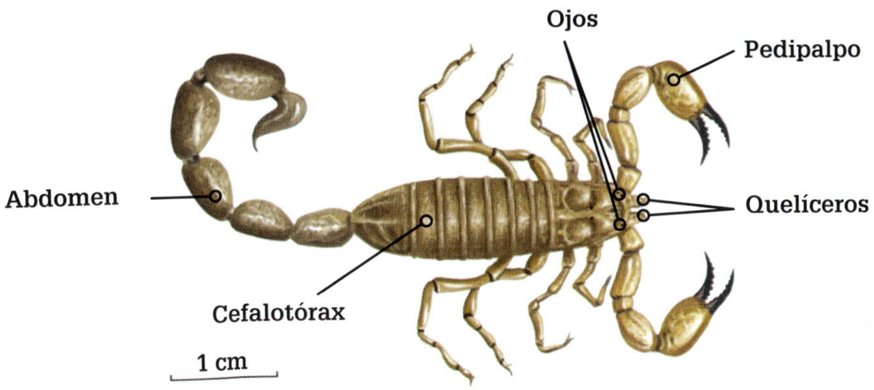

La **araña tigre** *(Argiope bruennichi)* recibe este nombre por las bandas negras y amarillas que se distinguen en su abdomen.

El macho mide solo 4 mm, mientras que la hembra puede llegar a medir 2 cm.

Cuando su presa queda pegada a la telaraña, le inyecta veneno para paralizarla.

Actividades

13. ¿Qué diferencias existen entre un anélido oligoqueto y un miriápodo?

14. Busca información sobre los ácaros:

— ¿A qué grupo de artrópodos pertenecen?

— ¿Qué problema representan para el ser humano?

Jan Dzierzon

Jan Dzierzon (1811-1906) fue un sacerdote polaco que se dedicó a investigar el comportamiento y la biología de las abejas.

En sus estudios descubrió el proceso de desarrollo de los zánganos (que derivan de huevos no fecundados), así como la formación y la función de la jalea real.

www.insectariumvirtual.com

Revista digital divulgativa sobre insectos, arañas, moluscos…

Ágora

Granja de hormigas

Una granja de hormigas es la simulación de un hormiguero a escala reducida que permite observar su comportamiento y el ir y venir diario.

— ¿Encontráis alguna similitud con algunos programas actuales de televisión?

— ¿De qué modo puede afectar a observado y observador la exposición de la intimidad?

Insectos

Los insectos son un grupo de invertebrados, principalmente terrestres, cuyo tamaño oscila desde los 2,5 mm de los piojos hasta los más de 30 cm que llegan a medir algunas mariposas.

Presentan el cuerpo dividido en tres regiones: cabeza, tórax y abdomen. En la cabeza destaca la presencia de un par de antenas, dos ojos compuestos y/o dos o tres ojos simples, y una boca, que puede tener distintas formas según el tipo de alimentación. El tórax presenta siempre tres pares de patas y muchas veces cuenta con uno o dos pares de alas.

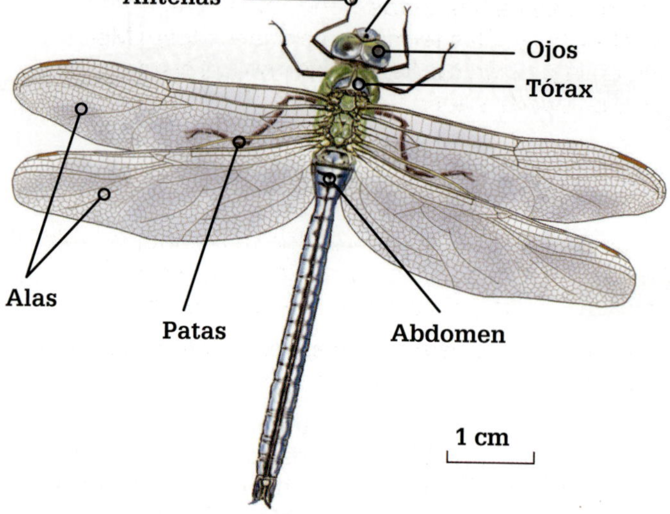

Los insectos viven en multitud de ambientes diferentes, ya que son capaces de aguantar condiciones extremas; algunos pueden vivir a temperaturas inferiores a 0 °C. Además, su capacidad de volar, única en todos los invertebrados, les permite llegar donde otros no llegan.

Con cerca de un millón de especies, los insectos son el grupo de animales más diverso y numeroso de todo el reino animal. Algunos de los ejemplos más conocidos son:

Himenópteros como las hormigas.

Coleópteros como los escarabajos.

Lepidópteros como las mariposas.

Actividades

15. Explica las tres características principales que presentan todos los artrópodos.

16. Confecciona un esquema de llaves en el que aparezcan todos los grupos de artrópodos que has estudiado y sus subdivisiones.

7. Los equinodermos

Equinodermo es una palabra compuesta a partir de las palabras griegas *ekhino* ('erizo') y *derma* ('piel').

Los equinodermos son un grupo de invertebrados marinos de aspecto muy variable; por ello, encontramos organismos de este grupo con cuerpos de forma ovoide, estrellada o alargada.

Estos invertebrados poseen un **esqueleto interno** formado por placas rígidas de carbonato de calcio situadas justo por debajo de la piel. En muchas ocasiones, desde estas placas emergen púas hacia el exterior.

Se caracterizan por poseer un **sistema ambulacral,** que interviene en su locomoción y actúa como un sencillo sistema circulatorio.

Este sistema consta de un canal circular del que parten varios conductos radiales. De estos conductos salen los **pies ambulacrales,** los cuales terminan en una ventosa. Mediante cambios en la presión del líquido interno del sistema ambulacral, estos pies pueden adherirse al sustrato y son utilizados por el animal para desplazarse, capturar presas…

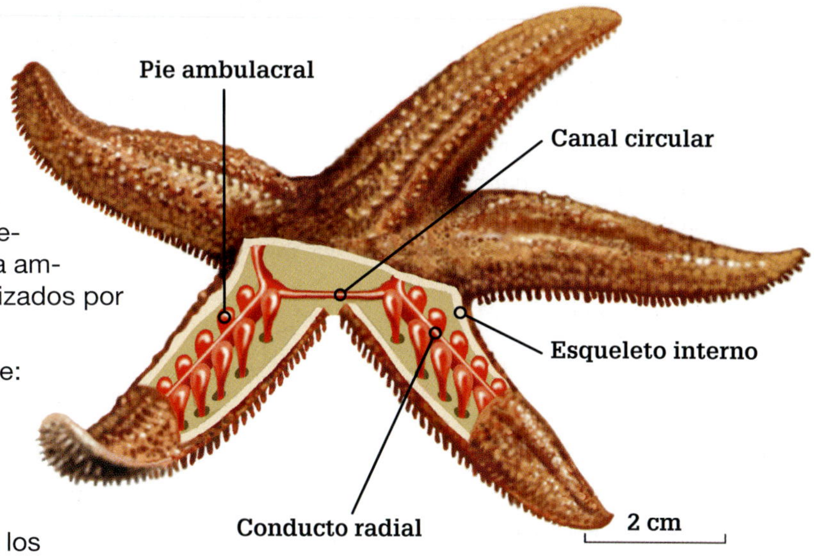

Los equinodermos tienen distintas formas de alimentarse: algunos son filtradores del agua del mar, otros son herbívoros que se nutren de los vegetales del fondo marino, y los hay también depredadores con capacidad para abrir las conchas de las almejas y de otros moluscos bivalvos.

Existen unas 6000 especies de equinodermos. Algunos de los grupos que forman parte de los equinodermos son:

Asteroideos

Es el grupo al que pertenecen las estrellas de mar. Presentan un disco central del que salen, comúnmente, cinco brazos. En la parte ventral de dicho disco encontramos la boca.

Acostumbran a ser depredadores, sobre todo de moluscos bivalvos.

Equinoideos

Grupo integrado por los erizos de mar. Su esqueleto interno está formado por placas soldadas y compactas de las que salen numerosas espinas.

Se desplaza tanto con los pies ambulacrales como con las espinas.

Holoturoideos

Los conocidos pepinos de mar pertenecen a este grupo. Sus integrantes no presentan la simetría pentarradial, común entre los equinodermos, sino bilateral.

Al alimentarse de sedimentos marinos, tienen un importante papel como enriquecedores del ecosistema.

Actividades

17. Aplicad la rutina de pensamiento Mirar: 10 veces 2 (consultad la mecánica en la página142) a partir de las imágenes de este apartado.

18. Si los equinodermos tienen un esqueleto interno, ¿por qué no son vertebrados?

CIENCIA A TU ALCANCE: Conocer los invertebrados

INVESTIGA: Disección de un bivalbo

Material

- Mejillones frescos
- Agua
- Vaso de precipitados
- Cubeta de disección
- Lupa

Estuche de disección:

- Tijeras
- Alfileres
- Pinzas
- Cuchillo

Introducción

Para conocer las estructuras interna y externa de los moluscos, vamos a llevar a cabo la disección de un bivalvo: el mejillón *(Mytilus edulis)*. Es un organismo acuático marino que se alimenta por filtración de pequeñas partículas orgánicas. Tiene un ciclo reproductor largo que dura siete meses. Sus depredadores más comunes son las estrellas de mar y los crustáceos.

El mejillón tiene una concha calcárea formada por dos valvas que se articulan por una especie de bisagra llamada charnela. Se fija a las rocas mediante unos filamentos llamados bisos o barbas, que son segregados por glándulas internas.

Al practicar la disección debes hacerlo con mucha destreza porque si no, podrías romper la concha y dañar la estructura interna del mejillón.

Procedimiento

Morfología externa

— Introduce el mejillón en un vaso de precipitados con agua caliente hasta que las valvas se abran.

— Coloca el mejillón en la cubeta de disección.

— Observa la charnela, las valvas y las líneas concéntricas que tienen (indican el crecimiento del mejillón).

Morfología interna

— Con la ayuda de tu profesor, separa cuidadosamente las valvas del resto del animal, cortando con el cuchillo los músculos que las unen.

— Deposita el mejillón ya separado de la valva en la cubeta de disección.

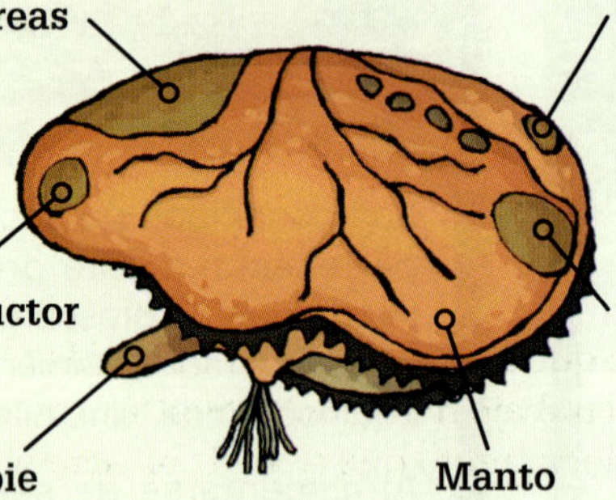

— Observa el manto, el hepatopáncreas (color verdoso), el riñón (masa de color marrón) y los músculos aductores.

— Extiende el manto del mejillón y sujeta los extremos a la cubeta de disección con los alfileres.

— Observa las branquias. Son las láminas con estrías transversales situadas en la cavidad paleal.

— Observa el pie y las glándulas del biso. El pie es reducido y sobre él se sitúan las glándulas del biso que producen las barbas.

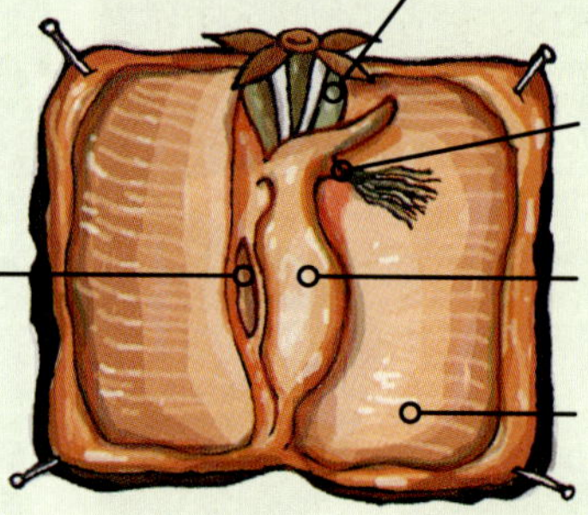

— Observa los músculos retractores: son unas bandas blanquecinas que recorren el hepatopáncreas.

— Observa la bolsa de polichinela (órgano que contiene la glándula genital). Se encuentra por encima de las branquias, en la masa visceral. Es de color rojiza en los machos y blanquecina en las hembras.

— Cuando acabes la observación, limpia y recoge todo el material que hayas utilizado.

Actividades

a. Haz un dibujo de la concha y otro de la estructura interna del mejillón. Puedes utilizar la lupa para mejorar la definición de tu dibujo.

b. ¿De dónde has obtenido el mejillón? Explica qué había en el interior de las valvas, además del cuerpo del animal.

c. Identifica el sexo del mejillón que has diseccionado.

d. Busca información sobre las principales especies de mejillones que se consumen en España.

Visión 360°: Invertebrados de miedo

En numerosas películas y series fantásticas y de ciencia ficción aparecen seres con aspecto de invertebrados. Incluso, en algunas de ellas, una especie en concreto es la protagonista.

Normalmente, aparecen como individuos temibles de medidas desproporcionadas que los seres humanos deben combatir.

— Buscad los nombres y las imágenes de las carátulas de varias películas y/o series en las que aparezcan invertebrados o seres con aspecto de invertebrados con estas características.

— ¿Habéis visto alguna de ellas? Resumid en dos o tres líneas su argumento.

— ¿Qué características tienen los seres que aparecen?

— ¿Por qué crees que el aspecto de los invertebrados es utilizado para este tipo de películas?

— ¿Piensas que sería posible la existencia de animales terrestres tan grandes con un exoesqueleto externo?

— ¿En qué medio de la Tierra sí que pueden llegar a existir? ¿Por qué?

Cre@ctividad: La webquest

Una **webquest** es una actividad que generalmente se realiza en grupo, en la que debéis buscar información en Internet sobre un determinado tema. No obstante, esta búsqueda de información se ha de producir de una forma guiada; es decir, que en el enunciado de la webquest se indica en qué página web o en qué páginas web hallaréis la información correcta.

Hay que tener en cuenta que el objetivo de una webquest suele ser la creación de un producto (un documento de texto, un vídeo, una presentación multimedia, un archivo de audio, etc.) por lo que deberéis transformar la información localizada y adecuarla al tipo de documento que tendréis que elaborar.

Otro elemento que también conviene recordar es que en la evaluación del trabajo realizado se tendrá presente tanto el resultado (el documento que acabéis presentando), cómo el proceso llevado a cabo (organización del grupo, búsqueda de la información, planificación y distribución de las tareas, interés y creatividad en las actividades realizadas...).

En Internet, podéis visitar diversas webquest sobre los animales; por ejemplo, Los invertebrados **(http://links.edebe.com/6xq43u).** Tu profesor o profesora te indicará qué webquest tendréis que desarrollar y os dará las instrucciones necesarias para organizaros y completar las tareas propuestas en ella.

SÍNTESIS

- Para resumir la unidad, completa el siguiente esquema en tu cuaderno:

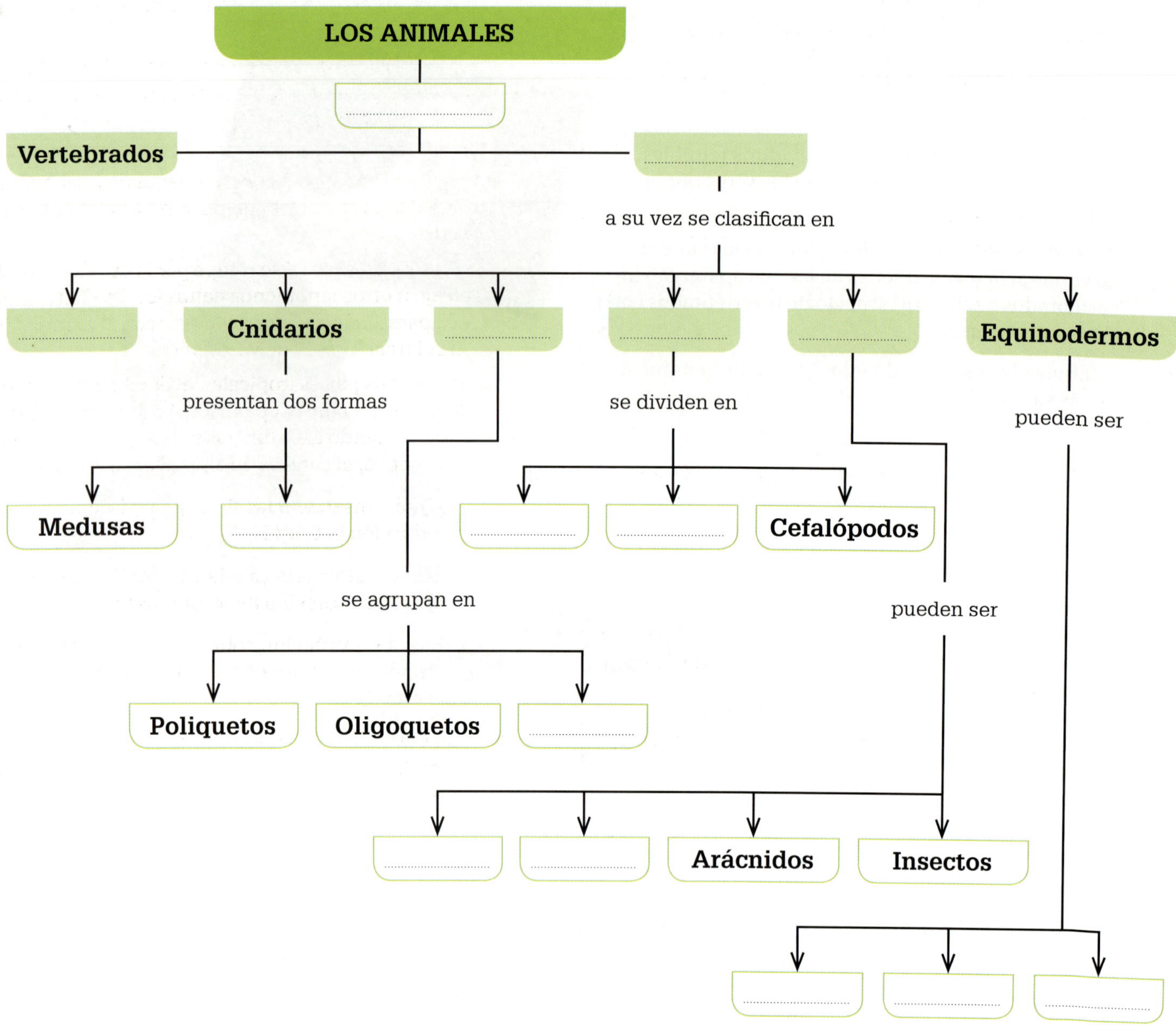

— Complementa el esquema con un ejemplo de animal de cada uno de los seis grupos de invertebrados.

— Indica una característica que solo posean los organismos de cada uno de los siguientes grupos:

cnidarios - moluscos - insectos - equinodermos

— Clasifica en una tabla los grupos de moluscos según su tipo de alimentación. Pon un ejemplo de animal de cada uno de estos grupos.

Actividades finales

19. ★☆☆ ¿En qué característica te fijarías para diferenciar un vertebrado de un invertebrado?

20. ★★☆ Dibuja un esquema de la organización interna de las esponjas y señala la dirección que sigue el agua cuando la esponja se alimenta. ¿Qué otros grupos de invertebrados puedes citar que se alimenten de forma similar?

— ¿Por qué crees que los poríferos suelen escoger lugares con corrientes marinas para vivir?

21. ★★☆ Clasifica estos dos orgasnimos según la fase de cnidarios a la que pertenecen:

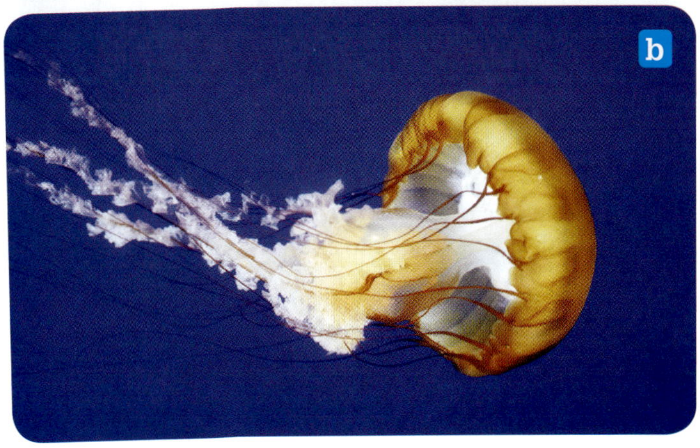

— Explica en qué se diferencian estas dos fases.

22. ★☆☆ ¿Cómo capturan los pólipos y las medusas a sus presas?

23. ★★☆ Busca información sobre la anémona de mar común (Anemonia sulcata) y explica de qué tipo de animal se trata, así como dónde podemos encontrarla.

24. ★★★ Lee el siguiente texto y responde:

El coral es un tipo de animal muy presente en los destinos tropicales de muchos turistas. Sus intensos colores y sus extrañas formas atraen al ser humano.

Los corales son pólipos que forman colonias de crecimiento muy lento y muy sensibles a los cambios ambientales. Necesitan unas aguas muy limpias y cálidas para poder vivir y la mayoría se halla en lugares próximos a las costas.

Las formas intrincadas de las colonias de coral son aprovechadas por numerosos organismos para refugiarse de sus depredadores.

La resistencia del coral es aparente, ya que en muchos casos se rompe solo con una pequeña presión; incluso un golpe involuntario de un submarinista puede romperlo.

Otras veces, el coral se rompe por la acción de un fuerte oleaje u otros fenómenos naturales. Estos trozos de coral aparecen luego en las playas y con el tiempo pierden su coloración y se vuelven blancos.

En muchos países tropicales, el coral ha sido recolectado de forma abusiva para ser vendido posteriormente como recuerdo a los turistas que regresan a su casa. Por este motivo, el coral es un animal cada vez más escaso.

— ¿Qué consecuencias tiene para el medio marino la reducción del coral?

— Propón alternativas a la recolección de coral vivo para la elaboración de recuerdos turísticos.

— Busca información sobre la pesca de arrastre y sus efectos sobre el fondo marino. ¿Cómo crees que afecta este tipo de pesca a los corales?

25. ★☆☆ Observa las siguientes fotografías y clasifica cada ejemplar en los tres grupos de moluscos estudiados. Razona tus respuestas.

26. ★★☆ Confecciona una clave dicotómica que nos permita identificar si un gusano pertenece a los anélidos y, dentro de estos, en qué grupo se incluye.

Actividades finales

27. ★★☆ Un biólogo se encuentra estudiando una muestra clasificada como «posible poliqueto» cuando observa que el cuerpo del anélido presenta un grupo de anillos engrosados respecto al resto.

— ¿Cómo se llama esta estructura? ¿Cuál es su función?

— ¿A qué grupo de anélidos puede pertenecer? Razona tu respuesta.

28. ★☆☆ ¿En qué parte del cuerpo de un molusco podemos encontrar la rádula? Explica en qué consiste y cuál es su función.

29. ★★☆ Lee el texto y responde:

El mejillón cebra ha dado un paso más en su movimiento de invasión del ecosistema vasco iniciado en 2006. Esta especie invasora se ha detectado en el embalse de Mendikosolo, en Arrigorriaga, llegando de esta manera a la cuenca alta del Nervión. Fuentes de URA, la agencia vasca del agua, aseguraron ayer desconocer el origen por el que ha entrado el bivalvo a este embalse.

El mejillón cebra no tiene ningún efecto nocivo para la especie humana, aunque sí sobre el ecosistema y sobre las tuberías y demás infraestructuras que estén en contacto con el molusco.

La Diputación de Bizkaia recuerda, además, que los instrumentos y embarcaciones que hayan estado en contacto con aguas en los que pudiera haber larvas y ejemplares sean limpiados con agua caliente y desinfectados para evitar que se trasladen a otras masas de agua. En el caso de las embarcaciones sería necesario además, dejarlas secar durante un periodo mínimo de 48 horas. Asimismo, el ente foral recuerda que estos ejemplares en ningún caso se pueden trasladar, recoger o utilizar como cebo o reclamo para pescar.

http://www.deia.com/ (5-10-2012)

— ¿A qué grupo y subgrupo de invertebrados pertenece el mejillón cebra?

— ¿Qué efectos tiene la invasión del mejillón cebra? Di cuáles repercuten en el ecosistema.

— ¿Qué consecuencias tienen esta invasión para las especies autóctonas?

— Resume qué acciones se pueden llevar a cabo para evitar su invasión.

— Investiga las zonas de la Península a las que ha llegado el mejillón cebra. ¿Se te ocurre cómo puede haber empezado la invasión?

30. ★☆☆ Explica las ventajas que representa para los artrópodos el disponer de esqueleto externo.

31. ★★☆ Compara las partes del cuerpo de los diferentes grupos de artrópodos. Confeccionad una clave dicotómica que te permita clasificar un artrópodo a partir de la observación de las partes de su cuerpo. Aplicad la técnica cooperativa Estructura 1-2-4:

- Dentro del equipo base, cada miembro resuelve la actividad individualmente.
- Después se colocan de dos en dos, intercambian las respuestas y elaboran una común.
- Finalmente, las dos parejas del equipo base deciden y construyen conjuntamente la respuesta final

32. ★☆☆ Indica qué grupos de artrópodos pueden ser identificados a partir del número de patas que tienen y explícalo.

33. ★☆☆ Clasifica los siguientes artrópodos según el subgrupo al que pertenezcan e indica las características que te han llevado a esta elección.

34. ★☆☆ Describe qué estructura une los distintos pies ambulacrales para llegar a formar el sistema ambulacral.

35. ★★☆ Piensa en una estrella de mar: ¿presenta algún sistema para moverse o bien se mueve de forma pasiva gracias a las corrientes marinas? Explica cómo se desplaza.

36. ★★★ En el siguiente artículo conocerás aspectos sobre el erizo negro:

El erizo negro *(Arbacia lixula)* es un animal del grupo de los equinodermos muy común en el Mediterráneo y las zonas más próximas del Atlántico. Se trata de un animal de unos ocho centímetros de diámetro, con numerosas y largas púas. Presenta una coloración negra aunque sin las púas se aprecia el color rosado de las placas del esqueleto interno.

Este equinodermo se alimenta de las algas verdes que recubren el sustrato sobre el que se desplaza. Suele encontrarse sobre sustrato rocoso con cualquier tipo de inclinación.

Actividades finales

Observa el gráfico de un muestreo sobre la abundancia de este erizo en la costa mediterránea.

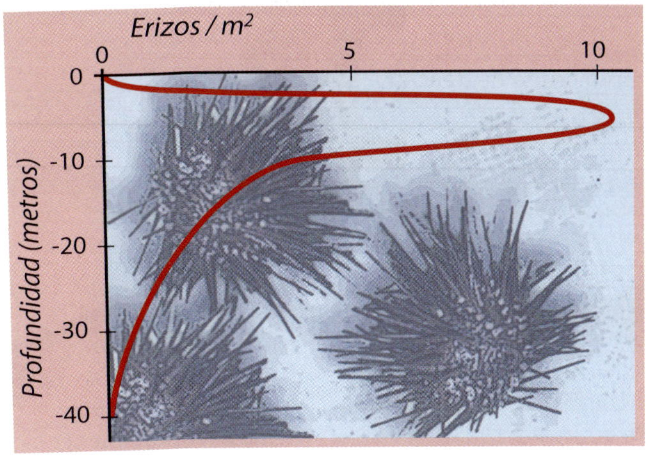

— Pon título al gráfico y explica qué relación existe entre la profundidad y la abundancia de erizos.

— Localiza a qué profundidad se encuentra la mayor concentración de erizos.

— Formula una hipótesis para explicar por qué hay pocos erizos en la parte más superficial.

— ¿Por qué no hay erizos a partir de 40 m de profundidad? ¿A qué puede responder este hecho?

37. ★☆☆ Acompaña a tus padres al mercado y anota los diferentes nombres de animales que se venden como marisco. Fíjate en sus características y luego, con la ayuda de una enciclopedia virtual como **http://es.wikipedia.org,** clasifícalos en el grupo que les corresponda.

@

38. ★☆☆ Entre todos los alumnos de la clase, formad seis grupos. Cada grupo escogerá uno de los seis grupos de invertebrados (poríferos, cnidarios, anélidos, moluscos, artrópodos o equinodermos) y elaborará después una ficha con los siguientes aspectos:

- Definición y características morfológicas del grupo.
- Ambiente en que viven.
- Número de especies y subgrupos.

39. ★★☆ Las libélulas son unos de los insectos más espectaculares. Conozcamos un poco más sobre ellas:

La libélula es la pequeña reina del cielo ibérico que aún puede verse volar antes de que con la llegada del invierno muera.

Pertenece al orden de los odonatos. Más de 5 000 especies de estos insectos sobrevuelan el mundo, con sus ocho centímetros de longitud y 11 de envergadura como medidas máximas en Europa, y sus hasta 500 huevos de puesta, que pueden tardar hasta cinco años en nacer.

La hembra realiza la puesta. Las ninfas, que miden apenas un milímetro cuando salen del huevo, comen con voracidad pequeños animales acuáticos.

Según las especies, pueden tardar hasta cinco años y 15 mudas ninfales intermedias en abrir su espalda y dejar el camino libre a un ser distinto: un insecto de largo abdomen, desproporcionados ojos, alas replegadas y apariencia viscosa.

Constantemente hambrienta, la libélula es un insecto carnívoro. Lejos de ser peligrosa para el hombre, ya que carece de aguijón, se ha convertido en su colaboradora: su voracidad la lleva a comerse moscas, mosquitos, tábanos y otros insectos, en algunos casos dañinos (portadores de paludismo, fiebre amarilla...).

http://www.elmundo.es/larevista/num158/textos/libe.html

— Clasifica la libélula en el grupo y el subgrupo de invertebrados correspondiente.

— ¿Qué tipo de alimentación tiene? Justifícalo.

— ¿Qué otros invertebrados se nombran en el texto? Clasifícalos en el grupo y el subgrupo correspondientes.

— ¿Por qué la libélula muere cuando llega el invierno? ¿Cómo sobrevive la especie si los adultos mueren en el invierno?

— ¿Por qué necesitan una cantidad considerable de mudas para convertirse en adulto?

40. ★☆☆ Identifica el grupo al que pertenecen estos organismos. Justifica tus respuestas.

Pon a prueba tus competencias

1. ¿Cómo podemos prevenir la anisakiosis? Lee el siguiente texto y contesta las preguntas planteadas a continuación:

El *Anisakis* es un género de nematodos parásito cuyo ciclo vital afecta a peces y mamíferos marinos, en los que puede producir lesiones en su tubo digestivo. Son perjudiciales para los seres humanos y causan anisakiosis. Consumir pescado que ha sido infestado por *Anisakis* puede producir una reacción anafiláctica (reacción alérgica muy grave).

Los humanos nos infestamos con *Anisakis* cuando consumimos pescado crudo o poco cocinado y el nematodo infesta nuestro tubo digestivo. El *sushi* y el *sashimi* son unos de los platos más conocidos de la cocina japonesa que tienen como base el pescado crudo. Una de las precauciones que hay que tomar para no sufrir anisakiosis es congelar durante 48 h el pescado que se consumirá crudo.

Entre las especies de pescado que con mayor frecuencia pueden contener en su tubo digestivo este parásito, se encuentran la sardina, el bacalao, el boquerón, el arenque, el salmón, la merluza, la pescadilla, la caballa, el bonito, el jurel, el rape o la anchoa.

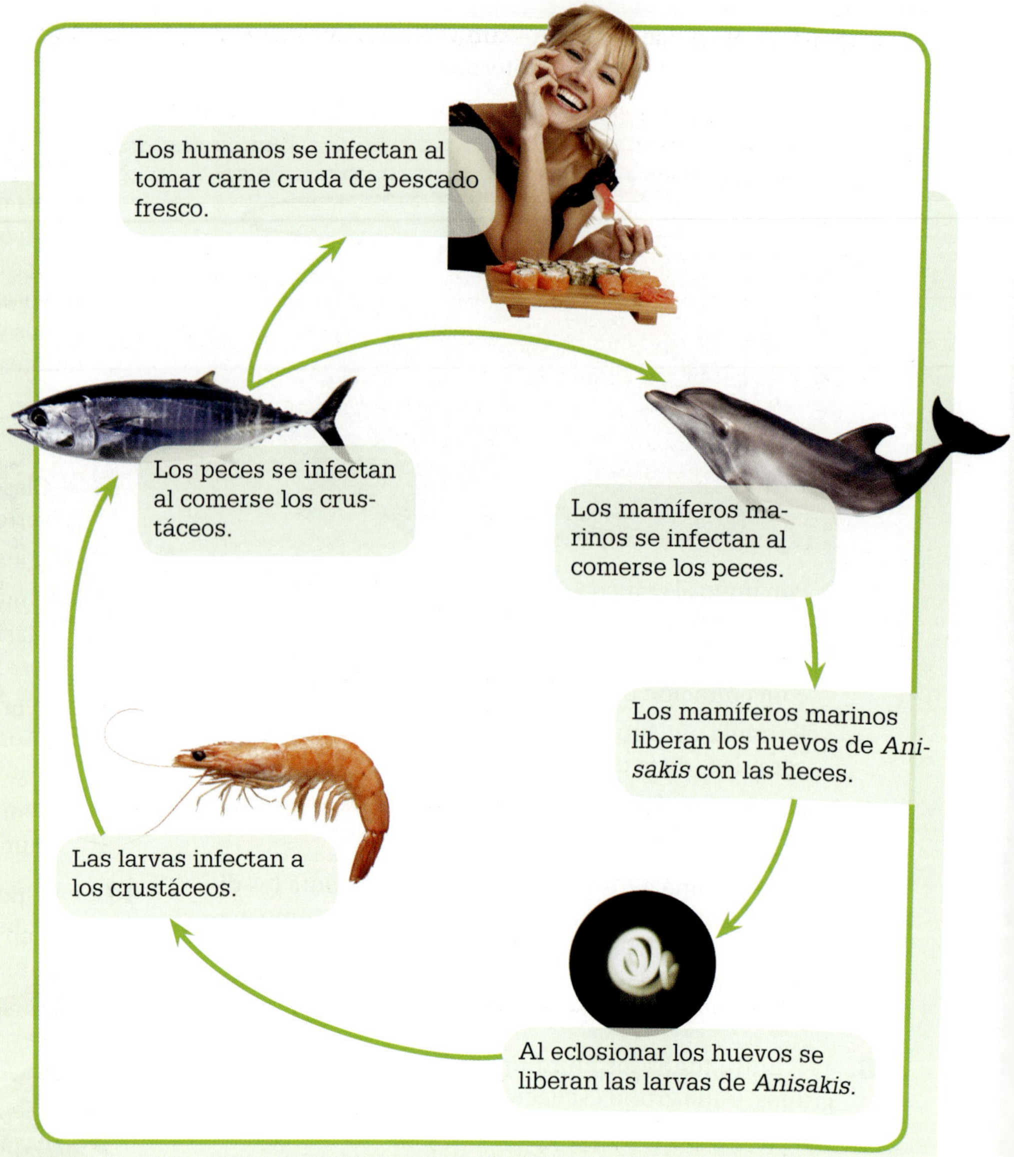

1.1. ¿Cuáles de los siguientes seres vivos que participan en el ciclo que muestra la imagen son invertebrados?

a. Peces
b. *Anisakis*
c. Crustáceo
d. Humanos

1.2. Dibuja en tu cuaderno las flechas que conforman parte de la cadena trófica que ayuda a la dispersión del *Anisakis:*

Peces

Larvas de *Anisakis*

Mamíferos marinos

Crustáceos

Humanos

— ¿Qué nivel trófico faltaría representar para que fuera una cadena trófica completa?

1.3. ¿Por qué congelar el pescado es un método efectivo para evitar que el *Anisakis* nos infeste?

a. Porque cuando lo congelamos desaparece el nematodo y ya no nos afecta.
b. Porque el *Anisakis* necesita estar vivo para infestarnos y al congelarlo lo matamos.
c. Porque cuanto más fresco esté el pescado menos probable es que tenga *Anisakis.*

1.4. En la cocina mediterránea también hay algunos platos que son susceptibles de estar infestados con *Anisakis.* ¿Cuál de los siguientes platos podrían transmitir este parásito?

a. Bacalao al horno
b. Boquerones en vinagre
c. Calamares a la romana

2. **Lee atentamente este texto y completa las actividades posteriores.**

El escarabajo picudo rojo *(Rhynchophorus ferruginosus)* es un invertebrado originario del sureste asiático. No obstante, en 1994 llegó a la Península mediante palmeras importadas desde Egipto. Actualmente, esta especie es una plaga que mata a diversas especies de palmeras autóctonas como son el palmito *(Chamaerops humilis)* y la palmera de Canarias *(Phoenix canariensis)*.

El escarabajo picudo rojo se desarrolla en el interior de las palmeras que parasita. Las hembras realizan unos agujeros en la base de las hojas, de los brotes y en las heridas y las cicatrices de la planta, donde ponen los huevos que luego tapan para protegerlos. A los 4-5 días de la puesta, las larvas comienzan a alimentarse de los tejidos de la palmera excavando larguísimas galerías en esta y llegando incluso a provocar que la palmera caiga. En la madurez, las larvas construyen un capullo con fibras de la propia palmera y en él acontece la metamorfosis hasta convertirse en adulto. En la zona mediterránea si las condiciones son favorables se desarrollan cuatro generaciones por año.

Uno de los sistemas que se está probando para erradicar la plaga son los bioinsecticidas. Se basa en infectar al escarabajo picudo rojo con minúsculos nematodos que lo parasitan y matan sin afectar a la planta.

En diversos experimentos se han infectado tejidos de palmeras con el escarabajo picudo rojo y a su vez, se ha infectado a los escarabajos con diferentes especies de nematodos. Utilizaron diversas especies de los géneros *Heterohabditis* y *Steinernema*. En la gráfica de la derecha se pueden ver los resultados de la mortalidad de los escarabajos adultos y de sus larvas:

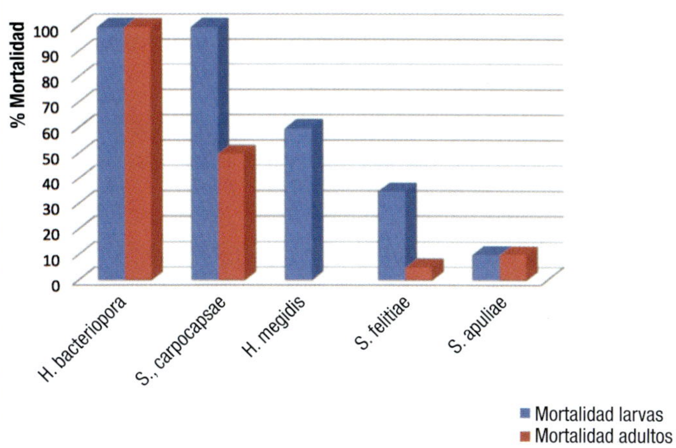

2.1. Sin contar con los bioinsecticidas, ¿cuál de los siguientes métodos consideras que podría ser más efectivo para la erradicación de la plaga? Justifica tu respuesta.

a. Cortar las palmeras infectadas.

b. Cortar e incinerar las palmeras infectadas.

c. Aplicar tratamientos preventivos en las palmeras sanas.

2.2. Para obtener datos significativos del experimento planteado en el texto, ¿cuál de estas afirmaciones se correspondería con el diseño del experimento?

a. Se infestan varias palmeras con el escarabajo. Después, de forma progresiva se van introduciendo todos los nematodos en todas las palmeras.

b. Se infestan varias palmeras con el escarabajo. Después se introduce un nematodo diferente en cada palmera.

2.3. Fíjate en los resultados e indica cuáles de los nematodos serían los más adecuados.

— Si las especies *H.bacteriopora* y *S. carpocapsae* fueran muy caras y costosas de conseguir, ¿qué especie/s crees que podrías utilizar?

2.4. Hay científicos que tienen dudas sobre si es conveniente aplicar este tipo de métodos biológicos para erradicar plagas. Algunos de los argumentos en contra del control biológico de plagas son:

— No podemos controlar el efecto de los nematodos en especies de escarabajos autóctonos.

— Liberar una nueva especie en el entorno natural puede alterar los ecosistemas.

Valora cuáles son los elementos a favor de utilizar control biológico y cuáles son los que van en contra de este tipo de métodos para erradicar plagas de invertebrados.

Diario de aprendizaje

Reflexiona

— ¿Has podido ampliar tu conocimiento acerca de los invertebrados?

— ¿Qué recurso te ha resultado más útil (mapas mentales, trabajo en grupo...) para trabajar esta unidad?

14 Los animales vertebrados

Los vertebrados constituyen una minoría dentro del reino animal, y aún más en el conjunto de todos los seres vivos. A pesar de ello, la complejidad de este grupo y las características de algunos vertebrados, muy similares al ser humano, hacen de ellos un interesante objeto de estudio y uno de los más estudiados y conocidos.

El ser humano forma parte de este grupo y convive directamente con muchos vertebrados interaccionando con ellos de distintas formas.

CONTENIDOS

Rutina de pensamiento

VEO - PIENSO - ME PREGUNTO

- Observa estas cinco imágenes durante un minuto.
- Escribe en tres papeles adhesivos, empleando como máximo cinco minutos, la siguiente información:
  1. ¿Qué ves en las imágenes?
  2. ¿Qué pensamientos te inducen?
  3. ¿Qué preguntas te sugieren?
- Pon en común tus respuestas y reflexionad en grupo: ¿Qué os ha sorprendido más de las respuestas de los compañeros y compañeras? ¿Ha habido muchas coincidencias o pocas? ¿Os han aportado nuevos puntos de vista?

@ **www.vertebradosibericos.org**

Galería de dibujos científicos de los distintos vertebrados de la Península. Contiene, además, abundante información sobre las características, el hábitat, la distribución... de numerosas especies.

1. Características de los vertebrados

Los **vertebrados** son un grupo de animales que, a diferencia de los invertebrados, se caracterizan por poseer un esqueleto interno con un eje principal, la **columna vertebral,** que está formada por una secuencia de huesos alineados siguiendo un eje longitudinal. Las vertebras, o huesos de la columna vertebral, engloban y protegen la médula espinal, una parte muy importante del sistema nervioso que vincula el cerebro con el resto del cuerpo.

A partir de este eje se estructura el resto del **esqueleto interno,** que desempeña las siguientes funciones:

- Proteger los órganos internos.
- Aportar solidez al cuerpo del animal y proporcionar los puntos de apoyo para los músculos, a fin de que estos puedan realizar los movimientos.

El esqueleto interno de los vertebrados presenta un cráneo. El **cráneo** es una estructura formada por diversos huesos que se localiza en el extremo anterior de la columna vertebral. En su interior se alojan el cerebro y otros órganos del sistema nervioso.

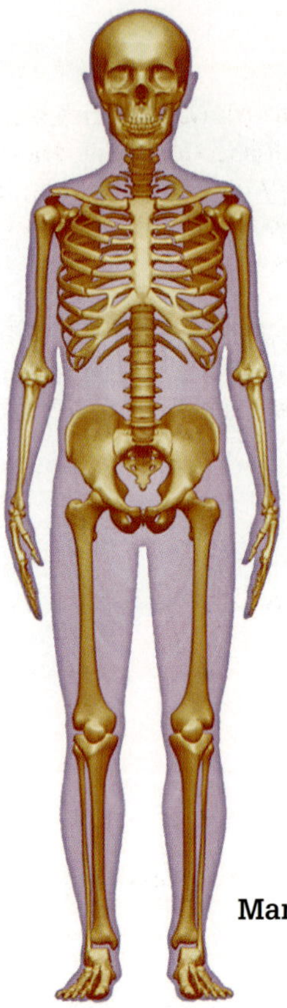
Mamífero

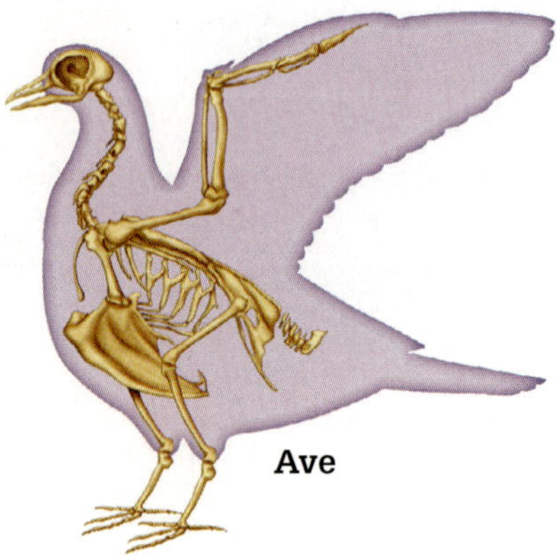
Ave

Reptil

Pez

En el cuerpo de los vertebrados se distinguen la **cabeza,** el **tronco,** habitualmente con dos pares de **extremidades,** y la **cola.**

Una característica que nos permite diferenciar los distintos grupos de vertebrados es la capacidad de regulación de la temperatura interna del animal.

- La **homeotermia** es la capacidad de algunos organismos de mantener la temperatura corporal constante, independientemente de la temperatura exterior. Algunos grupos de vertebrados llevan a cabo esta regulación.
- La **poiquilotermia** es la propiedad que presentan los seres vivos incapaces de regular su temperatura interna. Consecuentemente, la temperatura corporal de estos organismos varía en función de la temperatura ambiental. La mayoría de los seres vivos presentan esta característica.

Actualmente se conocen más de 60 000 especies diferentes de vertebrados.

Los vertebrados se clasifican en cinco grupos: los *peces,* los *anfibios,* los *reptiles,* las *aves* y los *mamíferos.*

2. Los peces

Los peces son vertebrados poiquilotermos de vida acuática. Su cuerpo presenta forma de huso, aunque algunas especies pueden presentar formas muy diferentes para adaptarse mejor en el entorno donde viven, como el caballito de mar o el lenguado.

Dentro de este grupo encontramos especies de tamaños muy variados, desde algunos peces de pocos centímetros hasta los más grandes tiburones de más de 15 metros de longitud.

Todos los peces presentan una línea a cada lado de su cuerpo, llamada **línea lateral,** que les permite detectar obstáculos u otros animales sin necesidad de verlos ni llegarlos a tocar.

En el cuerpo de los peces distinguimos tres partes:

En la **cabeza** encontramos la boca, con dientes en la mayoría de los peces, los orificios nasales y los ojos, sin párpados. La parte posterior de la cabeza se caracteriza por unas aberturas, las hendiduras branquiales, donde se alojan las **branquias,** los órganos encargados de la respiración. En muchos peces, estas hendiduras están protegidas por una estructura conocida como **opérculo.**

Perca *(Perca fluviatilis)*

La **cola** está formada por una aleta. En la base del inicio de la cola encontramos el ano y el orificio urogenital; por este último se expulsan la orina y las células reproductoras. Cuando ano y orificio urogenital coinciden en un mismo conducto, este recibe el nombre de **cloaca.**

El **tronco** es la parte del cuerpo comprendida entre la última hendidura branquial y el ano. Del tronco parten las extremidades en forma de aletas, que tienen la función de colaborar en la locomoción del pez.

El desplazamiento se realiza en los peces mediante un movimiento ondulante del cuerpo y las aletas. Algunos peces efectúan grandes desplazamientos durante su vida, aprovechando las corrientes marinas dominantes para favorecer su desplazamiento. Muchos de estos peces están dotados de unos músculos especiales capaces de realizar un esfuerzo natatorio de forma continuada. Se trata del denominado *pescado azul,* como la sardina o el atún.

Los peces son el grupo más diverso de todos los vertebrados; existen unas 32 000 especies de peces, que se dividen en dos grandes clases: *condrictios* y *osteíctios.*

A diferencia de la mayor parte de peces, las mantas y las rayas se desplazan moviendo sus aletas verticalmente.

Actividades

1. Explica las funciones que tienen la columna vertebral y el esqueleto interno de los vertebrados.
2. El cuerpo humano mantiene la misma temperatura interna en la playa y en la nieve. ¿Cómo se denomina esta característica? ¿En qué consiste?
3. La anguila es un pez osteíctio alargado con las aletas muy reducidas que puede nadar contra corriente en los ríos. ¿Cómo crees que puede hacerlo sin aletas?

El **cartílago** es una sustancia que forma unas estructuras duras y flexibles en el esqueleto de los animales. Su resistencia y su rigidez son menores que las de los **huesos.**

Condrictios

Los condrictios forman un reducido grupo de peces que se caracterizan por tener un esqueleto constituido por **cartílago.** Por esta razón, los condrictios también reciben el nombre de **peces cartilaginosos.**

Los condrictios poseen unas **hendiduras branquiales** que no quedan ocultas por un opérculo y pueden apreciarse a simple vista. Normalmente, estos animales presentan entre cinco y siete hendiduras a cada lado de la cabeza.

Su piel está recubierta de **placas dérmicas** cartilaginosas que le aportan una elevada dureza. Su **línea lateral** discurre desde la última hendidura branquial hasta el final de la cola.

La gran mayoría de los condrictios, como los tiburones, las rayas y las mantas, son organismos marinos y se encuentran en todos los océanos y los mares del mundo; así como a muy distintas profundidades.

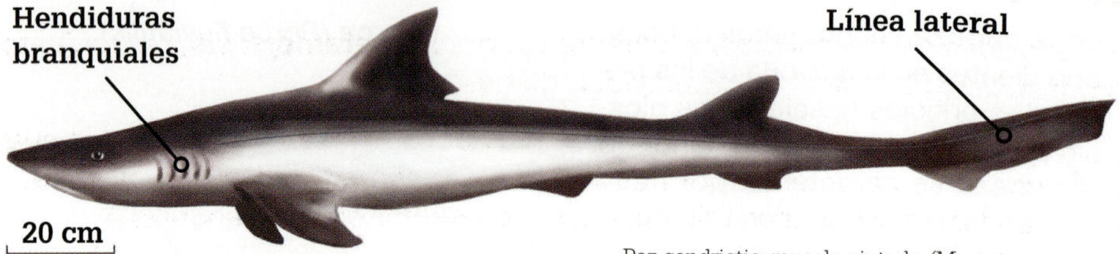

Pez condrictio: musola pintada *(Mustelus canis)*

En los **condrictios,** la dentición está organizada en hileras consecutivas de dientes que se producen en la parte interna de la mandíbula y que van avanzando hacia la parte delantera a medida que se caen los de las hileras de delante. Este proceso se repite a lo largo de la vida del animal.

En los **osteíctios,** cuando un diente cae es substituido por uno nuevo que crece en el mismo sitio que el anterior.

Osteíctios

A diferencia de los condrictios, los osteíctios tienen un esqueleto formado por huesos bien desarrollados y, por este motivo, reciben también el nombre de **peces óseos.** Los huesos de estos peces son conocidos con el nombre de **espinas.**

Los osteíctios, además, tienen las branquias protegidas por el opérculo, por lo que solo presentan una única abertura por donde el animal respira.

La piel de estos peces está cubierta por **escamas,** pequeñas placas rígidas que recubren y protegen al animal. La **línea lateral** va desde el opérculo hasta el inicio de la aleta caudal.

Existen más de 28 000 especies de peces osteíctios, de manera que podemos decir que la mayoría de los peces que conocemos pertenece a este grupo. Es el caso de la merluza, el atún o la trucha.

Pez osteíctio: atún *(Thunnus thynnus)*

Actividades

4. Explica cuáles son las principales diferencias que existen entre los condrictios y los osteíctios.

5. Explica qué ventaja aporta a los peces la línea lateral.

6. Di cinco peces que conozcas y hayas comido. Explica, en cada caso, si viven en agua dulce o salada, y si se trata de un pez osteíctio o condrictio.

3. Los anfibios

Los anfibios son vertebrados poiquilotermos que pasan las primeras fases de su vida en el agua pero, cuando llegan a la madurez, muchos de ellos desarrollan la capacidad de vivir en el medio terrestre. Este grupo de vertebrados presenta diferentes tamaños, comprendidos entre 1 centímetro y 1 metro de longitud.

Los anfibios tienen la **piel desnuda,** sin escamas, y necesitan que esté siempre húmeda. En la mayoría de los anfibios distinguimos dos partes: *cabeza* y *tronco.* La **cabeza** es grande y aplastada.

Presenta una boca muy amplia y sin dientes, ojos grandes y saltones, con párpados, y unos orificios nasales. En muchas especies se distingue el **tímpano,** una membrana que recubre el oído.

El **tronco** es ancho y de él parten cuatro extremidades en forma de patas. En la parte posterior del tronco se encuentra la cloaca.

El desarrollo de los anfibios se caracteriza por la **metamorfosis,** un conjunto de procesos que transforman al individuo de larva a adulto:

- En el agua tiene lugar la puesta de los huevos, que darán lugar a los nuevos individuos. Al salir del huevo los anfibios están en la fase larvaria, caracterizada por vivir en el medio acuático y presentar cola y branquias.
- En la fase adulta, la mayoría de los anfibios no tiene cola, respira mediante pulmones y a través de la piel, y puede vivir fuera del agua.

Se han descrito más de 7 000 especies de anfibios, que podemos clasificar en tres grupos: *anuros, urodelos* y *ápodos.*

Metamorfosis de una rana

Anuros

Son las ranas y los sapos. En su fase adulta, carecen de cola. Su cuerpo es corto y ancho, y no tienen cuello. Sus patas traseras son mayores que las delanteras y las usan para desplazarse mediante saltos, o bien para nadar.

Urodelos

También llamados caudatos. Son las salamandras y los tritones. Mantienen la cola en estado adulto. Su cuerpo tiene forma alargada, y consta de cabeza, cuello y tronco. Sus cuatro patas son de similar tamaño.

Ápodos

También llamados **gimnofiones.** Están presentes únicamente en zonas cálidas. Estos animales carecen por completo de extremidades. Puedan confundirse con un oligoqueto, o incluso, con una pequeña serpiente.

Actividades

7. Explica en qué consiste la metamorfosis de los anfibios. ¿Conoces algún otro grupo animal que también presente el proceso de la metamorfosis?
   - Indica qué diferencias aprecias si la comparas con la metamorfosis de los anfibios.
8. Si nos encontramos con un anfibio que tiene cola, ¿podemos decir que aún no ha llegado a la edad adulta?
9. Describe las extremidades de un anuro y explica de qué manera se desplaza.
10. Dibuja las tres fases principales de la vida de una rana e indica cuáles de ellas se desarrollan en el agua y cuáles en tierra firme.

4. Los reptiles

Los reptiles son vertebrados poiquilotermos principalmente terrestres. Su tamaño es muy variable y oscila entre los pocos centímetros que miden muchas lagartijas y los nueve metros de longitud que pueden alcanzar algunas serpientes.

Iguana *(Iguana sp.)*

Este grupo de animales presenta la piel cubierta de **escamas** gruesas y duras. Los reptiles mudan periódicamente la piel al crecer.

El cuerpo de la mayoría de los reptiles consta de tres partes:

En la **cabeza** encontramos la boca, con dientes, los orificios nasales y los ojos, con párpados. Al igual que en los anfibios, muchas especies de reptiles tienen un tímpano que cubre el oído, y algunas de ellas, como las serpientes, pueden captar vibraciones procedentes del suelo al apoyar su mandíbula en él. La cabeza se une al tronco por el cuello, que tiene una gran movilidad y permite dirigirla hacia varias direcciones.

El **tronco** es alargado. La mayoría de las especies tiene cuatro patas con cinco dedos cada una, aunque existen algunas especies que no presentan extremidades. En la parte posterior del tronco está la cloaca.

La longitud de la **cola** es variable según la especie, pero en general suele ser larga.

Los reptiles habitan en ambientes cálidos y templados. Se conocen alrededor de 10 000 especies diferentes de reptiles, que se dividen en cuatro grandes grupos:

Quelonios

Estos reptiles tienen el cuerpo corto y ancho. Carecen de dientes en la boca y el tronco está recubierto por un caparazón. Reciben el nombre común de tortugas.

Saurios

Su cuerpo es alargado y con una cola bien desarrollada. Incluyen la mayoría de las especies de reptiles, como, por ejemplo, los camaleones, las lagartijas y los lagartos.

Ofidios

Son animales de cuerpo alargado y sin extremidades. Las mandíbulas son capaces de abrirse mucho para engullir las presas. Comprenden las diversas especies de serpientes.

Crocodrilianos

Son los reptiles de mayor tamaño. Su cuerpo es alargado y con grandes mandíbulas, y se desplazan arrastrando su barriga sobre la superficie. Los más comunes son el cocodrilo y el caimán.

Actividades

11. Explica dos semejanzas y dos diferencias entre los reptiles y los anfibios.

12. Observa la iguana de esta página y razona a qué grupo de reptiles pertenece.

5. Las aves

Las aves son vertebrados homeotermos, es decir, capaces de controlar su temperatura interior independientemente de cuál sea la del medio. Existen aves de pocos centímetros de longitud, como el colibrí, y otras de gran envergadura que pueden medir más de dos metros de altura, como el avestruz.

La piel de las aves está recubierta de **plumas,** que contribuyen a aislar el cuerpo de la temperatura exterior. Además, las plumas intervienen de forma fundamental en la capacidad de vuelo del ave.

Podemos distinguir las siguientes partes en el cuerpo de las aves:

- En la **cabeza** encontramos los ojos, con párpados, las aberturas auditivas, las aberturas nasales y la boca. Esta, en las aves, no presenta dientes y su estructura se ha modificado para formar el **pico.** Existen muchos tipos de picos, y la forma que tienen está relacionada con la alimentación de cada especie. La cabeza se encuentra unida al tronco por el cuello.
- El **tronco** presenta un tórax muy desarrollado, ya que el esternón debe sujetar los potentes músculos que el ave necesita para el vuelo. En las aves voladoras, el *esternón* presenta una extensión ósea denominada *quilla.* Del tronco salen cuatro extremidades, las dos anteriores son **alas** y las dos posteriores, patas, que están recubiertas por escamas. En la parte posterior del tronco se encuentra la cloaca.
- A partir de la cloaca empieza la **cola** del ave, que suele ser corta y con plumas grandes.

Aguilucho cenizo *(Circus pygargus)*

Entre otras muchas características, podemos distinguir diferentes tipos de aves según su alimentación, que está íntimamente relacionada con la anatomía del pico. Conozcamos algunas de ellas:

Nectarívoras (p. ej.: colibrí)
Se alimentan de néctar.

Frugívoras (p. ej.: tucán)
Se alimentan de frutos.

Limícolas (p. ej.: correlimos)
Se alimentan de pequeños insectos, crustáceos o anélidos que se esconden dentro del barro húmedo.

Filtradoras (p. ej.: flamenco)
Se alimentan de pequeños organismos que se encuentran en suspensión en el agua.

Pescadoras (p. ej.: martín pescador)
Se alimentan de peces que cazan entrando y saliendo del agua de forma rápida.

Granívoras (p. ej.: pinzón)
Se alimentan de semillas de cubierta dura.

Carroñeras (p. ej.: buitre)
Se alimentan de cadáveres en proceso de descomposición.

Aves de presa (p. ej.: halcón)
Se alimentan de pequeños mamíferos y otras aves. Tienen el pico y resto de su anatomía adaptados a la caza.

El **vuelo** es la característica más definitoria de las aves. Algunas especies han perdido esta capacidad, pero, en cambio, son capaces de correr, nadar o bucear. Algunos ejemplos son el avestruz o el pingüino.

Las plumas de las alas y los sacos aéreos son las dos estructuras del cuerpo de las aves que más influyen en su capacidad de vuelo.

- Los **sacos aéreos** son un conjunto de cámaras de aire interconectadas que ocupan el interior de los principales huesos de las aves, que son huecos. Estos sacos están a su vez conectados con los pulmones.

  Los sacos aéreos dan ligereza al ave para facilitar el vuelo, participan en la respiración del animal, así como en la regulación de la temperatura corporal.
- Las **plumas** son una estructura característica y específica de las aves. Existen cuatro grandes tipos de plumas:

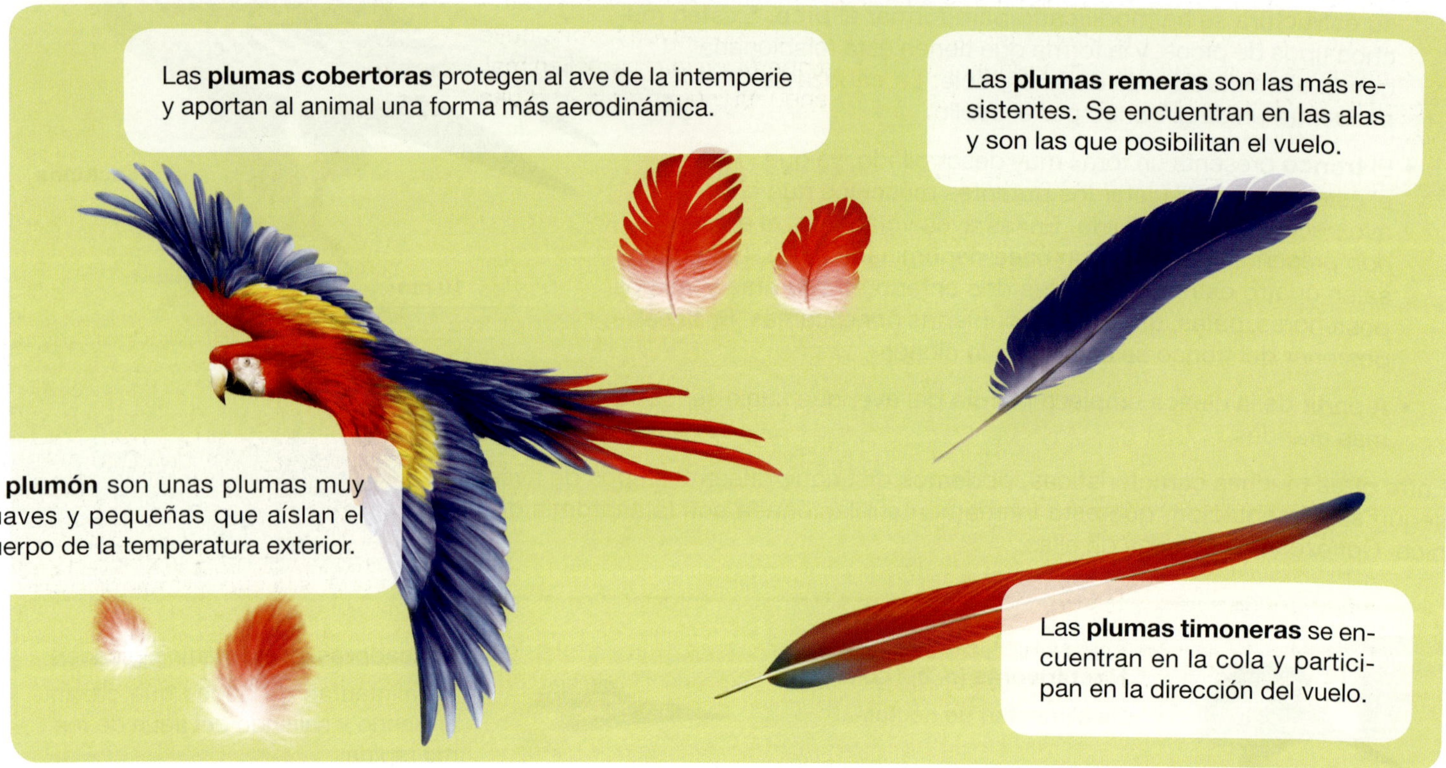

El albatros viajero *(Diomedea exulans)* es el ave con mayor extensión alar (unos 3,5 metros). Puede llegar a recorrer 1 000 km diarios.

Algunas aves tienen tal capacidad de vuelo que pueden llegar a recorrer distancias de miles de kilómetros para encontrar alimento, o bien, pueden pasarse días enteros sin dejar de volar.

La homeotermia permite que estos animales resistan condiciones ambientales muy adversas, como es el caso de las aves capaces de vivir en zonas muy frías como los polos.

Se han descrito unas 10 000 especies de aves diferentes. Así pues, este es el segundo grupo de vertebrados más numeroso, después de los peces.

Actividades

13. Observa la forma de los picos de las aves que aparecen en la página anterior y busca información acerca del tipo de alimentación de cada ave. Razona qué relación guarda la anatomía del pico con el tipo de alimentación.

14. Explica las funciones que desempeñan las plumas de las aves.

15. Explica dos estructuras del cuerpo de las aves que contribuyen a mantener su temperatura interna.

6. Los mamíferos

Los mamíferos son un grupo de vertebrados homeotermos de vida terrestre y acuática que presentan una gran diversidad de formas y tamaños. Podemos encontrar, por una parte, algunas especies que miden solo unos pocos centímetros, como la musaraña; y por otra parte, la especie animal más grande del planeta: la ballena azul, que llega a medir más de 30 metros.

Los mamíferos reciben este nombre porque, durante el primer período de su vida, las crías se alimentan de la leche que se produce en las **mamas** de las hembras progenitoras. Los mamíferos presentan mamas, pero solo en las hembras estas se desarrollan después del parto de forma que producen leche para alimentar a la descendencia.

Una característica importante de los mamíferos es la presencia de **pelo,** que recubre su cuerpo. Todos los mamíferos tienen pelo y, para la gran mayoría, constituye un elemento muy importante en la regulación de la temperatura interna del animal. Algunos mamíferos acuáticos, como las ballenas, tienen muy poco pelo y resulta difícil de distinguir.

La mayoría de los mamíferos presenta el cuerpo dividido en tres partes.

- La **cabeza** contiene un cerebro de gran tamaño en comparación con el del resto de los vertebrados. En la cabeza también hay ojos, protegidos con párpados, orejas, nariz y boca. La boca de los mamíferos está provista de diferentes tipos de dientes, que son reemplazados una vez durante la vida del animal. La cabeza se une al tronco a través del cuello.
- El **tronco** de los mamíferos posee, normalmente, cuatro extremidades. Estas extremidades están adaptadas al tipo de desplazamiento que realiza el animal: los mamíferos terrestres presentan, en general, dos pares de patas; en los mamíferos de vida acuática las extremidades tienen forma de aletas y en los de vida aérea tienen forma de alas.

  En la parte ventral del tronco están las mamas, mientras que en la región inferior encontramos los órganos externos del sistema reproductor y el ano.
- La **cola** de los mamíferos tiene una longitud y una forma diferentes según la especie, e incluso, en algunos casos, no se desarrolla totalmente.

La musarañas (familia *Soricidae*) son un grupo de mamíferos con la vista poco desarrollada. Algunas especies son menores que nuestro dedo meñique.

Los cachalotes *(Physeter macrocephalus)* pueden descender a grandes profundidades para cazar calamares gigantes. Los machos de esta especie pueden llegar a medir 20 metros de longitud.

Marmota *(Marmota sp.)*

Como ya hemos visto, los mamíferos se caracterizan por la alimentación que reciben las crías. Las hembras secretan un líquido muy nutritivo, la **leche,** que producen en las glándulas mamarias que tienen en la parte ventral del tronco. La leche sale del cuerpo de la madre a través de las mamas y es absorbida por las crías.

Como en el caso de las aves, la homeotermia permite a los mamíferos vivir en ambientes extremos como las zonas polares o los desiertos cálidos, gracias a la regulación de su temperatura interna.

Existen unas 5 500 especies de mamíferos diferentes. Según el tipo de desarrollo que presenten sus crías, distinguimos tres grandes grupos:

Monotremas

Son un grupo muy reducido de mamíferos que se caracterizan por poner huevos. También se diferencian por tener un único orificio de salida del aparato reproductor y del digestivo, la cloaca, mientras que el resto de los mamíferos presentan conductos y orificios diferentes. Solamente existen cinco especies de monotremas, entre los que se encuentran el ornitorrinco y el equidna.

Marsupiales

Se caracterizan por nacer en una fase de desarrollo muy temprana. Una vez ha nacido, el animal se sitúa en una bolsa abdominal de la madre, el **marsupio,** donde se sujeta a una mama y completa su crecimiento. Se han identificado cerca de 270 especies de marsupiales diferentes, entre los que encontramos el canguro y el koala.

Placentarios

Sus embriones se desarrollan en el interior del cuerpo de la madre, donde se alimentan gracias a un órgano que les suministra los nutrientes necesarios. Este órgano materno recibe el nombre de placenta. Los placentarios constituyen la mayoría de los mamíferos. Encontramos placentarios tan distintos como el delfín, el oso o el murciélago.

Dentro de los placentarios encontramos muchos grupos de mamíferos diferentes. Veamos algunos ejemplos:

Carnívoros (clase)

Zorro común *(Vulpes vulpes)*

Quirópteros

Zorro volador *(Pteropus sp.)*

Roedores

Ardilla roja *(Sciurus vulgaris)*

Primates

Orangután *(Pongo sp.)*

6.1. El ser humano

Dentro de los mamíferos, el ser humano pertenece al grupo de los primates, como el gorila, el macaco, el orangután o el chimpancé. Los primates son animales, principalmente, de vida arbórea, aunque algunas especies han adoptado una vida terrestre, como el ser humano o el babuino. Los primates se caracterizan por tener un cerebro muy desarrollado y basar su orientación, principalmente, en el sentido de la vista.

El grupo de los primates comprende diversas familias, entre las que se encuentra la de los homínidos, que en la actualidad solo cuenta con un representante: el ser humano.

Anteriormente, existieron otras especies de homínidos, que se extinguieron o bien, evolucionaron hasta dar lugar a la actual especie humana, el *Homo sapiens.*

Como sucede en todas las especies animales, el ser humano presenta una cierta variabilidad, pero todas las personas forman parte de una misma especie.

Las características que diferencian al ser humano del resto de los primates son, principalmente, tres:

1. Adopción de una postura erecta y adquisición del **bipedismo.** La postura erecta y el desplazamiento sobre las extremidades posteriores (piernas) dejan las manos libres y se genera la posibilidad de usarlas para tareas más complejas como la manipulación de objetos y la fabricación de herramientas.

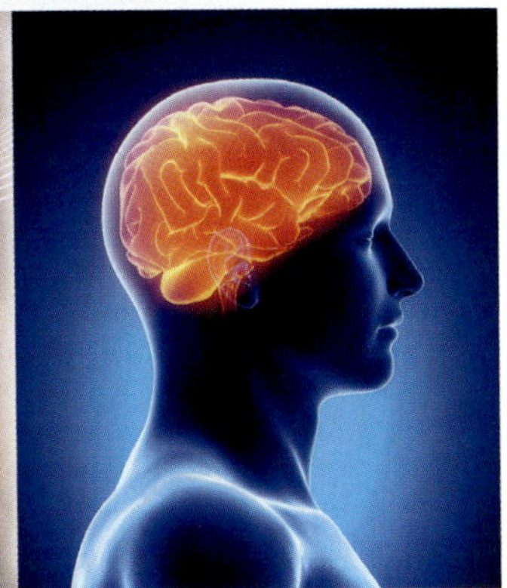

2. Una **capacidad craneal muy elevada** y, por tanto, un gran desarrollo del cerebro. Esta gran capacidad craneal permite la elaboración de ideas abstractas y su comunicación.

3. Este flujo de información conlleva la aparición y el desarrollo de la **cultura.** Esta, desde el punto de vista biológico, consiste en un conjunto de prácticas y comportamientos que son transmisibles por aprendizaje y, por tanto, independientes de la herencia biológica.

Ágora

La especie humana presenta tal diversidad, que no existen dos individuos con las mismas características morfológicas. Antiguamente, se había agrupado erróneamente a los seres humanos en razas en función de sus características físicas.

El grado de diferenciación necesario para separar en razas a los individuos de una misma especie es mucho mayor que el que se da entre los distintos grupos humanos. Por ello, no es correcto utilizar el concepto de raza en el caso de las personas.

— Razona por qué es erróneo pensar que las personas con orígenes o con características físicas similares tienen unas mismas capacidades intelectuales.

Actividades

16. Explica cuáles son las dos principales características que diferencian a los mamíferos de los demás animales.

17. Cita dos semejanzas y dos diferencias entre el ser humano y el gorila.

18. Describe los diferentes grupos de mamíferos que distinguimos según el tipo de desarrollo de las crías.

19. ¿En qué se basan los científicos que afirman que los mamíferos nacen sin completar su desarrollo? Explícalo.

CIENCIA A TU ALCANCE: En peligro de extinción

INVESTIGA: Catálogo de especies amenazadas

Para conocer todos los animales amenazados de la Península Ibérica, puedes consultar Internet y en especial, la página del Ministerio de Agricultura, Alimentación y Medio Ambiente.

http://links.edebe.com/wan8

Introducción

Una especie está en peligro de extinción cuando corre el riesgo de desaparecer. Algunas de las causas por las que varias especies están amenazadas son la contaminación de las aguas, los incendios forestales, la pesca y la caza abusivas, y la destrucción del medio ambiente.

Actualmente, existen diferentes planes para evitar la desaparición de especies de vertebrados que se hallan en peligro de extinción. En España existen 43 vertebrados que se encuentran en esta situación y casi 400 declarados de interés especial o vulnerables por estar en una situación delicada. Entre las especies más amenazadas, encontramos el lince ibérico, el oso pardo, el águila imperial, el quebrantahuesos y el lagarto gigante de La Gomera.

Entre toda la clase, elaboraremos un álbum de fichas de los animales vertebrados de España que se encuentran en peligro de extinción.

Cada alumno de la clase elaborará una ficha de un vertebrado de España en peligro de extinción o de interés especial y explicará el caso al resto de la clase. Al acabar, se reunirán todas las fichas para formar un álbum. La ficha del animal en peligro de extinción ha de constar de:

- El nombre común y el nombre científico.
- Una imagen o fotografía del animal.
- El grupo al cual pertenece.
- La morfología, la dieta, la reproducción y algunas curiosidades del vertebrado.
- Las características de su hábitat y su distribución geográfica.
- Las causas de que se encuentre en peligro de extinción.
- Los planes de recuperación que existen en la actualidad.
- La bibliografía y demás fuentes de información utilizadas en la elaboración de la ficha.

Aquí os damos algunos consejos que os pueden ayudar a elaborar la ficha.

— Al escribir un informe científico conviene no utilizar frases demasiado largas para que el texto se lea y se entienda con facilidad.

— Cuando busquéis la información, utilizad diferentes recursos (libros, enciclopedias, diarios, Internet...) y comprobad su fiabilidad.

— Aseguraos de que entendéis toda la información que habéis buscado y seleccionad la necesaria para la ficha.

— Es conveniente escribir un borrador con las ideas más importantes de cada fuente de información, para después partir de él a la hora de escribir la ficha.

Nombre común: lechuza campestre
Nombre científico: *Asio flammeus*
Grupo: aves
Morfología: presenta una cabeza muy redondeada. Sus orejas son muy pequeñas y están cubiertas de plumas. Las alas llegan a tener 1 m de envergadura.
Dieta: principalmente ratones.
Reproducción: la época de reproducción es en marzo y abril. Solo incuba la hembra y la puesta consta de 3 a 5 huevos. A los 27 días, eclosionan los huevos, y a las cuatro semanas, los polluelos son capaces de volar.
Hábitat: es una especie que habita preferentemente en zonas húmedas, despejadas y sin árboles. Es un ave migratoria que no suele anidar en España. Existen poblaciones que hibernan en el Valle del Ebro y en ambas mesetas; esporádicamente, en Baleares, el litoral mediterráneo y la cornisa cantábrica.
Vulnerabilidad: catalogada de interés especial. Su mortalidad está producida principalmente por causas humanas (atropellos, caza, destrucción y transformación del hábitat...).
Planes de recuperación: el Ministerio de Agricultura, Alimentación y Medio Ambiente propone:

- Conservación efectiva del hábitat.
- Control de rodenticidas (veneno de ratones).
- Instalación de nidos artificiales.

PROFUNDIZA

Vertebrados en peligro

El Catálogo Español de Especies Amenazadas (CEEA) incluye 898 especies con diversos grados de amenaza.

La lista es un instrumento para determinar qué especies están en mayor peligro y, por tanto, requieren la evaluación periódica de su estado de conservación; la prohibición de captura, muerte y destrucción de sus áreas de reproducción, invernada o reposo; así como la adopción de planes de recuperación o conservación. En la lista se incluyen algunos casos como los citados a continuación.

Las islas Canarias cuentan con varias especies de lagartos gigantes al borde de la extinción, como el de La Gomera *(Gallotia gomerana)*, el de Tenerife *(Gallotia intermedia)* y el de El Hierro *(Gallotia simonyi)*. La destrucción de su hábitat es una de sus principales amenazas, al igual que el cambio climático, que podría llevar a la extinción al 20 % de todas las especies de lagartos, según un estudio publicado en la revista *Science*.

En la actualidad, todas las tortugas marinas sufren algún grado de amenaza, y especies como la tortuga mediterránea *(Testudo hermanni)* están al borde de la extinción. El impacto del ser humano en su hábitat o la caza, tanto la accidental como la ilegal, son algunas de las principales causas.

Adaptado de *http://www.consumer.es* (16-03-2011).

a) ¿Cuál es la causa de que las especies citadas en el texto estén amenazadas? ¿En qué consiste la amenaza?

b) Nombra las especies que se mencionan en el texto y di a qué grupo y subgrupo de vertebrados pertenecen.

c) ¿Hay algún gran grupo de vertebrados no representado en el texto? ¿Cuáles?

Visión 360°: Recuperar especies amenazadas

A partir de los animales incluidos en la lista de especies amenazadas de la Península Ibérica, que puedes encontrar en la web del Ministerio de Agricultura, Alimentación y Medio Ambiente, escogeremos entre toda la clase dos o tres animales en peligro de extinción de nuestro entorno más cercano:

- Por grupos, nos pondremos en contacto con alguna entidad que nos pueda informar si existe algún plan de acción para la recuperación de estas especies. Esta información puede ser facilitada por alguna ONG de defensa del medio ambiente o los organismos de la Administración (estatal o autonómica) que se ocupen de ello en nuestra zona.
- Si existe algún plan de acción, indicaremos la entidad que lo gestiona y el tipo de actuación del que se trata.
- Finalmente, haremos una puesta en común de la información obtenida en el aula, realizando una exposición.

Cre@ctividad: Presentaciones en línea

En esta actividad deberéis realizar, por parejas o en grupos de tres, una presentación sobre los animales vertebrados mediante la aplicación Photopeach®. Para ello vuestro profesor o profesora os tendrá que proporcionar las credenciales (usuario y contraseña) de la cuenta de Photopeach® de la clase.

Antes de empezar a crear la presentación, tendréis que buscar en Internet imágenes de especies representativas de los diferentes grupos de vertebrados que has estudiado a lo largo de la unidad. Recordad que las imágenes deberán tener una licencia que permitan su uso como imágenes (licencia Creative Commons, dominio público, etc.).

Una vez que hayáis seleccionado y descargado las imágenes de los diferentes grupos de vertebrados, deberéis elaborar una presentación con todas ellas, convenientemente ordenadas. En cada imagen, habréis de introducir una frase que recoja alguna de las características del grupo de vertebrados al que representan.

SÍNTESIS

- Para resumir la unidad, completa el siguiente esquema en tu cuaderno:

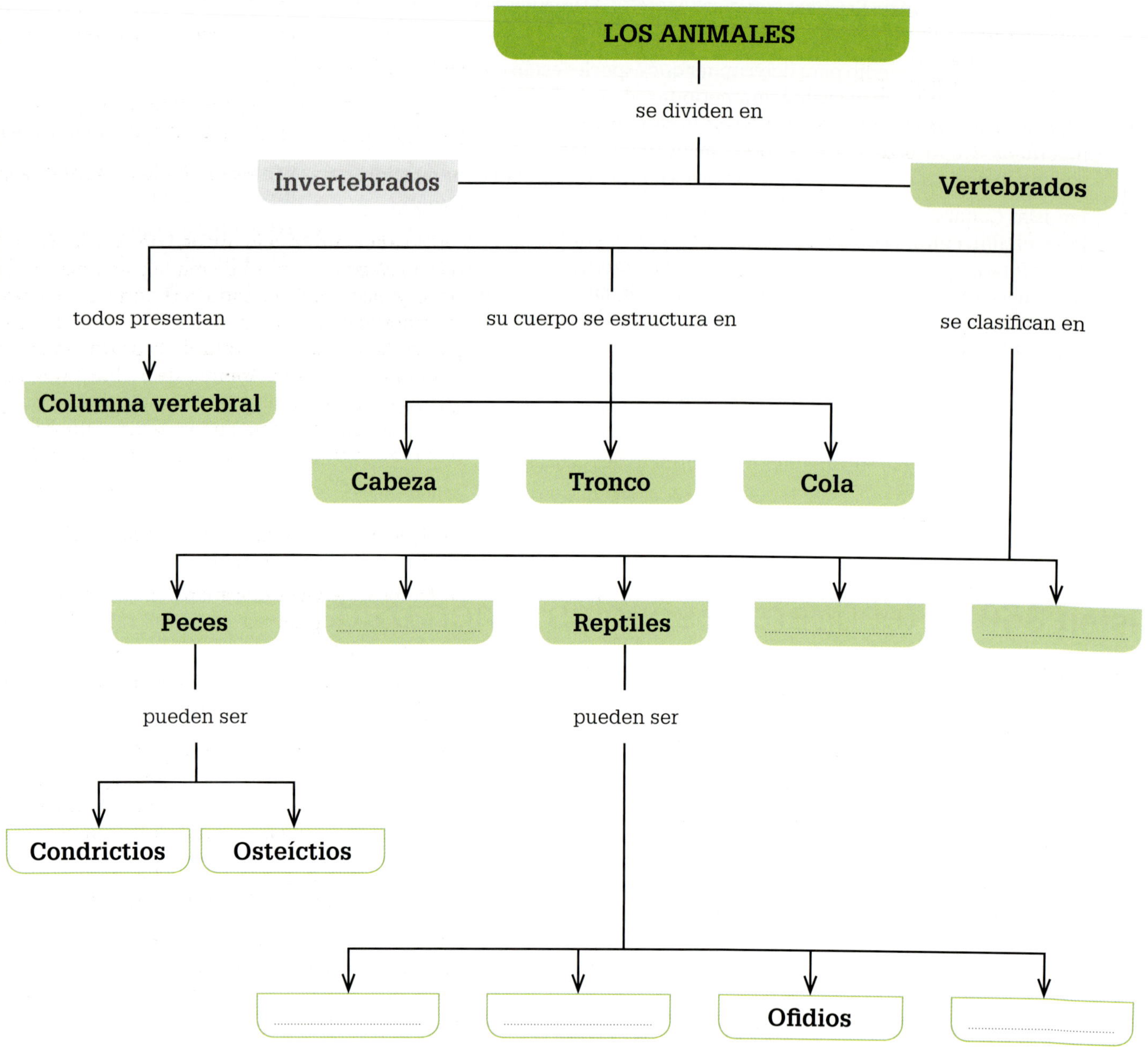

- Añade a este esquema los subgrupos correspondientes que faltan a cada grupo de vertebrados.
- Dentro de las aves existen grupos distintos. Busca información e indica, como mínimo, cuatro subgrupos y redacta para cada uno de ellos un breve resumen de sus características principales.

Actividades finales

20. ★☆☆ Explica la principal diferencia entre los animales poiquilotermos y los homeotermos.

— ¿A cuál de estos dos tipos pertenece un reptil?

— Muchas veces podemos observar lagartijas inmóviles sobre rocas soleadas. ¿Qué crees que hacen estos animales en ese momento?

21. ★★☆ ¿Por qué crees que los animales más grandes del planeta son del grupo de los vertebrados?

22. ★☆☆ Observa el siguiente pez y escribe los nombres de las partes señaladas.

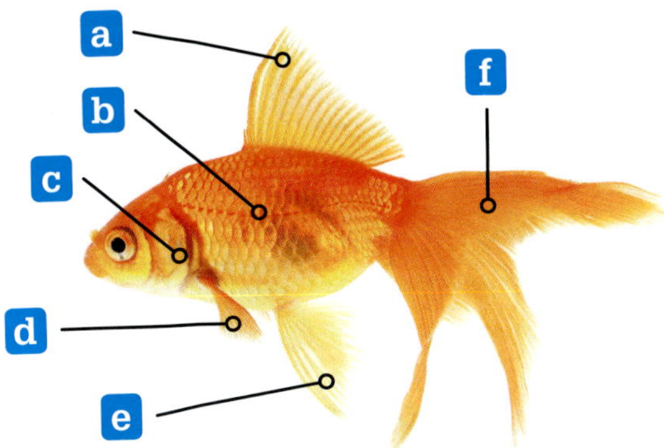

— ¿A qué grupo de peces pertenece? Razona tu respuesta.

23. ★☆☆ Busca información sobre la espina o esqueleto de un pez osteícteo y dibújalo. Marca de color rojo la columna vertebral e indica qué otros elementos de la morfología de un pez se pueden reconocer en el dibujo.

24. ★☆☆ Explica cómo varía la respiración de un anfibio a lo largo de su vida y a qué responde el cambio que se produce.

25. ★☆☆ Observa estas tres fotografías e indica a qué grupo de anfibios pertenece cada animal. Explica una característica propia de cada grupo.

26. ★★☆ Describe las características que podemos utilizar para diferenciar a un anfibio ápodo de un reptil del grupo de los ofidios. ¿Y para diferenciar un anfibio ápodo de un anélido?

27. ★☆☆ ¿Por qué los reptiles solo se encuentran en lugares cálidos y templados?

28. ★☆☆ ¿Qué característica de los reptiles, de la que carecen los anfibios, les permite vivir en ambientes secos?

29. ★★☆ Lee el extracto de este artículo y responde a las preguntas:

En los años noventa la tortuga de Florida *(Trachemys scripta elegans)* se puso de moda como mascota en España, y hasta 1997, cuando la Unión Europea prohibió su importación, se vendieron más de un millón de ejemplares. Su liberación incontrolada provocó su extensión por todo el territorio. Además de excluir a otros galápagos autóctonos, depreda invertebrados, peces y anfibios, y consume vegetación acuática. Supone también un riesgo sanitario al transmitir la salmonelosis.

http://www.consumer.es *(5 de mayo de 2012)*

— ¿Qué es un galápago? Busca información y cita sus características principales.

— De los seres vivos que aparecen en el texto, ¿pertenecen todos al grupo de los vertebrados? En caso negativo, ¿cuáles no?

— ¿Qué consecuencias tiene la introducción de la tortuga de Florida en nuestro hábitat?

30. ★★☆ @ Busca información y fotografías, por ejemplo en **http://www.faunaiberica.org,** del águila imperial, la abubilla y la malvasía cabeciblanca. Describe el pico de cada especie e indica qué tipo de alimentación tienen.

31. ★☆☆ Describe en qué consisten los sacos aéreos de las aves y en qué dos funciones intervienen.

32. ★★☆ ¿Cuál es la función de las plumas de los pingüinos? ¿Qué pasa en aquellas poblaciones de pingüinos cuyas crías no desarrollan plumas? ¿En qué zona climática viven estas poblaciones?

33. ★★★ Lee el siguiente texto:

[...] Los machos pueden ser más pequeños, más grandes o de igual tamaño que las hembras pero suelen poseer colores más vivaces. Solo pocas formas son polígamas, un cierto número de especies vive permanentemente con la pareja. El juego nupcial es muy característico: en el aire o en el agua, en invierno o en primavera, en las especies cantoras va acompañado de unas complejas variaciones en el canto. El canto se emplea también como reclamo, aviso, etc. [...] La cría tiene lugar de forma aislada o en colonias de una única especie o de varias.

Actividades finales

Cada año tiene lugar una muda total del plumaje, normalmente en otoño. El cambio de indumentaria primaveral es casi siempre un desprendimiento de los bordes de las plumas.

Riedl, Rupert, *Fauna y flora del mar Mediterráneo*

— Explica qué características de las que se citan en el texto son propias de las aves.

— Busca información y explica con tus palabras el significado de los términos *poligamia* y *muda*.

— En las ciencias de la naturaleza, el concepto de macho o hembra se suele representar con unos símbolos identificativos. Busca información e indica cuál es cada uno. ¿Por qué crees que los machos de las aves suelen tener colores más vivaces que los de las hembras?

— Enumera las funciones que puede tener el canto.

— ¿Por qué crees que la muda de las aves casi siempre ocurre en otoño?

34. ★☆☆ Algunos autores describen el ornitorrinco como un animal a medio camino entre ave y mamífero. ¿Qué tipo de animal es el ornitorrinco? Explica qué características morfológicas del ornitorrinco están presentes en las aves y cuáles se encuentran en los mamíferos.

35. ★☆☆ Explica qué característica ha permitido a aves y mamíferos habitar en la mayoría de los ambientes de la Tierra.

36. ★★☆ Ordena los siguientes animales según su mayor o menor similitud con el ser humano:

caracol - chimpancé - gallina - jirafa

— Explica qué características tiene en común con el ser humano cada uno de estos animales.

37. ★☆☆ ¿Existen en la actualidad diferentes especies de seres humanos? Busca información y averigua si alguna vez han coexistido más de una especie de homínidos en la misma época. Di qué especies eran y describe sus características principales.

38. ★★☆ @ Visita **http://www.eskeletons.org/** y compara las vértebras del ser humano con las de algún otro primate.

— ¿Cuál es la función de las vértebras?

— Indica qué aspectos morfológicos de las vértebras de ambos animales son similares y a qué crees que se deben.

— Argumenta por qué las vértebras de los primates no son iguales en todas las especies.

39. ★★☆ Clasifica mediante un diagrama de llaves todos los grupos de vertebrados que hemos estudiado en esta unidad.

— Cita una especie de cada grupo de vertebrados que puedas encontrar en tu entorno próximo. Indica, en aquellos casos que sea posible, a qué subgrupo pertenecen.

— Elige una de las especies que has citado y anota sus características. Dibuja un esquema morfológico de un individuo de esa especie en el que se aprecien esas características.

40. ★☆☆ Clasifica cada uno de estos animales en el grupo y el subgrupo que corresponda:

41. ★★★ @ Visiona el vídeo **http://links.edebe.com/bn9243** de TVE y lee las reflexiones sobre el bienestar animal que se exponen en él. Después, responde a las preguntas planteadas:

[...] Por eso cuando definía el bienestar animal he dicho que se asentaba sobre dos pilares: que tengan buena salud (puesto que eso nos afecta directamente) y que tengan lo que quieran, que sus preferencias cuenten...

[...] Debemos analizar los índices de mortalidad de los animales en el interior y el exterior, ¡pero también ver si en realidad quieren salir o no!

Podemos llevarnos alguna sorpresa... por ejemplo, en pleno invierno, en Reino Unido, los animales no quieren salir. En cambio, ¡en verano sí que quieren!

— Compara el concepto de bienestar animal con el de tu propio bienestar. ¿En qué se parecen? ¿En qué difieren?

— ¿Crees que el bienestar animal entra en contraposición con el bienestar de las personas? Justifica tu respuesta.

— ¿Cómo podemos averiguar cómo mejorar el bienestar de los animales que controlamos más directamente?

Actividades finales

42. ★★☆ Desarrolla una clave dicotómica como la que aparece en la página 232, que permita identificar un ser vivo entre los principales grupos de vertebrados.

43. ★☆☆ Completa una tabla de doble entrada en que las columnas correspondan a los grandes grupos de vertebrados y las filas a los siguientes conceptos:

- Cobertura de la piel.
- Forma de desplazamiento.
- Número de especies.
- Rango de tamaños.

44. ★☆☆ Di si las siguientes frases son verdaderas o falsas. En el caso de ser falsas, escríbelas correctamente:

- La columna vertebral aporta flexibilidad y ligereza al cuerpo de los vertebrados.
- La poiquilotermia es la capacidad que tiene un animal de regular su temperatura interna independientemente de la exterior.
- Los peces osteíctios poseen un esqueleto formado por cartílagos y presentan escamas, que son unas células sensibles a las vibraciones del agua.
- Los anfibios presentan branquias en todas las fases de la vida.
- Los urodelos son un grupo de reptiles que tienen patas y cola.
- Los sacos aéreos de las aves ocupan el espacio interior de los huesos y sirven para facilitar el vuelo porque dan ligereza al organismo.
- Los primates son uno de los grupos de mamíferos que tienen el cerebro más desarrollado.

45. ★★☆ Contesta las preguntas a partir del extracto de la noticia:

[...] Los cálculos más pesimistas sitúan el número de koalas en estado salvaje en unos 100 000, aunque su número continúa decreciendo principalmente a causa de la pérdida de hábitat y la enfermedad de la clamidia.

Esta bacteria, contra la que los científicos investigan una vacuna, produce lesiones en los genitales y los ojos de los koalas causándoles infertilidad y ceguera, y los consume lentamente hasta la muerte.

Todavía hay muchas incógnitas sobre cómo comenzaron a contraer los koalas esta enfermedad, pero se cree que fue introducida por una oveja que llegó con los primeros colonos europeos o que estuvo presente siempre y comenzó a propagarse con rapidez en los últimos 200 años.

La clamidia, que ataca a varias especies de animales, se transmite entre la población de koalas durante el alumbramiento, la copulación o en peleas.

Noticia de http://www.efeverde.com/

— ¿Qué cuatro seres vivos aparecen en la noticia? Clasifícalos con el mayor detalle posible.

— ¿Cuáles son los principales problemas que amenazan a las poblaciones de koalas? De estos, ¿cuáles son de origen humano?

— ¿Por qué es necesario proteger a los koalas? ¿Qué harías tú al respecto?

46. ★★☆ Cita las tres características de la especie humana que no se encuentran en el resto de primates. ¿Hay algún otro ser vivo que presente alguna o todas estas características? Razona tu respuesta.

47. ★☆☆ Observa las siguientes fotografías e identifica el grupo al que corresponde cada especie. Compara cada animal a partir de estos criterios:

- Tipo de reproducción.
- Anatomía.
- Desplazamiento.
- Respiración.

48. ★☆☆ @ En grupos, elaborad un esquema con los grupos y subgrupos de vertebrados estudiados en la unidad y aplicad la técnica de *trabajo cooperativo* **TGT.**

— Elaborad fichas con las preguntas necesarias para la comprensión del tema. Puedes utilizar el programa rio de la página **https://www.examtime.com/es/fichas/** para elaborar las fichas.

— Intercambiad las fichas entre los distintos grupos.

— Escoged las fichas y responded las preguntas.

Pon a prueba tus competencias

1. **Observa los siguientes datos extraídos de un estudio de la Unión Internacional para la Conservación de la Naturaleza sobre las amenazas para la biodiversidad de la zona mediterránea.**

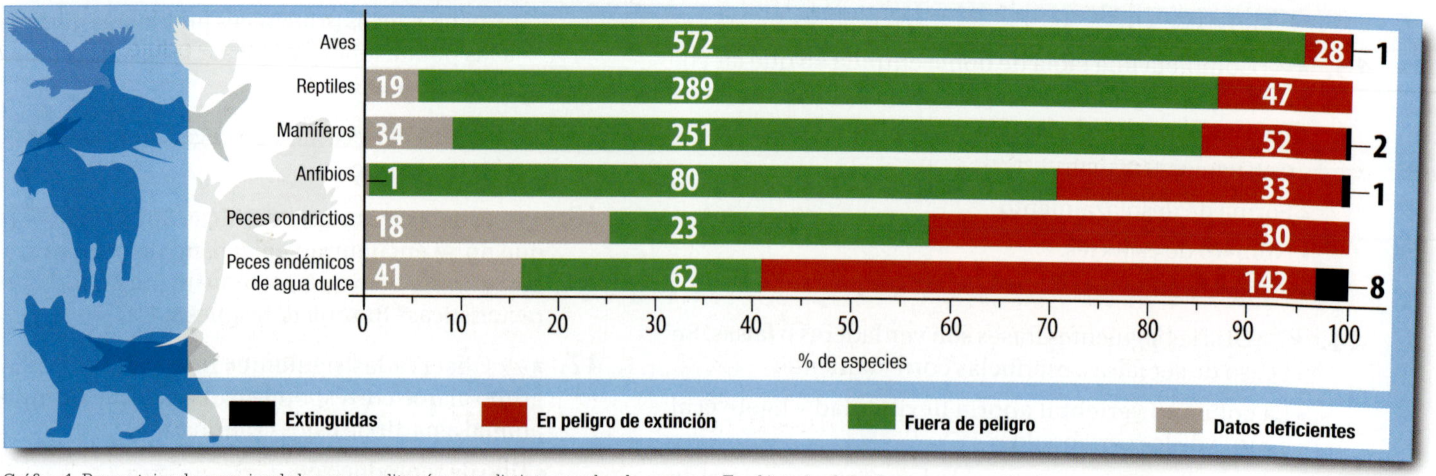

Gráfico 1. Porcentajes de especies de la zona mediterránea en distintos grados de amenaza. En el interior de las barras se especifica la cantidad de especies en números absolutos.

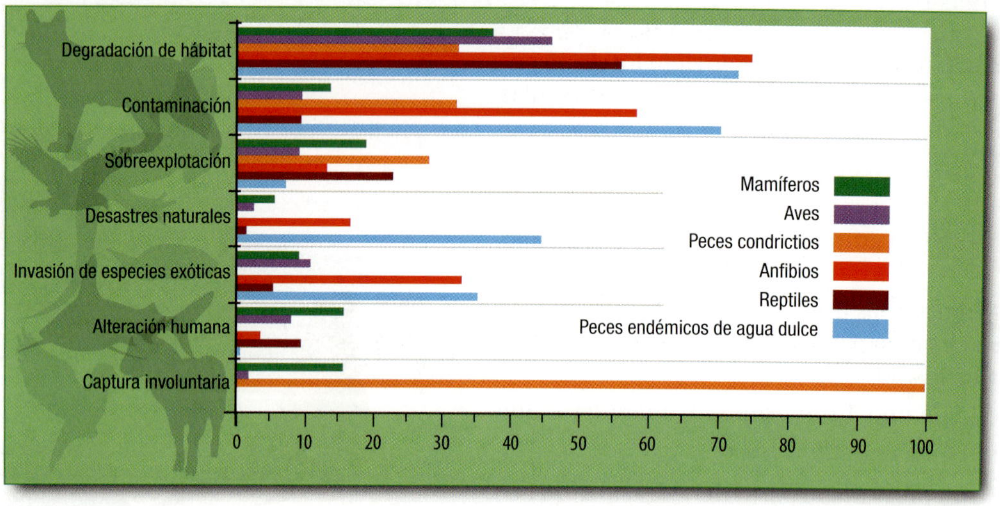

Gráfico 2. Porcentaje de especies de vertebrados afectadas por diferentes amenazas ambientales en la zona mediterránea.

1.1. Resuelve estas actividades:

— Observa el primer gráfico y justifica a qué grupo de animales corresponde el diagrama de sectores de la derecha.

— Identifica cuáles son los dos grupos de animales con menor proporción de animales en peligro de extinción. ¿Y los que tienen una mayor proporción?

— Según este gráfico, la mayor vinculación de un animal con el medio acuático, ¿implica una menor o mayor vulnerabilidad del grupo?

— Explica cuáles de las siguientes afirmaciones hacen referencia al primer gráfico, al segundo o a ninguno:

a. Indica las principales amenazas que afectan a cada grupo de animales.

b. Muestra el número de especies de cada grupo de animales que hay en la zona mediterránea.

c. Ordena los grupos de animales según presenten más o menos especies amenazadas.

d. Distingue aquellos grupos de animales más abundantes de los más difíciles de encontrar.

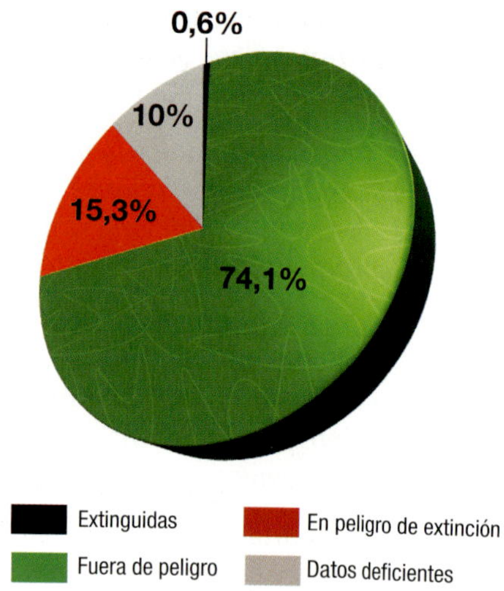

Gráfico 3. Porcentaje de grado de amenaza para un grupo de vertebrados

— ¿Cuál es la amenaza que afecta a un mayor número de reptiles de la zona mediterránea?
— Compara cómo afectan los desastres naturales a los distintos grupos de animales. ¿Puede relacionarse esta amenaza con la capacidad de movimiento de los individuos de cada grupo? Razona tu respuesta.
— Según los datos del estudio, ¿cuáles serían los grupos de animales más afectados si se produjera un vertido tóxico en un lago? Razona tu respuesta.

2. Lee el siguiente texto con atención:

El caso del sapillo balear

El sapillo balear *(Alytes muletensis)* es una rara especie endémica de la isla de Mallorca. Está amenazado por la depredación de la culebra viperina *(Natrix maura),* una especie introducida; la competencia por el espacio con la rana común *(Pelophylax perezi);* así como por la reducción del medio natural donde viven debido al incremento del turismo y la urbanización de espacios. La Consejería de Medio Ambiente está desarrollando un plan de conservación y recuperación de la especie mediante la reproducción y la reintroducción de ejemplares. Gracias a estas acciones, la conservación de la especie ha mejorado en estos últimos años.

2.1. Responde:

— ¿Cuáles son las principales amenazas del sapillo balear?
— ¿A qué grupo de animales pertenecen el sapillo balear y la rana común?
— Lee esta lista de amenazas para la supervivencia de los anfibios y compáralas con las del caso del sapillo balear. ¿Cuáles coinciden?
  - Degradación del medio ambiente.
  - Contaminación.
  - Especies invasoras externas.
  - Desastres naturales.
— ¿Cuáles son, además, consecuencia de la acción del ser humano?
— ¿Han dado buenos resultados las acciones de la Consejería de Medio Ambiente?
— ¿Han desaparecido las causas que llevaron al sapillo balear al borde de su extinción?

Diario de aprendizaje

Reflexiona

— ¿Qué contenido, idea o concepto de los que has aprendido en la unidad te ha llamado más la atención?
— A la hora de realizar las actividades de síntesis, las finales, las de competencias o las de la sección «Ciencia a tu alcance», ¿cuál de ellas te ha supuesto más dificultades? ¿Cuál crees que ha sido el motivo?
— La información de los planes de conservación, ¿se parece a la información que puedas encontrar sobre este tema en los medios de comunicación?

Evaluación de competencias

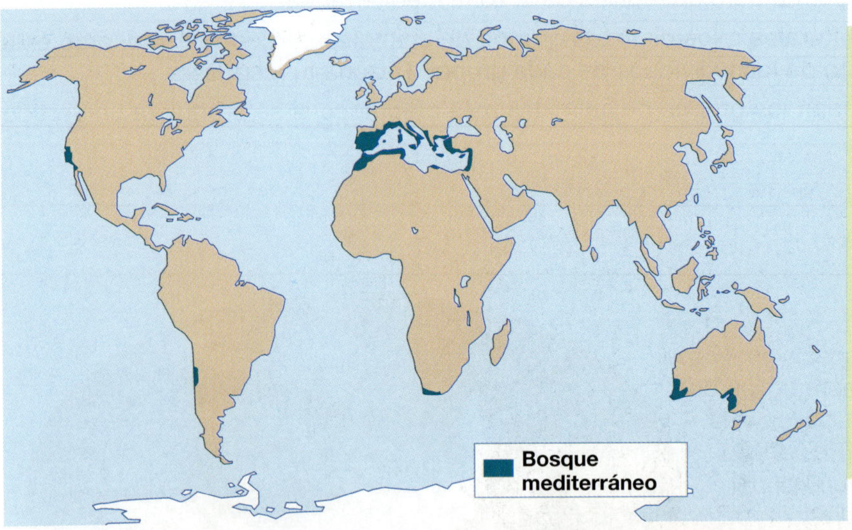

El bosque mediterráneo

El bosque mediterráneo está considerado uno de los grandes tipos de biomas terrestres. Un bioma es una agrupación de ecosistemas terrestres con un tipo de clima y una vegetación características que favorece el desarrollo de una determinada forma de seres vivos y que ocupa un área muy amplia. Como podemos comprobar en el mapamundi de la izquierda, encontramos el bosque mediterráneo en distintas áreas geográficas: Sudáfrica, sur y suroeste australiano, costa californiana, Chile y la cuenca mediterránea.

1. Relaciona en tu cuaderno cada una de las zonas con bioma de bosque mediterráneo nombradas en el texto con su localización en el mapa.

2. El climograma de la ciudad de Valencia es una muestra típica de clima mediterráneo. Explica a partir de él las características del clima mediterráneo: distribución anual de las precipitaciones, evolución de las temperaturas, descripción de las estaciones…

— Indica cuáles de las siguientes características vegetales representarían una ventaja en este tipo de clima y explica por qué:

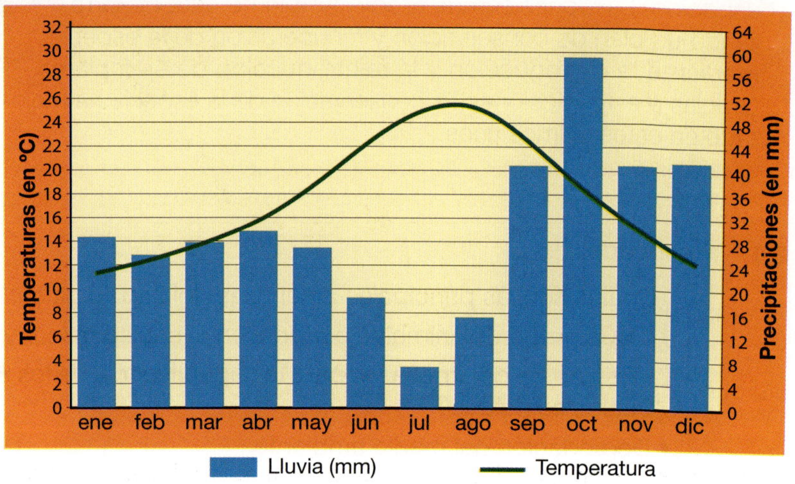

Hoja grande y con poco recubrimiento de protección

Forma de la copa triangular para que resbale la nieve

Troncos con recubrimientos ignífugos (como el corcho)

Hoja pequeña y con una gruesa capa de cera

Hoja perenne

Hoja caduca

— Di cuál de las dos descripciones de biocenosis estaría adaptada al clima del bioma de bosque mediterráneo. Razona tu respuesta.

- Se pueden encontrar manadas de grandes herbívoros como el **bisonte,** que se alimentan de los prados de **gramíneas.** Estas crecen en bastas extensiones debido a la abundante presencia de agua procedente del deshielo y de las numerosas lluvias anuales.
- Se encuentran extensiones importantes de matorrales (como el **brezo**), adaptados a períodos de sequías. Estos matorrales están habitados por animales de tamaño reducido como **lagartijas, pequeños pájaros, ratones de campo** y una variada fauna invertebrada dominada por los **insectos** que soporta fácilmente la falta de agua estacional.

— Di a qué reino y a qué grupos dentro de este pertenecen los seres vivos resaltados en negrita en las anteriores descripciones.¿De qué reinos no se menciona ningún representante?¿Por qué crees que generalmente no suelen aparecer en las descripciones de las biocenosis?

3. La principal amenaza del bioma mediterráneo es la desertización y esta es mucho más rápida si se destruye la cubierta vegetal. En este mapa se representa la distribución del índice de aridez, utilizado para conocer el riesgo de desertización:

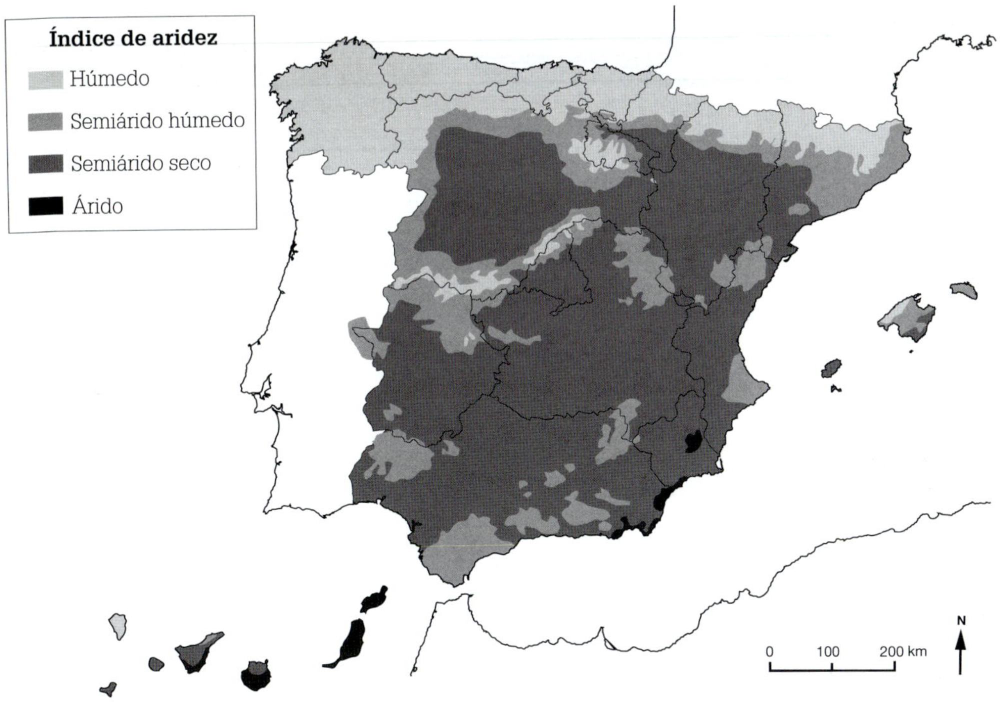

Riesgo de desertización
Fuente: Ministerio de Agricultura, Alimentación y Medio Ambiente (2013).

- ¿En qué comunidades autónomas el riesgo de desertización es más elevado? ¿Cuáles de estas comunidades presentan bosque mediterráneo?
- Con la escala indicada en el mapa, calcula la mayor distancia en línea recta pasando solamente por zonas con bajo riesgo de desertización.
- Los incendios forestales son los principales responsables de la destrucción masiva de cubierta vegetal. Según Ecologistas en acción, el 78 % de los incendios forestales en España son provocados por las personas, del 18 % no se conocen las causas y el 4 % restante se atribuye a rayos.
  - ¿Cuál de las gráficas de la derecha representa estos porcentajes?
  - Si en 2014 hubieron 9 754 incendios de diferente escala en toda España, ¿cuántos de ellos suponemos que fueron provocados por el ser humano?
  - ¿Cómo se podría reducir el número de incendios provocados por el ser humano?

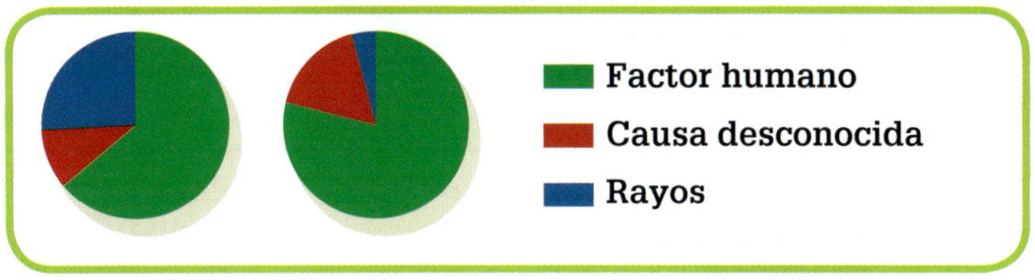

4. De todos los animales que habitan en el bioma mediterráneo en la Península, el lince ibérico *(Lynx pardinus)* es el que se enfrenta a un peligro de extinción más elevado. Actualmente, se está desarrollando un programa de recuperación del lince ibérico en cautividad. Los ejemplares nacidos en cautividad son liberados en el entorno natural para restablecer la población de lince ibérico. Gracias a todos estos esfuerzos en 2013 se censaron 319 ejemplares de lince ibérico en libertad, lo que supone un 5,6 % de incremento respecto a 2012.

- ¿Qué tipo de ser vivo es un lince (reino, grupo y subgrupo)? ¿Qué tipo de alimentación presenta? ¿A qué nivel trófico pertenece? Indica qué posibles consecuencias tendría su extinción.
- Para estudiar la población de linces liberados, se llevan a cabo recuentos no tan solo de linces sino también de la población de conejos. ¿A qué crees que es debido?

Anexo gráfico

LOS REINOS DE LOS SERES VIVOS

- **REINO MONERA**
  - **Bacilos**
  - **Cocos**
  - **Espirilos**
  - **Vibrios**
- **REINO PROTOCTISTA**
  - **Algas**
    - **Algas unicelulares**
    - **Algas pluricelulares**
      - Clorofitos
      - Rodofitos
      - Feofitos
  - **Protozoos**

- **REINO HONGOS**
  - **Hongos unicelulares**
  - **Hongos pluricelulares**
    - Mohos
    - Setas

- **REINO PLANTAS**
  - **Briofitos**
    - Hepáticas
    - Musgos
  - **Pteridofitos**
    - Equisetos
    - Helechos
  - **Espermatofitos**
    - Gimnospermas
    - Angiospermas
      - Monocotiledóneas
      - Dicotiledóneas

REINO ANIMALES

- **INVERTEBRADOS**
  - **Poríferos**
  - **Cnidarios**
  - **Anélidos**
    - Poliquetos
    - Oligoquetos
    - Hirudíneos
  - **Moluscos**
    - Gasterópodos
    - Cefalópodos
    - Bivalvos
  - **Artrópodos**
    - Crustáceos
    - Miriápodos
    - Arácnidos
    - Insectos
  - **Equinodermos**
- **VERTEBRADOS**
  - Peces
    - Condrictios
    - Osteíctios
  - Anfibios
    - Anuros
    - Urodelos
    - Ápodos
  - Reptiles
    - Quelonios
    - Saurios
    - Ofidios
    - Crocodilianos
  - Aves
  - Mamíferos
    - Monotremas
    - Marsupiales
    - Placentarios
      - Primates
        - Ser humano

Anexo gráfico

LOS CICLOS BIOLÓGICOS

Ciclo biológico de un manzano

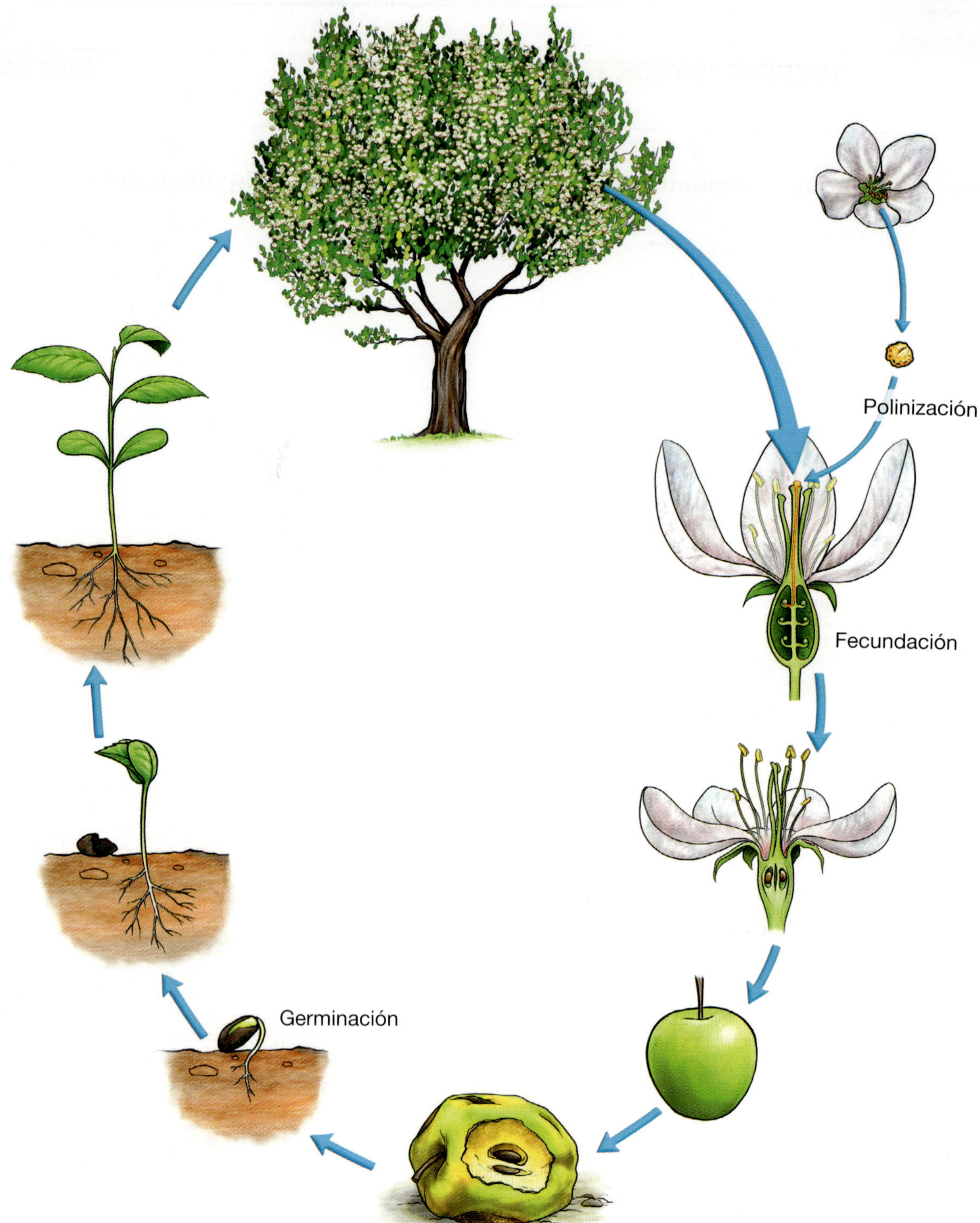

Ciclo biológico de una libélula

Ciclo biológico de una anguila

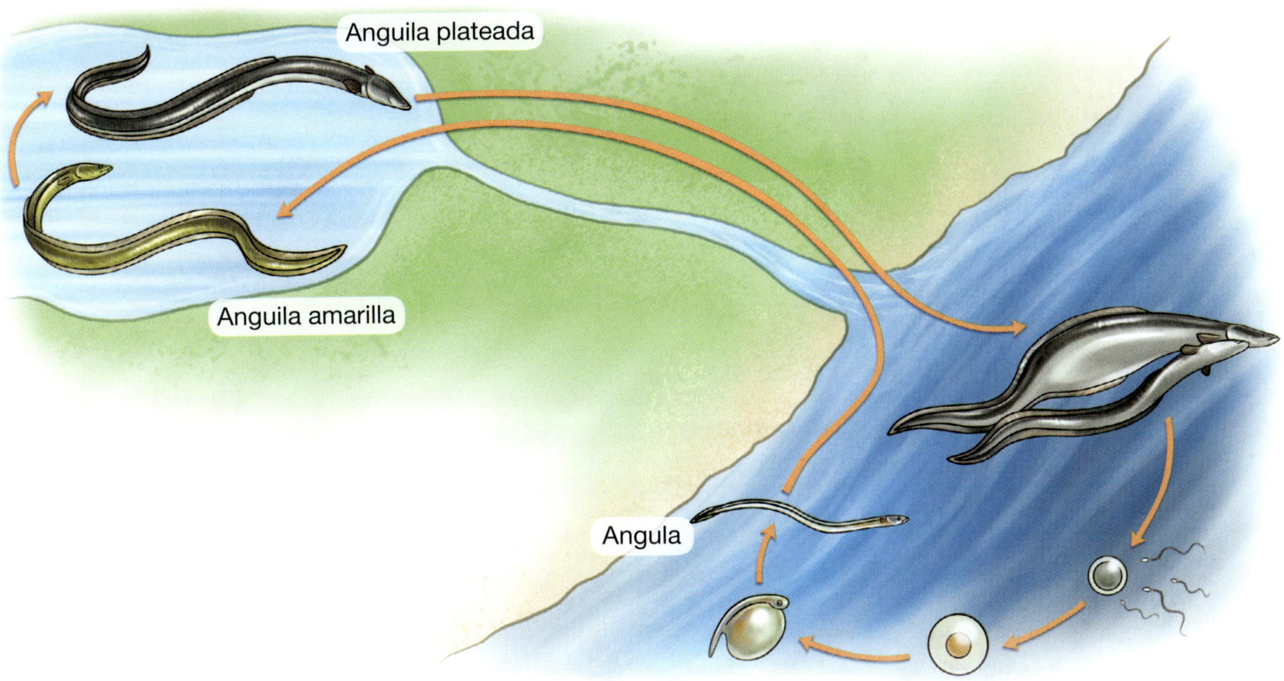

Anexo gráfico

Ciclo biológico de una rana

Ciclo biológico del ser humano

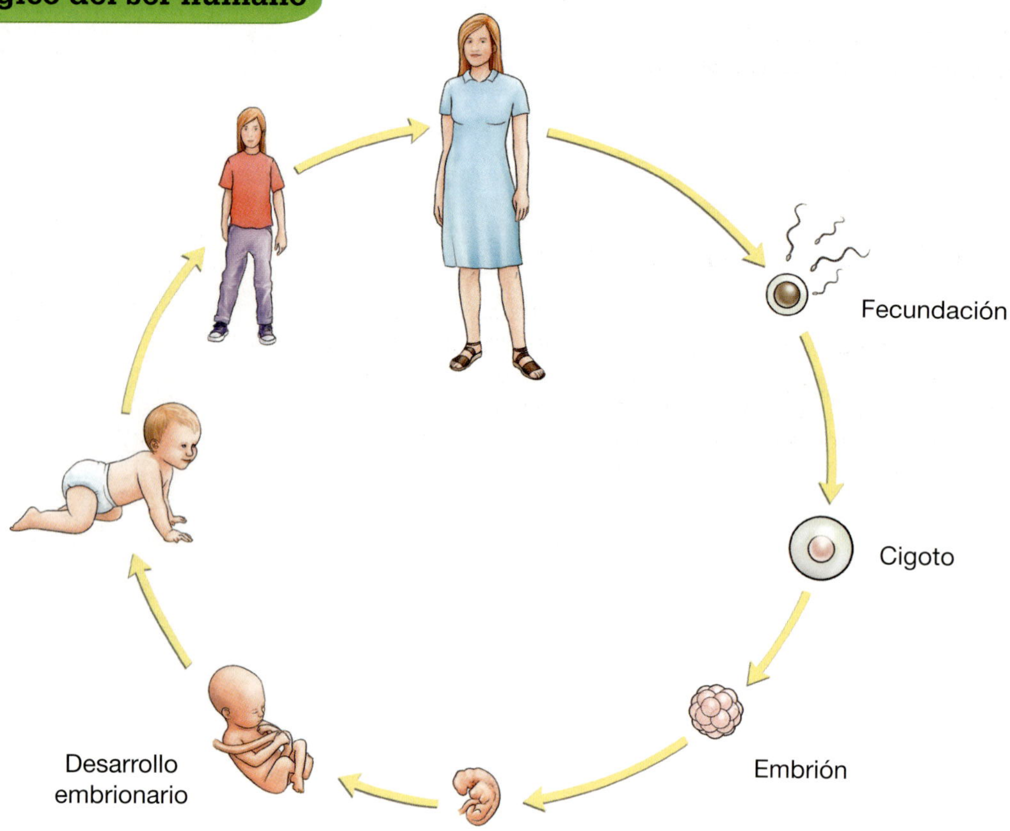

Vamos a emprender

¿Eres un joven con ilusión, proactivo y con ganas de mejorar el mundo? ¡Entonces tienes madera de EMPRENDEDOR!

¿Y qué es un emprendedor?

Un emprendedor es una persona capaz de convertir un sueño, una idea, en un proyecto real. Tener ideas es muy importante; pero hay que ser capaz de ponerlas en práctica y convertirlas en una realidad.

A veces, se confunde el término *emprendedor* con el de *empresario.* Mientras que este último se refiere a alguien que posee una empresa, el primero es mucho más amplio.

Ser emprendedor significa ser una persona que se levanta cada mañana con actitud positiva para desarrollar aspectos que mejoren el mundo que le rodea.

Por ejemplo, podemos encontrar *profesores emprendedores* que aplican nuevos métodos educativos para enseñar a sus alumnos; investigadores emprendedores que inician nuevos estudios para descubrir nuevas vacunas; *trabajadores emprendedores* que proponen nuevas ideas dentro de la empresa donde trabajan; *estudiantes emprendedores* que deciden estudiar en el extranjero para aprender idiomas; ciudadanos emprendedores que consiguen proyectos sociales dentro del barrio en el que viven, y, por supuesto, personas que deciden emprender su propio negocio.

Seguro que ahora te das cuenta de que conoces muchos emprendedores.

Y es que ser emprendedor no es una profesión, es una actitud. Depende fundamentalmente de cómo afrontemos los retos y los proyectos que se nos planteen a lo largo de la vida. Depende de nosotros mismos (de nuestra ilusión, confianza y actitud positiva) y de que contemos con la preparación necesaria para saber llevarlo a cabo.

¿Te atreves a emprender?

Lo que aprendes a lo largo de tu vida académica te va a servir para ser mejor emprendedor. Vamos a proponerte un proyecto relacionado con las Ciencias de la Naturaleza que te va a permitir desarrollar y poner en práctica tus aptitudes emprendedoras. Descubrirás que puedes crear un negocio sin dinero y además cuidando del medio ambiente. ¿Te atreves?

Vamos a emprender

Proyecto: Reciclando ganamos todos

Introducción:

Vivimos en un mundo hermoso que debemos valorar y respetar. Los recursos naturales proporcionan alimento, energía, bienestar, materias primas que se podrán transformar, etc. Son recursos muy valiosos que garantizan nuestra supervivencia y nuestro desarrollo futuro.

Sin embargo, a menudo, dañamos nuestro entorno con la contaminación de las fábricas, el humo de los coches, el uso excesivo de productos químicos, o las toneladas de basuras y residuos que generamos cada día.

Cada uno de nosotros puede ayudar a cambiar esto, ya que la suma de muchos pequeños esfuerzos puede tener efectos sorprendentes. Si aprendemos a optimizar los recursos, a reducir los escombros y a reaprovechar materiales, estaremos cuidando nuestro entorno. A través del reciclaje no solo podrás reducir la contaminación sino que también podrás dar una nueva utilidad a muchos materiales y productos.

Os proponemos crear vuestro propio negocio a partir del reciclaje de diversos materiales para lograr a su vez un beneficio individual y otro para la sociedad en general. ¿Lo intentas?

Fases:

Nuestro proyecto contará con tres fases:

A. ¿Por dónde empezamos? Concretemos la idea

Decidir qué producto podemos crear a partir de material reciclado.

B. ¿Cómo nos organizamos? El plan

Conseguir los materiales y organizar el trabajo.

C. ¿Lo ponemos en práctica? Tomando decisiones

Plan de producción, plan financiero, plan de promoción y plan de ventas.

A ¿Por dónde empezamos? Concretemos la idea

En primer lugar, hay que analizar qué recursos tenéis a vuestro alcance.

Pensad en la cantidad de cosas que acostumbráis a tirar a la basura y que se pueden reciclar, tanto en casa como en el instituto (botellas de plástico, papel de aluminio, botes de yogur, cartón, aceite...).

Actividad 1

Anotad en una lista los materiales que se suelen desechar.

....

....

Actividad 2

Coged una cartulina grande usada y, por el otro lado, utilizadla para llevar a cabo una lluvia de ideas para ver qué productos podéis elaborar con los materiales que habéis citado en la actividad 1.

En la lluvia de ideas todas las ideas son buenas y no está permitido criticar las aportaciones de los demás. Se trata de generar el máximo de ideas posible para seleccionar después aquellas que os gustan más. Una vez finalizada esta actividad, puntuad del 0 al 10 las ideas obtenidas: aquella que obtenga mayor puntación será la que se tendrá que desarrollar.

B ¿Cómo nos organizamos? El plan

Una vez hayáis elegido el producto, es momento de ver qué otros materiales se necesitan para poder producirlo (pegamento, pintura...). Intentad utilizar materiales que tenéis en casa o en el instituto, y que no usáis, para así minimizar el impacto en el medio ambiente. Vuestro objetivo será no tener que comprar nada: deberéis intentar utilizar aquello que ya tengáis.

Actividad 3

Preparad una lista de los materiales necesarios e indicad dónde podéis conseguirlos (en casa, en el instituto o, en último caso, comprándolo), así como el nombre de la persona del grupo que se encarga de él.

Material	¿Dónde lo conseguimos?	¿Quién lo trae?
Latas de refresco para reciclar		
Pintura		

Una vez que ya sabéis qué tipo de materiales vais a precisar para elaborar vuestro producto, deberéis calcular la cantidad exacta necesaria de cada material. Para ello, primero, tendréis que calcular el número total de productos que esperáis vender.

Actividad 4

Calculad el número de unidades que esperáis vender en total de vuestro producto. Indicad las cantidades totales de cada uno de los materiales en la siguiente tabla:

Material	Número de unidades en total
Latas de refresco para reciclar	40 unidades
Pintura	1 bote

Igual que las empresas, es importante que confeccionéis un calendario para planificar vuestro trabajo y la producción de vuestro producto. Lo más fácil es organizar el trabajo por semanas y definir quién será el responsable de cada una de las tareas. No solo se trata de que el responsable lleve a cabo la tarea sino que se encargue de que esta llegue a buen puerto.

Actividad 5

Completad una tabla con todas las tareas que hay que realizar, ponedles fecha y asignad la/s persona/s responsable/s de cada una de ellas.

TAREA ¿Qué hay que hacer?	CALENDARIO ¿Cuándo se tiene que hacer?	RESPONSABLE/S ¿Quién/es lo tiene/n que hacer?
Conseguir 50 latas de refresco	Semana 1	(Nombre/s de la/s persona/s encargada/s)
Producción	Semanas 3 y 4	(Nombre/s de la/s persona/s encargada/s)

C ¿Lo ponemos en práctica? Tomando decisiones

Una vez tenemos bien planificado el trabajo, es hora de ponernos manos a la obra.

1) Plan de producción

Antes de comenzar con la producción de todos los productos, es importante realizar primero una prueba (es lo que se llama un prototipo). Esto os ayudará a entender los pasos necesarios en el proceso de producción. También os ayudará a organizar mejor el trabajo y ver si el producto obtenido es de vuestro agrado o necesita ser mejorado.

Actividad 6

Una vez obtenido el prototipo, mostradlo a vuestros amigos y familiares para que opinen. Preparad un breve cuestionario con aquello que os gustaría saber relacionado con vuestro prototipo

Con las respuestas obtenidas en el cuestionario, intentad optimizar vuestro producto final y organizar el trabajo de producción para las siguientes semanas.

Puede que algunos productos necesiten un tiempo de secado o de reposo (por el pegamento, la pintura, etc.). Tenedlo en cuenta a la hora de planificar la producción y buscad un espacio adecuado para almacenar los productos en proceso, así como los productos terminados.

Repartid los distintos trabajos que hay que realizar entre los miembros del equipo, organizando una cadena de producción para así poder ir trabajando de forma coordinada. Es importante que cada persona del equipo se responsabilice de su trabajo y lo haga de un modo respetuoso con el medio ambiente.

2) Plan financiero

Lo siguiente que tenéis que decidir es a qué precio vais a vender vuestro producto. Para ello, es importante tener en cuenta cuáles han sido los costes de producción.

Los **costes totales de producción** son la suma del dinero gastado para poder producir la totalidad de los productos (materiales, electricidad, horas de trabajo…). En este caso, hay que incluir también todo aquello que no cuesta dinero (materiales reciclados, horas de trabajo...). Hay que estimar el coste real para entender cuánto cuesta el producto y poder ponerle un precio.

Para saber lo que nos ha costado producir UNA unidad de producto **(coste unitario de producción)** solo tenemos que dividir los costes totales de producción (incluyendo el coste estimado de los materiales que hemos reutilizado) entre el número de unidades producidas. Es decir:

$$\text{Coste unitario} = \frac{\text{costes totales de producción}}{\text{número de unidades producidas}}$$

Actividad 7

Completad esta tabla sobre los costes de producción:

Costes totales de producción	Coste unitario de producción

3) Plan de ventas

Una vez comunicado el lanzamiento de vuestro producto, tenéis que estar preparados para venderlo. Para aseguraros que conseguís vender toda la producción, deberéis calcular el número de unidades que vais a poner a la venta en las próximas semanas, así como el método que vais a utilizar.

Decidid qué estrategias de ventas pueden tener más éxito (organizar una feria en el centro académico, vender a vuestros familiares, etc.) y ¡ponedlas en práctica! Seguro que será todo un acontecimiento.

Actividad 8

Resumid del plan de ventas utilizando este esquema:

Número de unidades a la venta	¿Cuándo?	¿Cómo?
15 unidades	Primera semana	Vender a familiares y amigos
10 unidades	Segunda semana	Vender a la salida del centro académico

4) Resultados obtenidos y reflexiones

Una vez finalizada la jornada de ventas, es importante poder hacer balance de lo que hemos conseguido.

Actividad 9

Completad las siguientes operaciones para ver los resultados de vuestra actividad:

Número total de unidades producidas – **Número total de unidades vendidas** = ***Stock* de productos sobrantes**

Número total de unidades de producto vendidas x **Precio de venta unitario** = **Ingresos totales**

Ingresos totales – **Costes totales de producción** – **Costes de *marketing* y ventas** = **Ganancias totales**

Conclusiones:

— ¿Cuál ha sido el resultado obtenido en vuestro pequeño negocio?

— Comparad vuestros resultados con los obtenidos por otro grupo y comentad las diferencias.

— ¿Qué has aprendido? ¿Qué es lo que más te ha gustado de la experiencia?

— ¿Qué cambiarías si volvieses a repetir el proyecto?

Reflexiones:

- Podemos convertirnos en emprendedores a partir de muy pocos recursos.
- La actividad de las empresas tiene un impacto muy grande en el medio ambiente. Mediante el reciclaje y una actitud responsable, podemos cuidar nuestro entorno.
- La suma de pequeñas acciones dan resultados muy grandes en el medio ambiente.
- Para poder emprender cualquier proyecto deberemos planificar el trabajo, así como los recursos disponibles.
- Cuando emprendemos, la opción más fácil, casi siempre, no es la mejor. Por lo que cuanto más nos esforcemos, mejor será el resultado.